김대성 지음

BM (주)도서출판 성안당

P.r.e.f.a.c.e

| 머리말 |

꽤 많은 시간을 현장에서 보냈습니다.

물론 지금도 현장을 지키고 있습니다.

한 여름, 땀에 흠뻑 젖은 채 천장 속을 다니면서 묵은 먼지를 모두 들이마시기도 하고 뙤약볕이 내리쬐는 슬러브판에서 하이 배관을 하기 위해 토치와 싸움을 하기도 합니다. 한 겨울에 옷을 네 겹, 다섯 겹을 껴입고 찬바람과 싸워가며 일을 할 때는 화장실을 가는 것도 힘겹습니다.

그래도 어떤 이유에서든 현장을 지키고 있는 전기인들은 자부심을 가져야 합니다. 설령 다른 계통에서는 그렇지 않다고 해도, 우리는 그러지 말아야 합니다. 생계를 위해 어쩔 수 없이 일한다는 것은 안타까운 현실이지만 그렇다 하더라도 여러 분은 엔지니어임을 잊지 마십시오.

반면 이미 기술을 습득한 엔지니어 분들은 큰 책임 의식을 가져야 합니다. 자신의 세대가 은퇴했을 때를 염두에 두고 현장을 지킬 후배들에게 본인이 현장에서 습득한 기술을 전달해 주어야 한다는 책임감을 갖고 실천해야 합니다.

전기 일을 배우려는 후배들도 마찬가지입니다. 강한 의무감을 가지고, 자신의 능력을 당당히 인정받는 엔지니어가 될 수 있도록 끊임없이 노력하십시오.

이론과 실무는 내용은 같지만 같지 않습니다.

이론으로는 이해가 안 되는 부분이 실무에서는 종종 발생하기도 합니다.

또한 여러 분이 경험하고 바라보는 시각에 따라 정답이 달라지기도 합니다.

이 교재는 대학교수가 아닌, 산업 현장에 종사하는 많은 사람 중의 한 명이 편찬한 실무 교재입니다.

실무는 어디까지나 실무입니다. 바라보는 사람의 관점에 따라서 견해 차이가 나는 부분도 있을 것입니다. 현장에서 도저히 묵과할 수 없는 심각한 오류가 아니라면, 넓은 아량으로 관점의 차이를 받아들여 주시기 바랍니다.

끝으로 카페 『전기세상』을 아껴 주시는 회원 여러분과 이 책을 출판하기까지 힘써주신 도서출판 성안당 이종춘 회장님과 직원들에게 진심으로 감사드립니다.

늘 행복하시기 바랍니다.

저자 씀

C.o.n.t.e.n.t.s | 목 차 |

Part 01 전기 이론 06

Part 02 전기 실무 96

Section 06 여러 가지 실무 경험 269

Section 07 전기 용역의 이해 350

Section 08 산업 안전 352

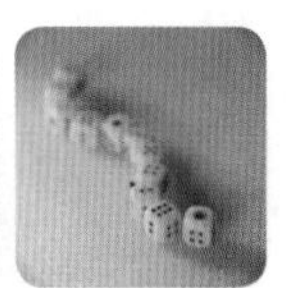

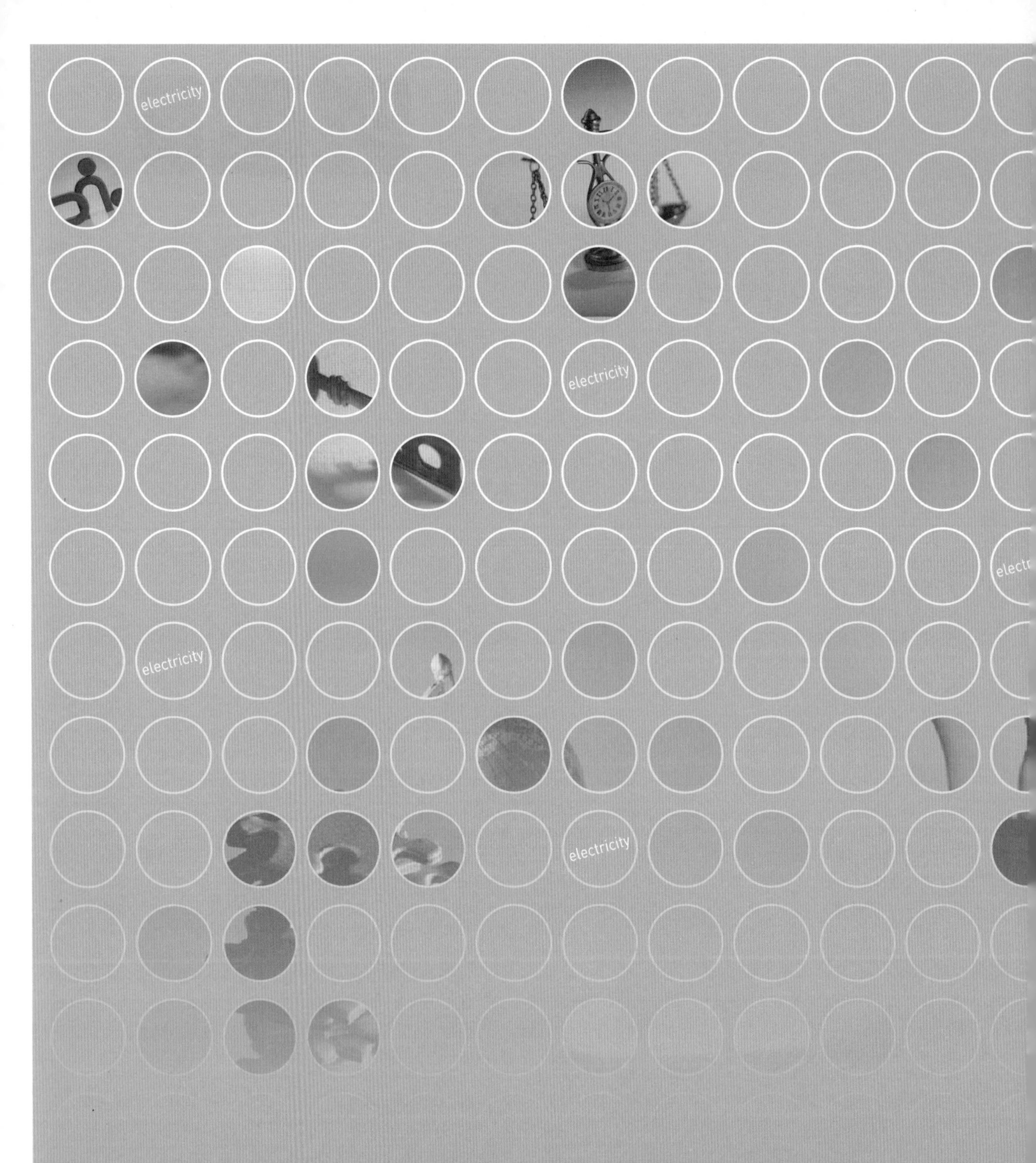
electricity
electricity
electricity
electricity
electricity

Part 01

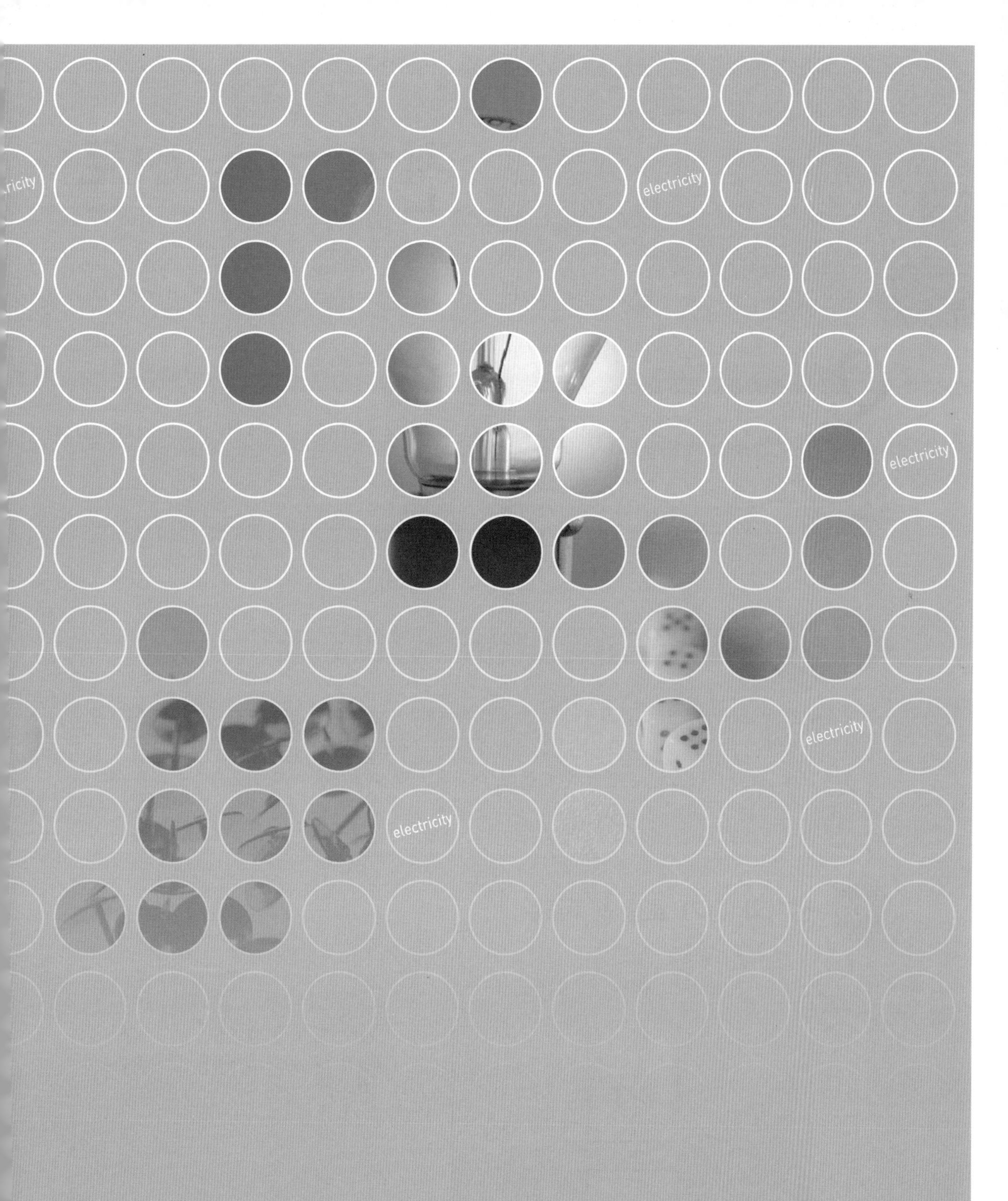

전기 이론 »

전기 기초 이론

Q 자격증을 취득해서 취업했는데 그 동안 학원에서 문제만 풀었지 막상 현장에 와보니 전기에 대해 아무것도 모르겠습니다.

A 현장, 특히 시설 관리에 종사하고 있는 거의 모든 분들이 하소연하고 있는 애로사항입니다. 많은 분들의 고민을 해결하는 데 가장 기초가 되는 부분이 바로 이 단원이라고 할 수 있습니다.
여기서는 전기에 대한 개념을 확실히 할 수 있도록 도와줄 것입니다. 개념이 머리 속에 확실히 자리 잡혀야 그 다음 가지를 뻗어갈 수 있기 때문입니다.

Step 1. 전기란 무엇인가

만약 우리가 살아가는 데 있어 공기가 없으면 어떻게 될까? 또한 전기가 없다면?

공기가 없으면 살 수 없듯이 전기는 현대 문명에 있어 공기와도 같은 것이라고 할 수가 있다.

전기는 크게 강전과 약전으로 분류할 수 있는데, 여기서는 약전에 대한 아주 기초적인 이론을 배우게 될 것이다.

01 전기와 전기 흐름의 이해

전기 흐름 대해 우리가 흔히 알고 있는 물의 흐름과 비교해보자.

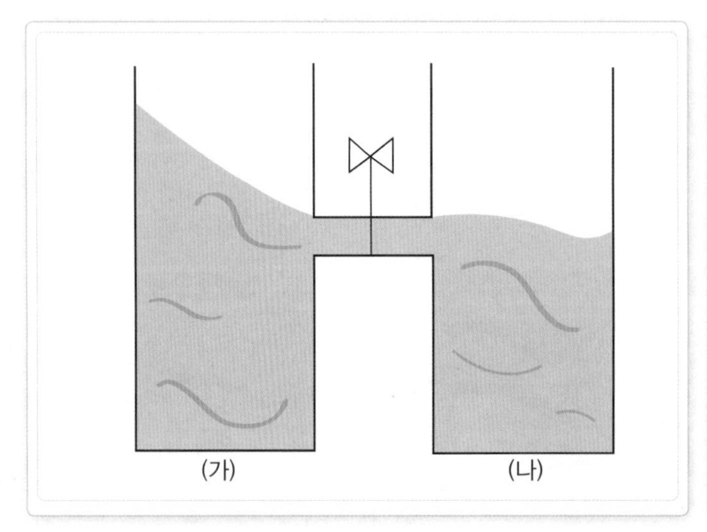

물의 흐름과 전기의 흐름
물 탱크의 수위차를 이용해 전기의 흐름을 이해한다.

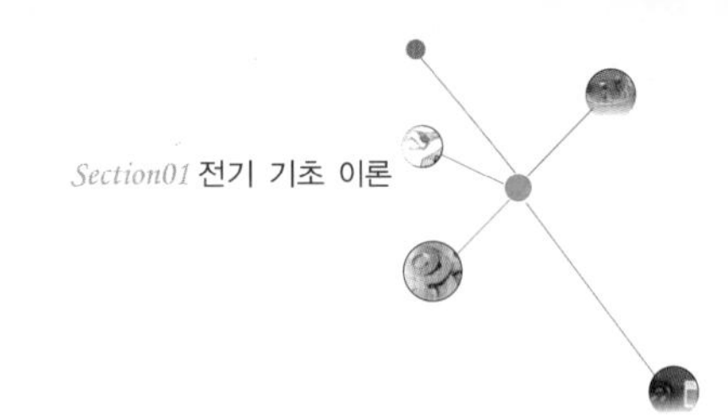

01 수압 = 전압

2개의 물 탱크에 수도 파이프를 연결해 보기로 한다.

가운데 수도꼭지를 틀면 물은 수위가 높은 (가)의 탱크에서 낮은 (나)의 탱크로 흐르게 된다. 그러다 양쪽의 수위가 같아지면 더 이상 흐르지 않을 것이다. 이처럼 물을 흐르게 하는 힘은 (가)와 (나)의 수위차, 즉 수압 때문이다. 수압이 세면 물의 힘도 세어지고 양도 많아지게 되는데 전기도 마찬가지이다.

02 수위 = 전위(C)

물의 수위는 전기에서는 전위라고 부른다. 전기의 양을 전하라고 부르며, 단위는 C(쿨롱)로 표시한다.

03 수위차 = 전압(V)

수위간의 차를 수위차라 하고, 전기에서 전위간의 차이를 전압이라고 부른다. 전압의 단위는 V(볼트)이다.

04 물의 양 = 전류(A)

물이 흐르는 양은 초당 m^3(세제곱미터)로 표시한다. 전기는 초당 몇 쿨롱의 전하가 이동했는가로 나타낸다. 1초당 1쿨롱의 전하가 이동했을 때 1A(암페어)의 전류가 흐른다.

05 파이프의 굵기 = 저항(Ω)

파이프가 가늘면 물이 흐르기 어렵고 수량도 적어진다. 전선의 굵기, 길이, 재질에 따라 전기의 양도 변한다. 즉, 전기의 흐름을 방해하는 것을 저항(Ω, 옴)이라고 한다.

알아두면 편해요

전기는 무엇이 결합되어 이루어지죠?

전기는 전압(V)과 전류(I)와 저항(R)이 결합됩니다.
즉, 전기적인 힘(=소비 전력)은 $P=VI$라는 공식이 생겨나는 것이죠.
여기서 전기적인 힘(P)은 현장에서 널리 적용되는 중요한 공식입니다.

02 전기 흐름에 따른 물질의 분류

01 도체

전기가 아주 잘 통하는 물질로, 사람의 몸, 구리, 알루미늄, 철, 물 등이 있다.

02 부도체

전기가 거의 통하지 않는 물질로, 고무, 종이, 나무 등이 있다.

03 반도체

전기가 통하기도 하고 반대로 통하지도 않는 물질을 말한다.

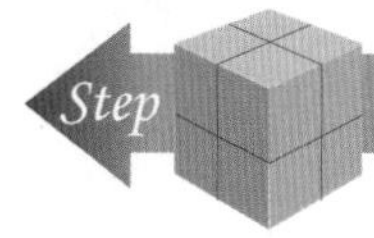

2. 전기의 생성 과정(이동 경로)

01 전압의 종류

우리가 가정이나 사무실에서 흔히 사용하고 있는 교류 전압을 낮은 순서부터 차례로 열거해 보면 110V, 220V, 380V 등이 있다(훨씬 많은 종류의 전압이 더 존재한다).

이러한 전압을 우리가 사용하기까지는 아주 많은 단계를 거쳐 오게 되는데, 그 이동 경로를 간략하게 살펴보면 다음과 같다.

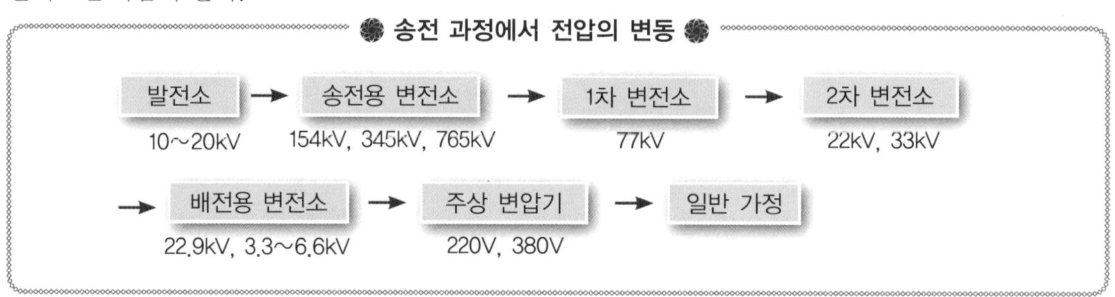

02 중요 단어들의 의미

- **발전소** : 전기를 만들어내는 곳
- **변전소** : 발전소에서 만들어낸 전기의 전압을 바꾸는 곳
- **송전선** : 발전소와 변전소, 변전소와 변전소를 서로 연결하여 전기를 보내주는 역할을 위한 선

01 발전소

(1) 수력 발전소

물을 이용하여 전기를 얻어내는 방법을 말한다. 물을 높은 곳에서 낮은 곳으로 이동시켜 물이 떨어지는 힘을 이용하여 수차를 돌리고 수차에 연결된 발전기로 전기를 얻어내는 것이다.

(2) 화력 발전소

불을 이용한다. 기름(중유나 원유 같은)을 연료로 하여 발생된 증기의 압력으로 발전기를 돌려 전기를 얻어낸다.

(3) 원자력 발전소

기본적으로 증기의 압력으로 발전기를 돌린다는 점에서 화력과 같으나 화력의 보일러를 원자로로 바꿔 놓은 점에서 차이가 난다.

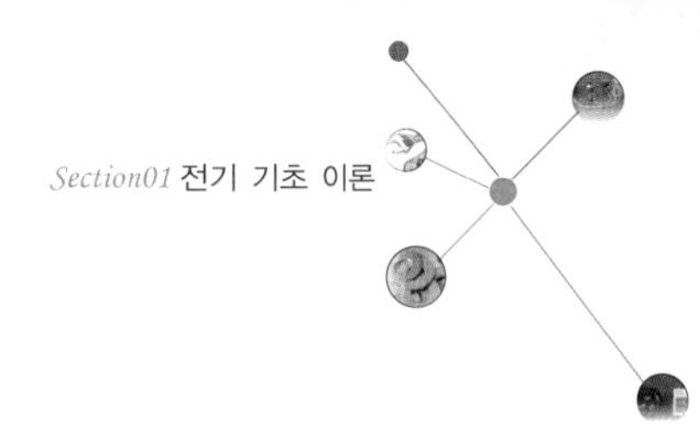

02 변전소

발전소에서 만들어진 전기를 공장이나 가정 등의 소비지에 경제적으로 보내기 위해 변압기를 통해 전압을 바꿔주는 곳이다.

(1) 배전용 변전소까지 오는 동안 전압은 22,900V까지 떨어진다. 이것을 직접 공장 등으로 보내주기도 하고, 한편으론 전봇대에 있는 주상 변압기를 이용해 220V로 낮춰 가정 등에 보내지게 된다.

(2) 22.9kV(22,900V)의 선을 특고압선, 220V의 선을 저압선이라고 부른다.

03 송전선

(1) 가공 송전선

여러 개의 철탑을 이용해 공중으로 전기를 보내는 방식이다.

(2) 지중 송전선

가공 송전선을 도시에 사용하기가 힘들어서 그 대신 송전선을 지하에 매립하는 방식으로 시설하는데, 이를 지중선로라고 한다. 현재 도시 미관을 위해 가공에서 지중으로 변하고 있으나 고비용 때문에 속도가 더딘 편이다.

04 기타

(1) 인입선

전주의 변압기 2차측에서부터 건물의 인입구까지의 배선을 말한다.

(2) 인입선의 종류

DV(인입용 비닐 절연 전선)가 있다. 일반 가정에 들어오는 인입선을 살펴보면 녹색과 검은색이 꼬인 선을 볼 수가 있다.

인입선의 모습

전주의 변압기로부터 가정집에 들어간 인입선의 모습으로 일반 동선보다 훨씬 뻣뻣하다.

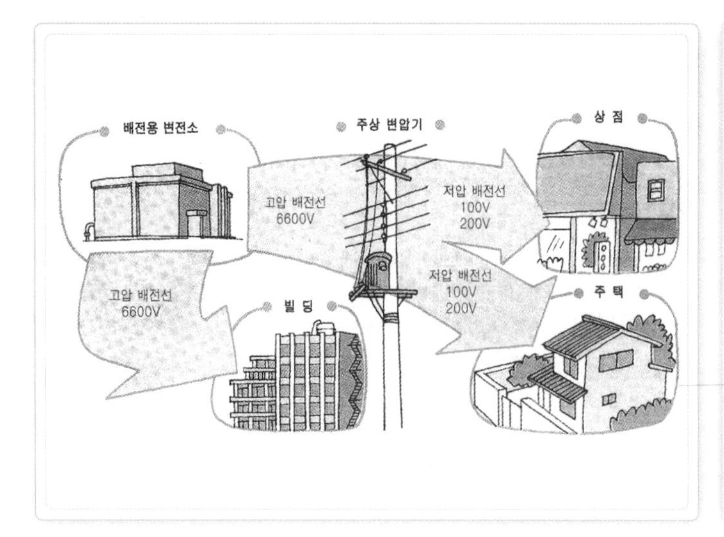

배전선로

변전소에서 사무실이나 일반 가정집에 전기를 보내주는 배전선로이다.

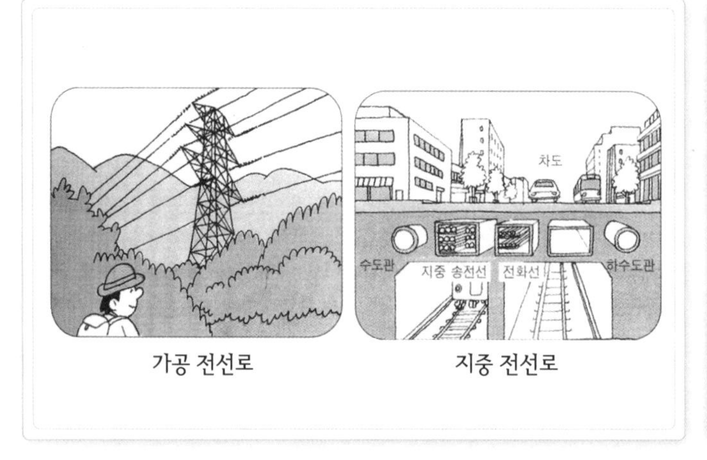

가공 전선로　　지중 전선로

가공 전선로와 지중 전선로

가공 전선로와 지중 전선로가 설치된 모습이다.

154kV 변전소

송전선에 전기를 보내는 변전소의 모습이다.

변압기
길거리 전봇대에서 많이 볼 수 있고 단상일 때는 1대를, 3상일 때는 3대를 이용해 필요한 전압을 만들어 낸다.

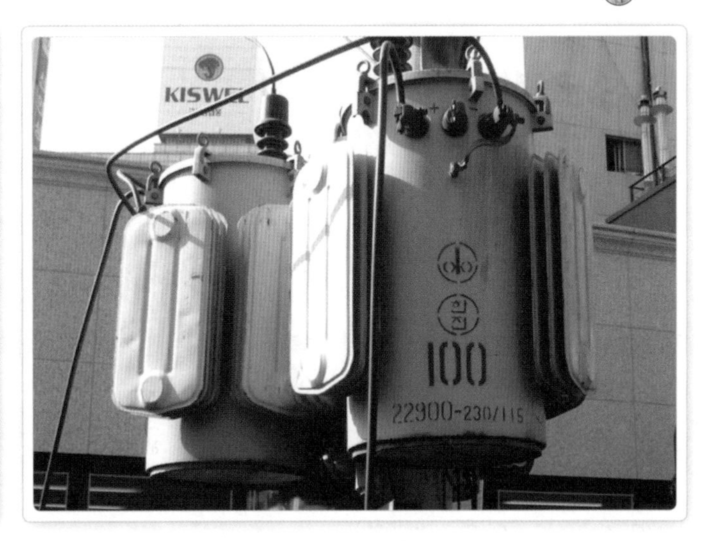

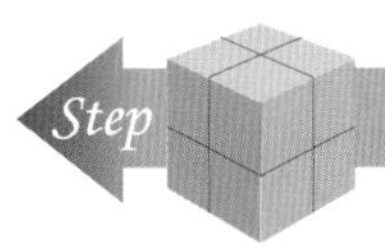

알아두면 편해요

우리나라의 전력 계통은 전국이 하나의 네트워크 망으로 연결되는 순환 구조를 가지고 있습니다.
- 765kV 변전소가 4군데 있고 원자력 발전소가 4군데 있습니다.
- 화력 · 수력 발전소 외에 복합 · 민자(IPP) 발전소 등도 있습니다.

Step 3. 전기 기초 공식

01 옴의 법칙

$$E = I \cdot R$$

여기서, E : 전압
I : 전류
R : 저항

01 전압

전류가 흐르기 위해서 필요한 전기적인 압력으로, 단위는 V(볼트)이다.

02 전류

전압에 의한 전자의 흐름으로, 단위는 A(암페어)이다.

03 저항

전선의 길이와 두께 등에 따라 달라지고 단위는 Ω(옴)이다.

02 전력(Electric power)

01 단상 P

전력은 전류가 시간당 얼마나 일을 하는가를 나타낸다. 기호는 P로 표시하고 단위는 W(와트)이다.

$$P = E \cdot I$$

예 220V인 가정집에서 5A의 전류가 흐르는 전기난로의 소비전력은?
위 식에 의해 220×5=약 1.1kW

02 3상 P

(1) $P = \sqrt{3}\,V \cdot I \ (\sqrt{3} = 1.732)$

(2) 허용전류 $I = \dfrac{P}{\sqrt{3}V}$

※ 전류의 2.5배 이하 범위 내에서 차단기를 선정한다(내선 규정).

03 전력량

01 전력량 W

우리가 가정에서 쓰는 전기는 결국 전력(P)을 얼마만큼의 시간(t)동안 썼는가를 의미한다.

$$W = P \cdot t = V \cdot I \cdot t$$

02 측정

적산 전력량계(Wh)로 측정한다.

03 단위 환산

1마력(HP) = 746W

즉, 말 한 필이 끄는 힘을 나타낸다.

04 단위 크기

01 전압의 크기

mV(밀리볼트) 〈 V(볼트) 〈 kV(킬로볼트)

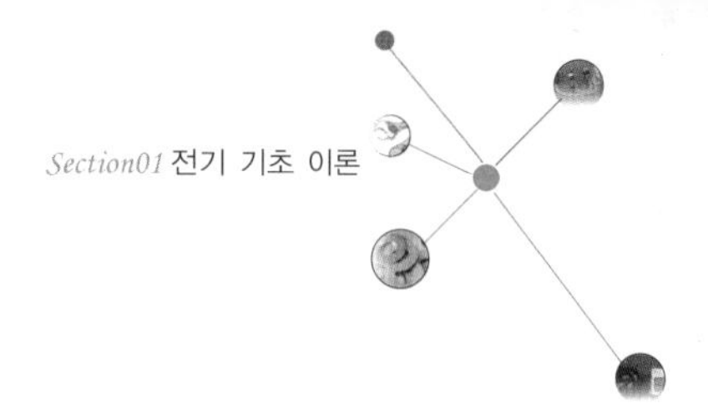

02 전류의 크기

mA(밀리암페어) 〈 A(암페어) 〈 kA(킬로암페어)

03 저항의 크기

mΩ(밀리옴) 〈 Ω(옴) 〈 kΩ(킬로옴)

04 전력의 크기

W(와트) 〈 kW(킬로와트)

05 교류와 직류

01 직류전원(DC)

(1) 건전지, 축전지(휴대전화용), 자동차 전원 등에 사용된다.

(2) 2가닥의 전원을 구분할 때 +(플러스), −(마이너스)라고 한다.

02 교류전원(AC)

(1) 가정이나 학교용 전원에 사용된다.

(2) 2가닥의 전원을 구분할 때 H(하트)상, N(뉴트럴, 중성선)상으로 하며, 현장에서는 스위치 공통(H상)과 등공통(N상)으로 부르기도 한다.

알아두면 편해요

① SQ(스키아)는 단면적으로 전선의 면적(mm^2 : 제곱밀리미터)을 나타냅니다.
② 허용전류나 차단기를 선정할 때 현장에서는 내선 규정의 정석대로 하지 않고 대부분 한 단계 위의 크기를 사용합니다.
③ 교류전원을 직류처럼 플러스(혹은 마이너스)라고 부르기 쉬운데, 교류는 그렇게 부르면 안 됩니다.
④ N선이나 N상
중성선(뉴트럴)은 H(하트)상처럼 상이 아닙니다. 정확하게 말하면 N상이 아니라 N선이지만, 현장에서는 그동안 해 온 습관처럼 N상이라고 합니다. 여기서 한 번 언급했으므로 앞으로의 표기도 현장감을 살리기 위해 N상이라고 합니다.

Step 4. 전압의 종류

전압에는 단상 2선식, 단상 3선식, 3상 3선식, 3상 4선식이 있다.

01 단상 2선식

흔히 가정집이나 사무실에 주로 사용한다. 2가닥의 전원을 구분할 때 H(하트 : R, S, T상 중 아무거나 1개)상과 N(뉴트럴)상, 혹은 스위치 공통(H)과 등공통(N)으로 부른다.

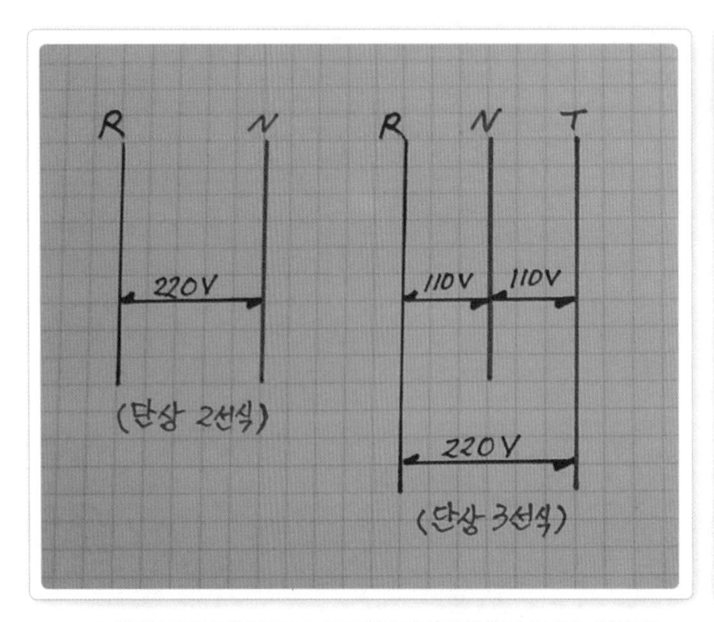

단상 전압의 종류

단상 2선식과 단상 3선식을 보여준다.

단상 2선식의 예

가정집에서 흔히 볼 수 있는 세대 분전함이다.

- 가 : 메인 차단기
- 나 : 전등, 전열, 에어컨 등으로 사용되는 콘센트

한전에서의 단상 라인 모습

- 가 : 녹색 포인트로, 가공지선이라 하고, 낙뢰 등으로부터의 보호를 목적으로 한다. 꼭대기의 고깔 모자처럼 생긴 것과 연결되어 있다. 이 가공지선이 밑으로 와서 변압기의 (-)단자와 외함과, 땅속으로 들어가는 접지선과 가정집으로 들어가는 중성선(N선)과 연결된다.
- 나 : 녹색 포인트의 N상과 모두 연결된다.
- 다 : 백색 포인트로 한전에서 온 하트(22.9kV)상이다.
- 라 : 적색 포인트로, 변압기를 거쳐 나온 2차 전압으로 나의 N상과 함께 220V를 만들어 낸다.

단상 라인 확대

단상 라인을 좀 더 가까이 본 모습이다.

02 3상 4선식에서 중성선(N상 : neutral conductor)의 올바른 이해

01 3상 4선식의 전압 체크

(1) 중성선 기준 상전압

N·R = 220V, N·S = 220V, N·T = 220V

(2) 선간 전압(하트상끼리 결합)

R·S = 380V, R·T = 380V, S·T = 380V

(3) 중성선과 결합하여 전류를 보내는 또 다른 상(R, S, T)을 하트 라인(hot line)이라고 한다.

02 접지선과 중성선의 차이

(1) 접지선

정상적인 상태에서 전류가 흐르지 않는다. 그리고 지중의 접지극(대지)과 같은 전위를 만들거나 이상전압 발생 시 대지로 방전하기도 한다.

(2) 중성선

일반적으로 상시 전류가 흐르고 있는 상태, 즉 전기회로를 구성하고 있는 것이다(다른 상과 결합하여 전등이나 전열의 부하에 전류를 공급함). 보통은 접지선과 같다고 혼동하고 있으나, 내선 규정에는 분명히 전압선으로 분류되어 있다.

03 중성선의 주의사항

(1) 중성선은 접지가 아니라는 사실을 항상 잊지 않도록 주의한다.

(2) 전원을 물릴 때는 중성선을 먼저 물리고 풀 때에는 반대로 나중에 풀어 주어야 한다.

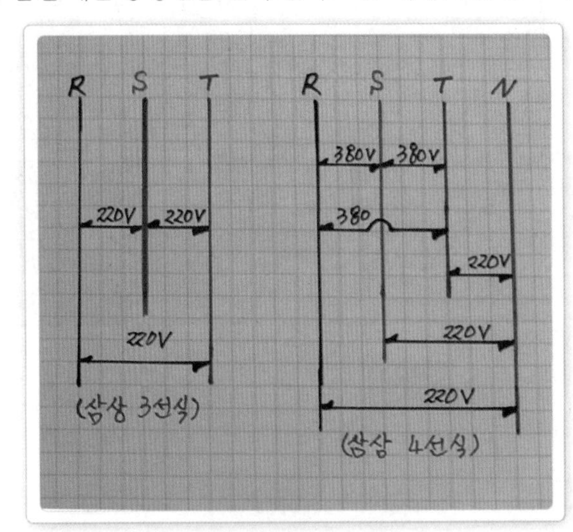

3상 3선식과 3상 4선식

3상 3선식과 3상 4선식의 결선 전압의 변동(220 및 380V)을 알 수가 있다.

3상 4선식 판넬 모습

메인 차단기의 왼쪽부터 R, S, T, N상(흑, 적, 청, 백색)의 부스바가 있고, 오른쪽 하단에 접지가 물려 있는 모습이다.

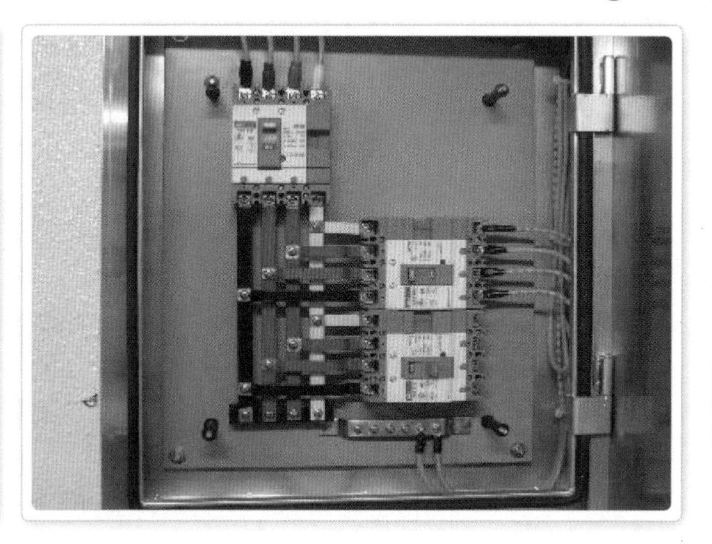

알아두면 편해요

① 중성선은 접지의 종류 중에서 제2종 접지에 속하고, 위 사진에 보이는 일반 접지는 제3종입니다. 중성선도 접지선이라고 해서 사진에서 보이는 일반 녹색 접지선을 중성선에 물리면 안 됩니다.

② 전원이 살아 있는 상태에서 만약 중성선을 먼저 풀어버리면 2차측에 하트상들만 들어가서(380V) 자칫 부하들이 소손되는 사고가 날 수도 있습니다. 이와 같은 이유로 물릴 때는 중성선을 먼저 연결하는 것입니다.

Step 5. 허용전류, 차단기의 용량, 전선의 굵기 구하기

01 기본 공식

- 단상 : $P = V \cdot I$
- 3상 : $P = \sqrt{3} \cdot V \cdot I$ ($\sqrt{3}$ =1.73)

02 각 상일 경우 값 구하기

01 단상일 경우 구하기

사무실에 10kW짜리 단상 스텐드형 에어컨을 설치하려고 한다. 허용전류와 이에 따른 차단기 및 케이블의 굵기를 선정하기로 해보자.

(1) 전압과 전력

P(전력) = 10,000W(10kW)

V(전압) = 220V

앞의 공식에서 $I=\frac{P}{V}$를 구하고 여기에 대입하면

$$I=\frac{10,000}{220}=45.5\text{A}$$

(2) 허용전류

약 45.5A가 소요된다.

(3) 차단기 선정

20, 30, 50, 75, 100A…이런 식으로 나가므로 45.5A에 해당되는 50A짜리 차단기를 선정하면 되겠지만, 현장에서는 언제나 특히 모터 같은 경우는 순간 기동전류가 많이 흐르므로 한 단계 위인 75A짜리 차단기를 선정한다.

(4) 케이블 선정

산출된 허용전류를 기준표에 대입해 본다. 다음 표에서 단상 케이블(CV)의 45.5A를 보면 42A의 다음 단계인 57A에 해당되는 10sq가 되겠지만, 역시 한 단계 위인 76A에 해당되는 16sq의 케이블을 선정하면 된다.

02 3상일 경우 구하기

똑같은 10kW짜리 천정형 시스템 에어컨을 설치하는데 이번에는 단상이 아니라 3상 4선식일 경우를 살펴보기로 한다.

(1) 전력과 전압

P(전력) = 10,000W(10kW)

V(전압) = 380V

위 공식에 의해

$$I=\frac{10,000}{1.73\times 380}\fallingdotseq 15\text{A}$$

(2) 허용전류

약 15A가 소요된다. 단상과 비교해서 약 1/3 수준으로 떨어지는데 이는 효율성을 의미한다.

(3) 차단기 선정

15A에 해당되는 20A짜리 차단기를 선정하면 되겠지만, 역시 한 단계 위인 30A짜리 차단기를 선정한다.

(4) 케이블 선정

산출된 허용전류를 기준표에 대입해 본다. 다음 표에서 3상 케이블(CV)의 15A를 보면 16A의 다음 단계인 22A에 해당되는 2.5sq가 되겠지만, 역시 한 단계 위인 30A에 해당되는 4sq의 케이블을 선정한다.

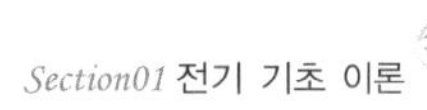

용량에 따른 허용 전류와 전선의 굵기 선정표

전선(㎟)	공사방법				
	단열벽 내부의 절연전선(HIV)일 때		단열벽 내부의 케이블(CV)일 때		비고
	단상	3상	단상	3상	
1.5	19	17	18	16	
2.5	26	23	25	22	
4	35	31	33	30	
6	45	40	42	38	
10	61	54	57	51	
16	81	73	76	68	
25	106	95	99	89	
35	131	117	121	109	
50	158	141	145	130	
70	200	179	183	164	
95	241	216	220	197	
120	278	249	253	227	
150	318	285	290	259	
185	362	324	329	295	
240	424	380	386	346	

※ 상기표 외에 노출 공사 등 공사 여건에 따라 허용전류가 달라지기도 한다.

03 결론

같은 10kW이나 단상에서는 75A짜리 차단기와 16sq의 케이블이지만, 3상일 때는 그 1/3 수준으로 떨어진다. 그만큼 비용이 적게 드는, 즉 효율성이 높다는 것을 의미한다.

알아두면 편해요

① 위에서 공식을 이용해 허용전류를 산정했지만, 실제 바쁜 현장에서는 일일이 공식을 이용할 수가 없습니다. 그래서
- 단상일 때 : 소비전력(P)에 5를 곱해줍니다.
- 3상일 때 : 5를 곱해준 값에 1/3을 해줍니다. 이렇게 하면 허용오차 범위의 값이 나옵니다.

예전에 주로 사용하던 110V였다면 어떻게 될까 생각해 보세요.

② 이제 아시겠지만 전압과 전류는 반비례합니다($P=V \cdot I$ 를 상기).
전압이 낮을수록 전류가 높아지므로(즉, 차단기 용량도 올라가고, 케이블의 굵기도 올라가니까) 효율성은 떨어지게 마련입니다. 대신 위험성에서는 전압이 높을수록 훨씬 높습니다. 220V 정도는 쇼트가 일어나도 '펑'하는 수준이지만, 380V는 폭탄이 터지는 것과 같아 대단히 위험합니다.

③ 실부하, 차단기 용량, 전선의 굵기 선정 순서(크기)
- 실제 사용하고자 하는 부하의 최대 허용전류 〈 차단기 용량 〈 케이블의 굵기
- 전선 굵기가 가장 굵어야 됩니다. 만약 전선의 굵기가 차단기 용량보다 낮으면 차단기가 떨어지기 전에 전선이 열화작용에 의해 녹으면서 화재 발생의 위험이 생깁니다.

변전소의 폭발
고압의 위험!!!
변전소에 있는 판넬 내부에 쥐가 들어가 기기가 폭발한 모습이다.

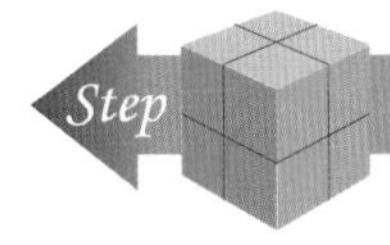

6. 누전

01 누전의 개념

전류가 전선이나 기구 등에 정상적으로 흘러야 하는데 그렇지 못하고 새어나와 가까이에 있는 금속이나, 기타 전기가 잘 통하는 물체에 비정상적으로 흐르는 것을 말한다. 전기 기계 · 기구나 오래된 전선의 절연 불량 또는 손상에 의해 일어나며, 화재나 감전 사고 등의 원인이 되기도 하기 때문에 예방을 위해 반드시 정격용량의 누전 차단기를 설치해야 한다.

02 단락의 개요

전선의 피복이 벗겨져 2가닥이 서로 닿은 상태를 말하며, 이때 아크와 동시에 고열이 발생한다. 다른 말로 합선이라고도 한다.

01 단락의 피해

전기의 2가닥이 합선되면서 발생하는 고열과 아크로 인해 주위의 인화물질(먼지가 많아도 위험)에 옮겨 붙어 화재가 발생할 수 있다.

02 단락의 예방 대책

(1) 용량이 큰 전기기기를 동시에 여러 개 사용하지 말아야 한다.

(2) 노후된 배선에서 피복이 벗겨져 합선되는 경우가 많으므로 전기 설비 관리에 유의해야 하고, 과전류 발생 시 전기를 차단하는 정격용량의 누전 차단기 또는 배선용 차단기를 사용해야 한다.

(3) 열을 발생하는 전기기구는 반드시 한 콘센트에 한 개의 기구를 사용해야 하며, 전선은 규격전선을 사용해야 한다.

(4) 비닐 전선은 허용전류 초과 사용 시 위험성이 매우 크므로 반드시 규격 전선을 허용전류 이내에서 사용해야 한다.

※ 예전에는 쥐가 전선을 갉아먹는 바람에 내부의 동심이 노출되어 단락에 의한 화재도 종종 일어났다.

알아두면 편해요

누전 여부를 파악하기 위한 절연저항 측정 시 기준치

- 300V 이하일 때 : 0.2MΩ 이상
- 400V 이하일 때 : 0.3MΩ 이상

할로겐 안정기의 불량

안정기 내부의 합선에 의해 설치하자마자 '펑' 하고 터졌다.

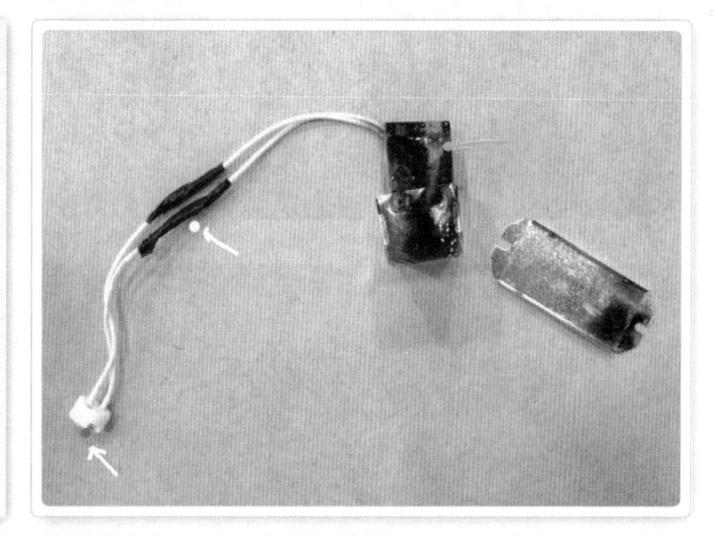

인쇄 장비의 이설

장비 특성상 기름이 아주 많이 묻어 있기 때문에 특히 누전의 위험성이 높다.

03 할로겐램프 안정기의 누전 체크

할로겐을 켜자마자 누전 차단기가 떨어지기에 불량난 제품을 찾아냈다. 왜 차단기가 떨어지는지 절연을 체크하는 메가테스터기를 이용해 확인해 보겠다.

메가테스터기를 이용한 절연저항 체크

정상적인 할로겐램프 안정기의 1차측 입력선에 플러그를 접촉시켰다.

절연저항 수치

메가테스터기를 확대한 모습이다. 눈금은 안정기의 코일을 통해 측정된 수치로서, 0.2MΩ 이상이면 정상으로 본다.

처음 측정할 때에는 수치가 사진에 보이는 정도였다가 시간이 조금 흐르면 2MΩ을 넘게 된다.

안정기 외부 케이스 절연저항 체크

안정기의 전원선과 외부 케이스와의 절연 상태 체크이다. 적색은 1차측 아무 선이나 접촉시키고, 흑색은 외부 케이스에 접촉시켰다. 바늘 위치가 무한대인데 이는 전혀 이상이 없다는 뜻이다.

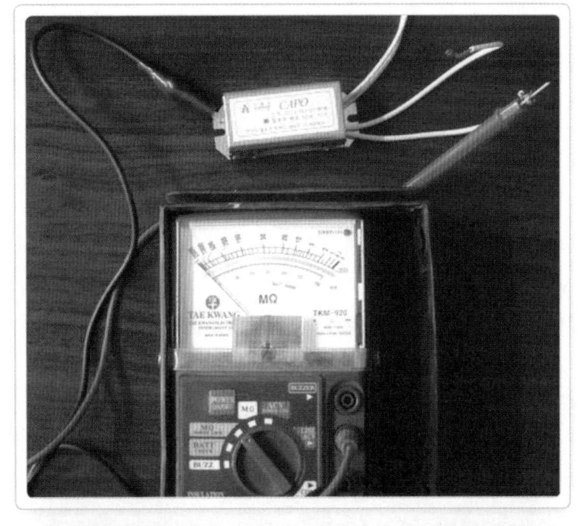

불량난 안정기

불량난 안정기의 1차측 전원선과 케이스를 체크했다. 우측 상단의 램프가 켜지면서 바늘이 오른쪽으로 넘어간 것이 보인다. 이는 누전을 의미한다.

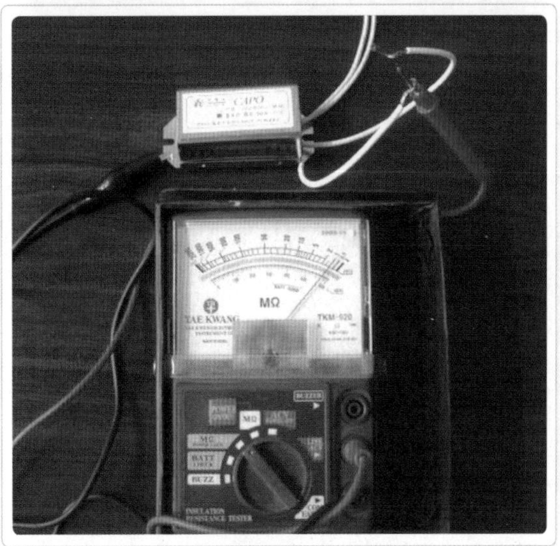

알아두면 편해요

사무실이나 공장에서 누전이 되는지 차단기가 자꾸 떨어질 때 불량난 지점을 가장 빨리 찾는 방법에 대한 질문을 종종 받습니다. 누전을 빨리 찾는 정해진 원칙이나 방법은 없으나 최대한 시간을 단축하는 방법은 있습니다.

차단기가 자꾸 떨어질 때

- 먼저 해당 차단기가 전등라인지 전열라인지 확인하고 차단기가 떨어지는 시점을 전후에 어떤 변동사항이 있었는지 물어봅니다. 즉, 새로운 가전기기가 들어왔다거나 등을 새로 달았다거나 등을 질문합니다. 만약 그런 사실이 있다면 그쪽을 가장 먼저 체크합니다.
- 아무런 변동이 없다면 메가테스터기로 하나하나 찾는 수밖에 없습니다. 그런데 많은 콘센트나 전등을 모두 뜯어볼 수는 없는 노릇입니다. 시간이 너무 오래 걸리기 때문입니다.
- 먼저 해당되는 차단기 라인의 중간쯤에서 전원을 풀어냅니다. 그럼 반으로 갈라진 셈이 됩니다. 그리고 메가테스터기로 반으로 나누어진 양쪽 라인을 각각 절연 체크합니다. 여기서 둘 중 한 군데 라인이 절연 불량으로 나옵니다. 물론 불량이 두 군데서 날 수도 있습니다.
- 여기까지 전체 라인에서 50%가 줄어들었습니다.
- 문제된 라인을 다시 반으로 나눕니다. 역시 50%의 확률, 이런 방법으로 불량난 지점을 찾아내는 것입니다.

03 배선용 차단기와 누전 차단기의 비교

01 사용 목적

(1) 배선용 차단기(NFB 혹은 MCCB)

과부하(적정 용량 이상으로 전기를 사용하는 것) 및 단락(합선) 등의 이상이 발생했을 경우 트립(차단)되어 회로를 보호하는 목적으로 설치된다.

(2) 누전 차단기(ELB)

주목적은 지락전류(누전에 의한 누설전류)를 자동으로 차단하는 것이고, 거기에 배선용 차단기의 용도도 함께 적용시킬 수 있다.

02 구조

(1) 누전 차단기

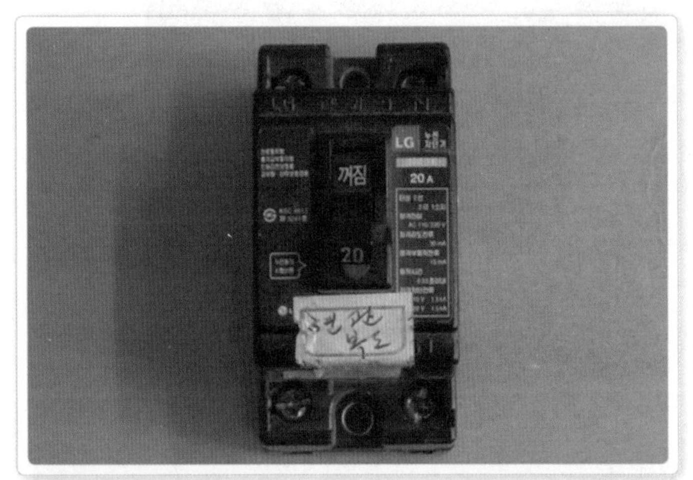

누전 차단기 모습

공사 현장에서 떼어낸 누전 차단기이다.

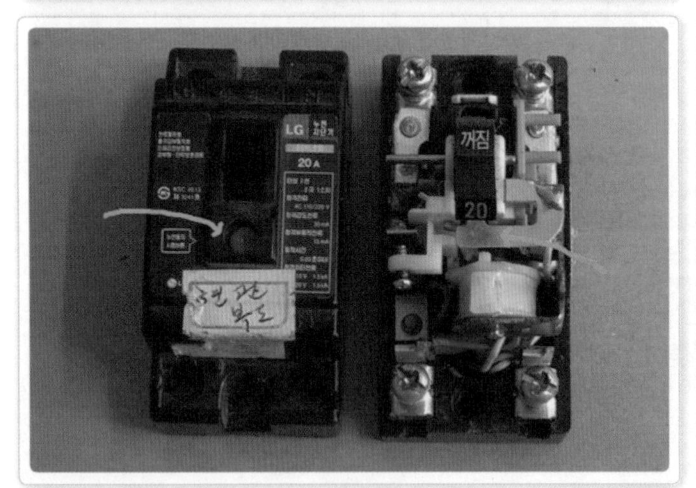

케이스를 떼어낸 모습

- 왼쪽 화살표 : 적색의 원형 모양 부분이 트립 버튼이다.
- 오른쪽 화살표 : 트립 버튼이 눌러지는 부위이다.

1차와 2차측 접점 모습

왼쪽 1차측 접점이 보이고, 동연선으로 꼬아 만든 선으로 2차측 단자와 연결되었다.

접점 부위 확대

1차와 2차측 접점 부위를 확대하였다.

차단기를 올렸을 때 접점이 붙은 모습

차단기를 분해할 경우 다시 사용하는 것은 금물이다.

알아두면 편해요

① 누전 차단기와 배선용 차단기의 트립 버튼 이해
- 누전 차단기는 전원이 OFF 상태에서 트립 버튼을 누르면 동작하지 않습니다.
- 배선용 차단기는 OFF 상태에서 트립 버튼이 동작합니다.

② 누전일 때 차단기는 수초 후 작동하거나 떨어져도 약간 부드러우나 쇼트일 때는 '퍽' 소리(약한 스파크도)와 함께 바로 작동합니다.

③ 감전되었을 경우 '으악'하는 비명소리가 나는 전류는 30mA이고, 심장마비를 일으킬 수 있는 전류는 50mA입니다.

누전 차단기의 1차와 2차는 절대로 바꿔 물리면 안 됩니다. 바뀌면 완전히 망가져 버리게 됩니다.
가끔 정격용량의 차단기를 설치하고 사용하는 부하도 적정한데 차단기가 자꾸 떨어지는 경우가 있습니다. 컴퓨터가 많은 사무실이나 PC방에서 종종 일어나죠. 컴퓨터에는 약 2mA 정도의 고조파 전류가 흐릅니다. 컴퓨터의 소비전력을 믿고 15대 정도를 사용한다면 어떻게 될까요?
누전 차단기의 정격감도 전류가 15mA인 것도 있고 30mA인 것도 있습니다. 만약 15mA인 것이라면 정격용량은 충분해도 누설된 고조파 전류의 합을 감지해 차단기가 작동하게 됩니다.

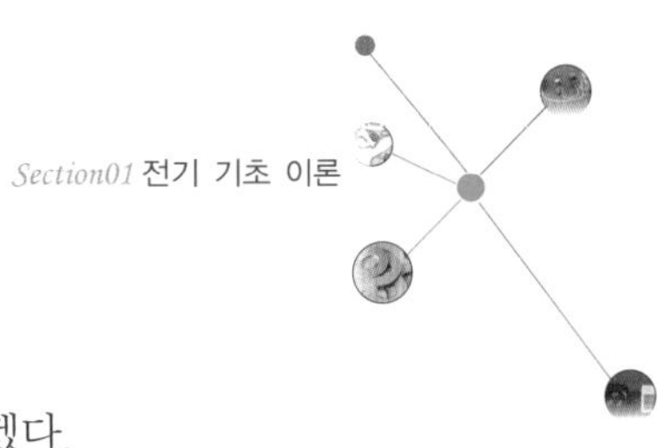

(2) 배선용 차단기

3상 4선식 30A용 배선용 차단기의 내부를 살펴보기 위해 뜯어보기로 하겠다.

배선용 차단기 외부 모습

- 가 : 적색 버튼이 트립 버튼으로, 차단기의 불량 여부를 확인하는 것이다.
- 나 : 오른쪽 단자에 N이라고 표시되어 있는데 왼쪽부터 순서대로 R, S, T, N을 물리는 것이다. 만약 바뀌면 내부를 보면 답이 나온다.

케이스를 벗겨낸 모습

배선용 차단기의 케이스를 벗겨낸 내부 모습이다.

① (가)부분은 4P짜리 차단기의 가장 오른쪽인 N상으로 이 부분이 가느다란 연선으로 이어졌다는 것, 즉 하트상에 있는 트립 장치가 없다는 것이 나머지 상과 다른 점이다. 이것은 N상을 반대편인 왼쪽에 물리면 안 된다는 것을 의미한다.

② (나)부분은 차단기 상부의 접점을 둘러싸고 있는 'ㄷ'자 모양의 철편 캡슐을 벗겨낸 것이다. 차단기를 ON시키면서 접점이 붙을 때 발생하는 아크나, 단락 사고가 발생했을 때 아크가 옆 다른 상으로 퍼지지 않도록 방지해준다.

③ (다)부분은 철판으로, 단락같은 사고 발생 시 철판 밑에 있는 코일 형식의 접점이 순간적으로 전자석이 되면서 철판을 끌어당기면서 트립이 된다. N상을 제외한 나머지 상이 그렇게 되어 있다.

배선용 차단기의 내부 구조

- 가 : N상
- 나 : 'ㄷ' 모양의 철편
- 다 : 철판

하트상 접점

철판 밑에 있는 접점이다. 가운데가 코일처럼 감겨 있다.

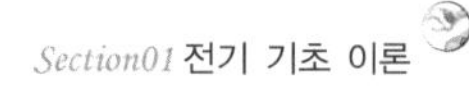

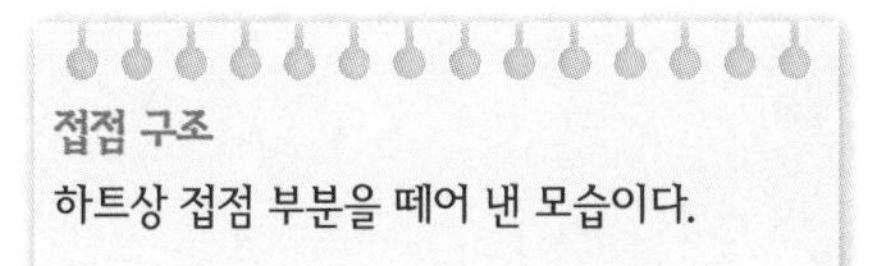

접점 구조

하트상 접점 부분을 떼어 낸 모습이다.

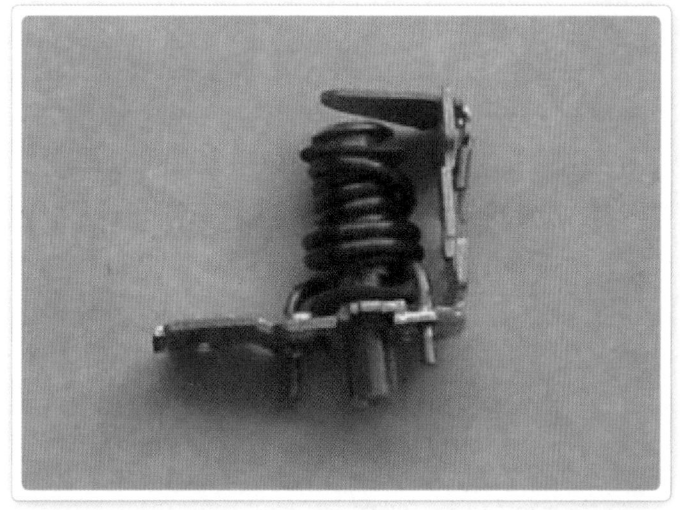

Step 7. 접지

접지 및 누전 관계

모터에서의 접지와 누전 관계를 그림으로 나타내었다.

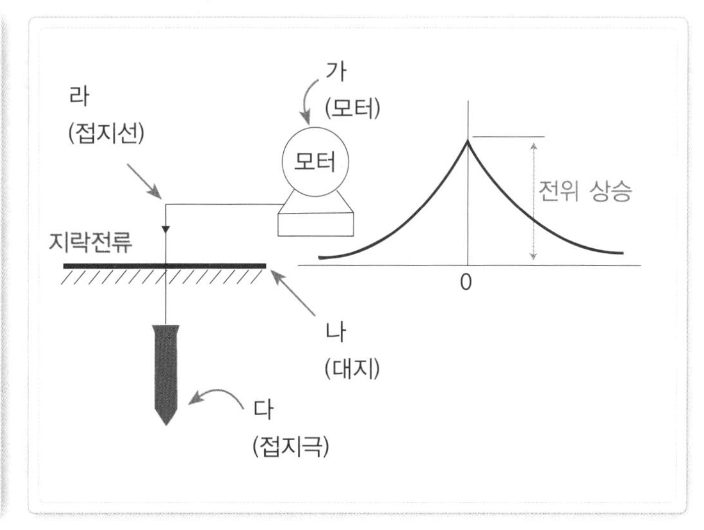

01 접지의 목적

접지의 목적은 장비나 시스템의 안정적 가동이나 운용을 위한 경우, 인명이나 설비의 안전을 위한 경우 등 아주 다양하다.

오늘날의 전기 · 전자 · 통신 그리고 반도체 기술의 눈부신 발전으로 초고속 종합 정보 통신망을 이용하여 모든 정보를 공유할 수 있는 고도의 정보화 시대를 맞이하고 있다.

01 접지의 필요성

(1) 전기적 피해로부터 시설물을 보호하기 위함이다.
(2) 전기기기의 원활한 기능을 확보하기 위함이다.
(3) 전기적인 충격으로부터 인명을 보호하기 위함이다.
(4) 충격전류를 대지로 신속히 방류하기 위함이다.

02 접지 불량의 사고

만약 접지 시스템이 불량하여 전위가 상승함으로써 발생되는 장해에는 최악의 경우 감전사고가 있고 기기에 대해서는 손상, 노이즈, 오동작 등이 있다.

02 감전사고 계통

어떤 기기가 오래되어 절연 상태가 나빠지면 어느 부위에서 누전이 일어나고 누설전류는 기기접지를 통해 대지로 흘러가게 되는데 이때 접지극과 대지 사이에 전위가 상승한다. 이런 상태에서 사람의 손이 닿으면 사람 몸에 접촉전압과 누설전류가 흘러 감전사고를 당하게 된다.

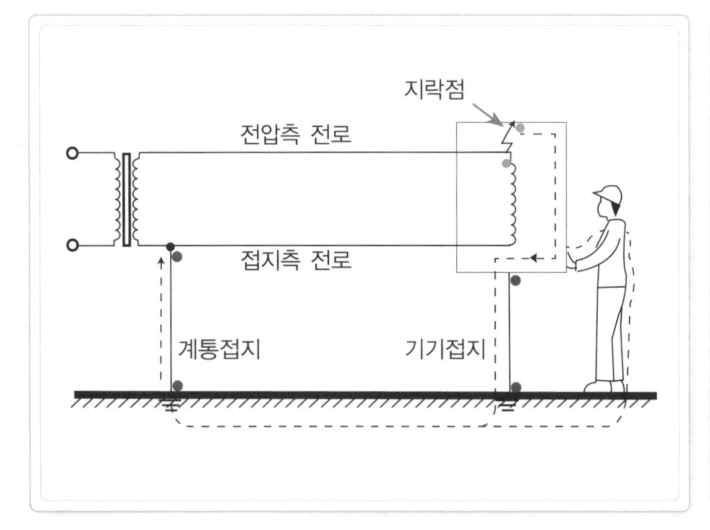

감전사고 계통
누전으로 감전사고가 발생하는 관계 흐름을 그림으로 보여주고 있다.

알아두면 편해요

접지공사의 방법에는 다음 4가지가 있습니다.

- 제1종 접지공사 : 고압기기나 고압기기 시설물의 울타리(측정 시 10Ω 이하 합격)
- 제2종 접지공사 : 고압 변압기 중성점접지(15Ω 이하)
- 제3종 접지공사 : 일반 저압접지(100Ω 이하)
- 특3종 접지공사 : 저압이지만 중요한 장비나 수중 펌프 등 위험성이 있는 곳(10Ω 이하)

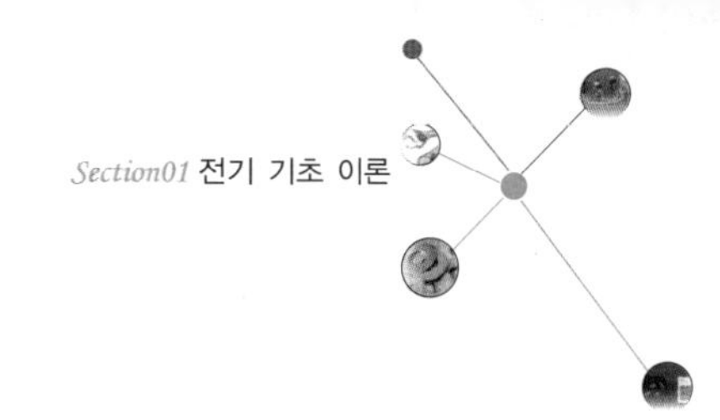

03 기기접지

다음 그림은 여러 가지 접지의 종류 중 가장 쉽게 볼 수 있는 기기접지의 계통을 나타낸 것이다.

기기접지의 계통

- 가 : 기기 외함
- 나 : 접지 부위
- 다 : 접지극
- 라 : 대지

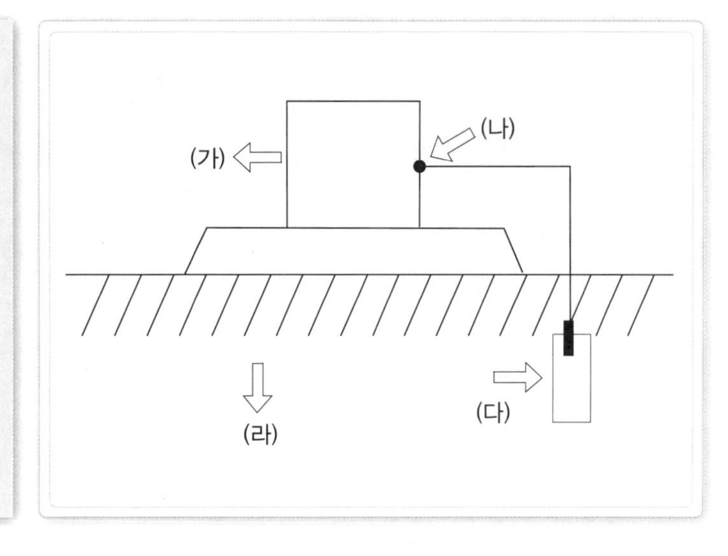

01 접지 부위

판넬 속을 보면 접지 단자대가 있다. 땅속에 묻은 접지선을 배관을 따라 메인 판넬의 접지 단자대에 물려준다. 그러면 건물에 있는 콘센트나 등기구 같은 부하 측 접지선들을 메인 접지선과 연결해 주는 것이다.

02 접지극

건물을 짓기 위해 터파기 공사를 할 때 미리 땅속에 묻는다. 동봉을 박기도 하고 동판을 묻기도 한다.

03 대지

땅속이다. 어떤 기기에서 누전이 되었을 경우 접지선을 따라 땅속으로 흘러가게 된다.

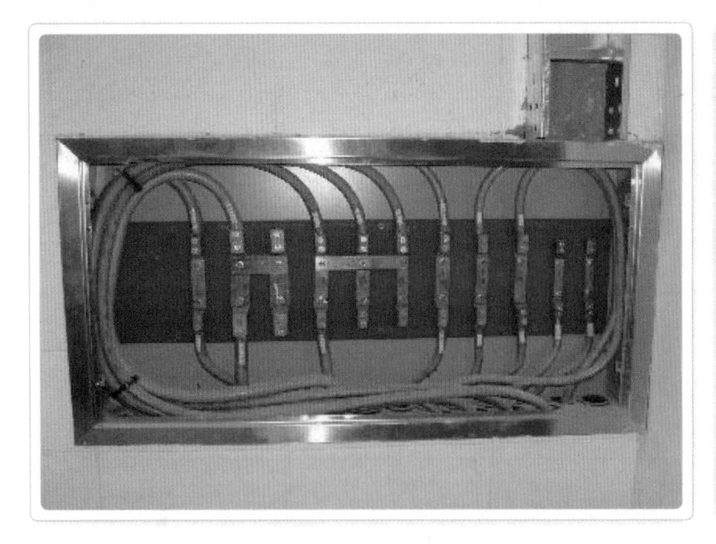

접지 단자함의 모습

건물의 한쪽에 있는 접지 단자함이다.
땅속에 있는 접지선을 메인 판넬까지 직접가지 않고 이렇게 별도의 함을 매입한다.
이곳에서 각 중간 판넬들로 가는데 물론 소형 건물일 경우에는 바로 메인 판넬로 가게 된다.

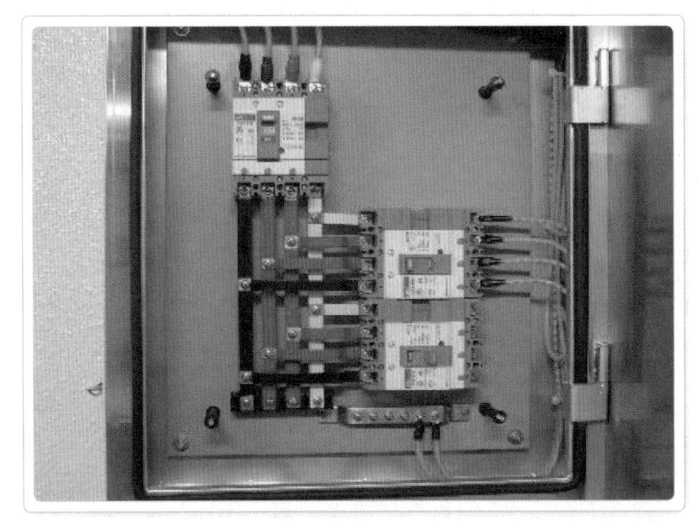

분전함의 접지 단자 모습

단자대에 물려 있는 1차 접지선이 보인다.
빈 단자대에는 부하 측 접지선들을 물린다.
누전이 되면 1차측 접지선을 따라 건물의 접지 단자함에 연결되어 대지로 흘러가게 된다.

3종 접지의 모습

하자공사이다. 먼저 바닥접지가 GV(녹색)가 아니다. 또한 전기실에 설치하지도 않았다.

8. 직렬과 병렬의 이해

01 직렬의 이해

아래 그림은 정수장에서 각 가정집으로 수돗물이 공급되고 있는 모습을 그린 것이다.

정수장의 물이 수도관을 통해 각각 (A), (B), (C)의 가정집까지 공급된다고 가정해보자.

01 직렬 수도관의 흐름

만약 가정집 (A)에서 수도꼭지를 잠그게 되면 (B)와 (C)의 집에도 수돗물이 끊어질 것이다. 1개의 수도관이 모두 일직선으로 연결되어 있기 때문이다.

이번에는 (B)의 집에서 잠그면 (A)는 공급되지만, (C)는 공급이 되지 않는다.

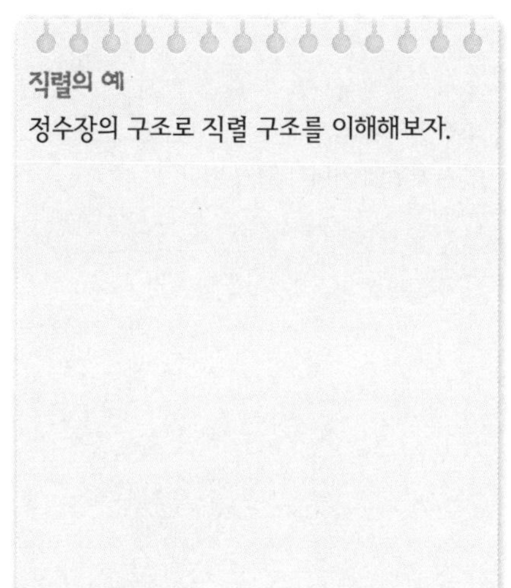

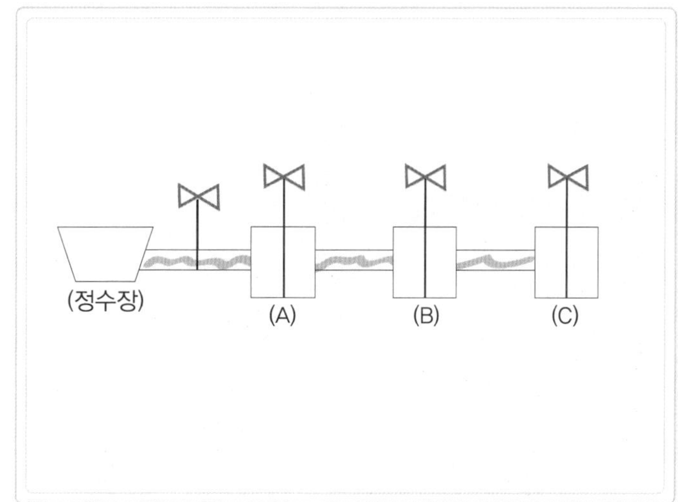

02 직렬법이 사용되는 경우

(1) DC배터리의 연결

① 건전지 2개가 있다. (+)와 (−)가 서로 반대로 꽂혀 있다. 왼쪽부분에 철판이 있어 상단의 (−)와 하단의 (+)가 서로 연결되어 있다.

② 이제 가정집이라고 생각해보자. 정수장에서 상단의 가정집 수도꼭지(+부분)로 물이 들어온다. 그리고 반대편(−)으로 흘러 하단의 옆집 수도꼭지(+)로 흘러간다. 만약 윗집에서 수도꼭지를 잠그면(건전지를 빼 버리면) 당연히 다음 집으로 물이 공급되지 않는다(리모컨이 작동하지 않는다).

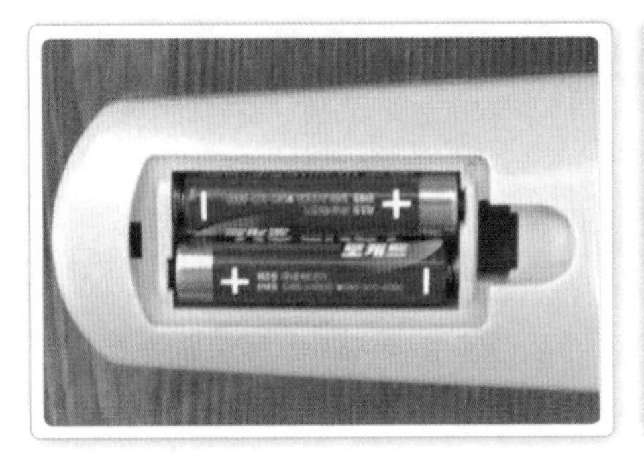

배터리의 직렬 연결
리모컨에 배터리를 직렬로 연결하였다.

(2) 아래 그림은 통신실의 UPS실에 있는 배터리들이다. 정전이 되면 바로 UPS에 공급하기 위해서 220V 직류 전원을 충전하고 있다. 배터리마다 검은 전선이 2개씩 있는데 이는 전원선으로, 위의 건전지처럼 서로 직렬로 연결되어 있다. 저 중에서 어느 1개의 선이 끊어지면 그 뒤쪽으로는 전원 공급이 끊어지게 된다.

UPS실 내부 모습
접속 부위에 커버가 덮여 있다.

DC배터리들이 직렬 연결된 모습
몇 달 전 배터리실 보수 공사로 저것들을 옮기다가 연결 부위에 철판이 접촉된 적이 있었는데 불이 붙었다. 위험!!

알아두면 편해요

① UPS(Uninterruptible Power Supply : 무정전 전원 장치)란 정전 상태에서도 전원을 공급하는 장치를 말합니다. 즉, 평상시는 자동 전압조정 역할을 하고, 정전 시에는 배터리의 성능으로 교류를 공급하여 주는 장치입니다.

② UPS용량과 배터리 용량은 별개이며, UPS용량은 부하 용량, 배터리 용량은 정전 보상시간을 의미합니다.

02 병렬의 이해

이번에는 굵기가 굵은 수도관(간선 수도관)에서 각 가정집마다 별도의 수도관(분기 수도관)을 따서 공급해본다.

01 병렬 수도관의 흐름

(A)에서 수도꼭지를 잠가도 (B)와 (C)는 아무런 영향을 받지 않게 된다. 간선 수도관을 통해 여전히 수돗물이 공급되기 때문이다.

02 병렬법의 사용

(1) 수도관을 전선이고, 수돗물을 전기라고 생각해보자. 우리가 접하고 있는 교류는 모두 병렬로 사용하고 있다. 그러니까 변전소에서 전주를 통해 변압기까지 오는 구간을 간선 수도관으로, 변압기에서 각 가정으로 공급되는 구간을 분기 수도관으로 보면 된다.

(2) 일반 사무실이나 공장도 마찬가지이다. 건물에 설치된 전기실에서 각 층에 있는 분전함의 1차까지를 간선 수도관으로, 분전함의 메인 차단기를 거쳐 설치된 누전 차단기들을 분기 수도관으로 보면 된다. 예를 들면 누전 차단기 1개를 내리면 해당 범위만 전기가 차단될 뿐이다.

병렬의 예

병렬구조는 정수장의 수도관 흐름으로 이해할 수 있다.

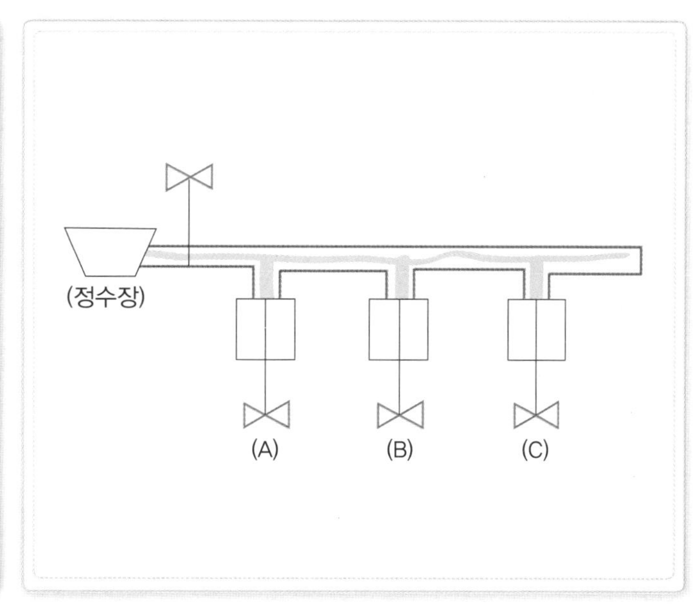

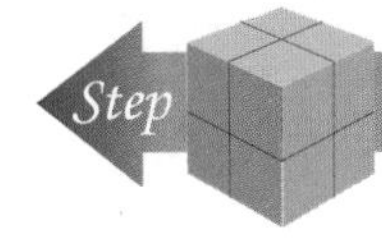

만약 백열 전구 2개를 DC전압이 아닌 교류 전원 220V에 직렬로 연결하면 어떻게 될까요?

불의 밝기가 반으로 약해집니다. 흔히 반불 들어온다고 합니다.

Step 9. 도면보는 법

01 전등

아래 도면은 전체적으로 간략하다. 현장에서는 대단위 공사가 아닌 이상 대부분 이런 도면을 사용한다. 어떤 경우에는 도면도 없이 대화로만 이뤄질 때도 많다.

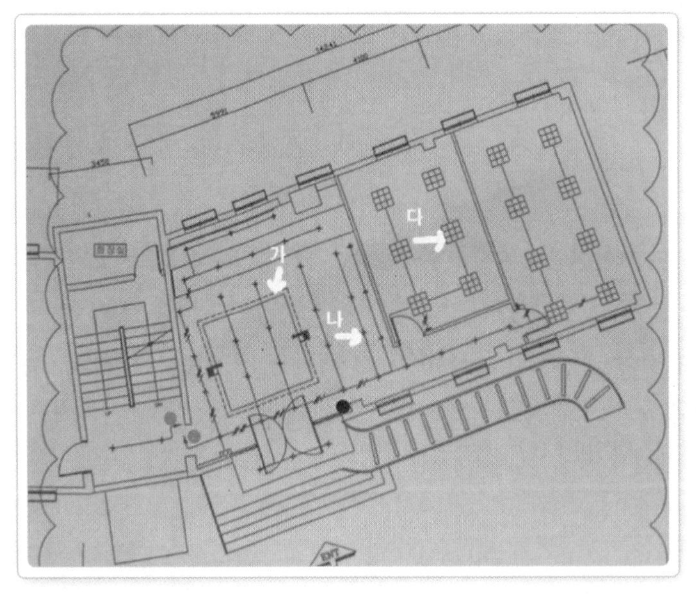

전등의 평도면

현장에서 사용되는 평도면이다.

01 전원(녹색 포인트)

전등 라인에 필요한 전원은 2라인이다. 복도 라인이 1개, 그리고 나머지 오른쪽 공사 범위의 전등을 모두 1개의 전원으로 충당한다. 즉, 분전함에서 전등에 해당되는 차단기는 2개가 필요하다는 뜻이다. 그리고 차단기 1개에 얼마나 많은 수의 전등을 걸어줄 것인가는 용량을 따져보아야 한다. 오른쪽 공사 범위에서는 각 등기구의 용량과 개수를 파악해서 차단기 1개로도 충분하기 때문에 그렇게 결정한 것이다.

02 집합 스위치(청색 포인트)

회의실에 따로 들어가는 스위치를 뺀, 홀 쪽에 들어갈 스위치 위치이다. 흔히 집합 스위치라고 한다.

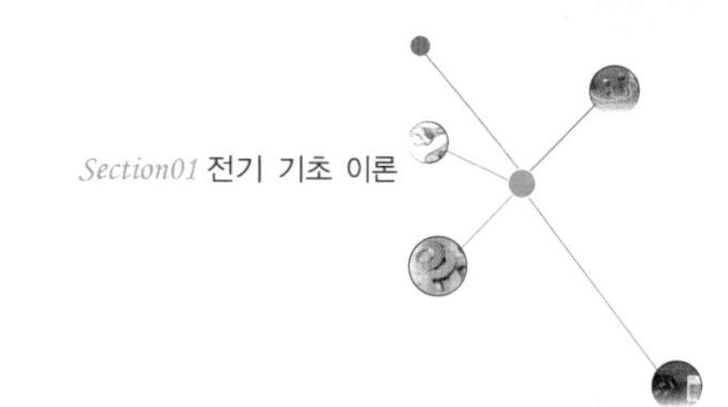

왜냐하면 각 방을 뺀 나머지가 모두 한 곳에 모이는 곳이기 때문이다.

03 간접등[(가)부분]

사각형의 실선 옆으로 보이는 점선은 바로 간접등의 표시이다. 간접등의 주목적은 직접적인 효과보다 이미지 창출을 위한 보조 효과이다.

04 매입등[(나)부분]

(나)부분은 매입등 표시이다. 매입등끼리 실선으로 연결하고 사선을 그어 놓았다. 사선의 숫자에 따라 회로를 분리한 것이다. 여기서는 간접등을 스위치 1개, 나머지 복도와 홀, 안내 데스크 쪽에 들어가는 매입등을 5개의 스위치로 켤 수 있도록 했다. 그러니까 집합 스위치 자리에는 모두 6구짜리 스위치가 부착되는 것이다.

05 등기구[(다)부분]

(다)부분은 파라보릭 형광 등기구 표시이다.

02 전열

01 전열도면의 이해

(1) 적색 포인트

분전함이 들어갈 자리로, 안내 데스크가 있는 벽면에 매입되는 것이다. 대부분은 도면에 분전함의 위치가 표시되지만 표시되는 않는 경우도 있다. 이런 경우는 현장 책임자에게 물어보아야 한다. 건물이 클 경우 설계 때 전기실의 위치가 도면에 표시되어 있어 큰 염려는 없으나 작은 규모의 공사는 즉석에서 전기 공사를 하는 업자와 현장 소장이 가장 적정한 위치를 결정하게 된다.

(2) 백색 포인트

R1의 전열 라인이다. 작은 백색 포인트가 2개인데 R1으로 정한 차단기로 안내 데스크와 그 벽에 있는 콘센트 2개를 껐다 켰다 하는 것이다.

(3) 황색 포인트

R2의 전열 라인이다. 역시 작은 황색 포인트의 콘센트 2개를 커버한다. 실선으로 2개가 서로 연결되어 있는 것을 볼 수가 있다.

(4) 녹색 포인트

R3의 전열 라인이다. 회의실에 있는 3개의 콘센트를 제어한다.

(5) 청색 포인트

R4의 전열 라인이다. 실선을 따라가 보면 회의실에 있는 4개의 콘센트를 제어하는 것을 알 수가 있다.

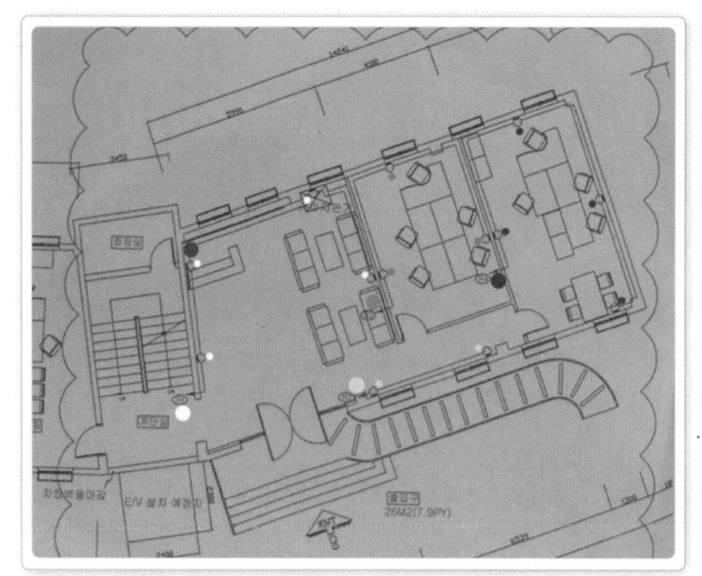

전열의 평도면

보통 현장에서는 각각의 장소마다 어떤 용도로 전열을 사용할 것인가를 파악한 다음 그 기구들의 용량을 구해 차단기 1개가 제어할 콘센트 숫자를 결정한다. 이 도면은 관공서이기 때문에 1개의 차단기에 아주 적은 숫자의 콘센트를 걸어 놓았다.

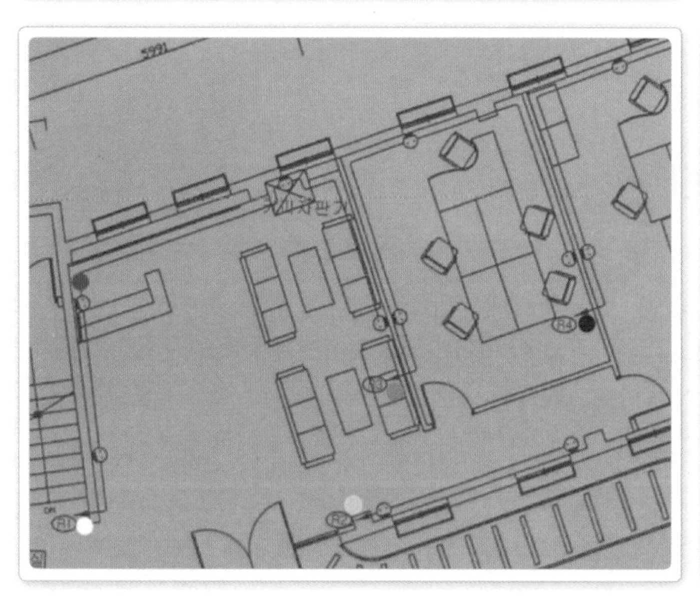

확대한 전열의 평도면

좀 더 확대한 모습이다. 해당되는 라인의 콘센트끼리 실선으로 연결되어 있는 것을 볼 수가 있다.

알아두면 편해요

① 누전 차단기(20A, 30A)에 맞는 적정 부하를 적용할 때 계산대로 하면 약 4kW까지 사용할 수 있지만 현장에서는 약간의 여유를 주어 3kW 이상은 넘기지 않습니다.

② 콘센트의 높이는 보통 마감되는 바닥에서 기구의 중앙까지 약 300mm, 스위치는 1,200mm로 봅니다.

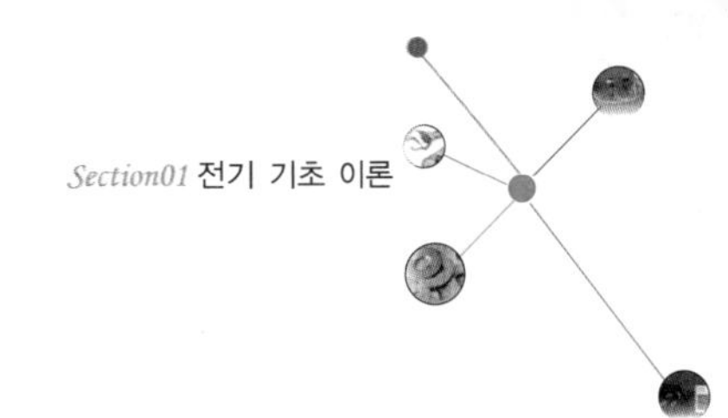

02 화장실 전열 평면도

아래 그림은 다른 전열 도면이다. 오른쪽으로 장애인용 엘리베이터와 계단이 있다. 도면은 남 · 여 화장실, 그리고 장애인용 화장실의 전열 평면도이다. 왼쪽 상단에 E.P.S(전기실)실이 보이고, 그 안에 분전함을 설치하라는 표시가 있다.

(1) 남자 화장실

남자 화장실의 전원은 R16번으로 화살표가 표시되어 있다. 분전함의 전열용 차단기 중에서 16번으로 남자 화장실의 소변기(E), 대변기(F)의 비데, 드라이기(H)의 전원으로 표시되어 있는 걸 알 수가 있다.

(2) 여자 화장실

차단기 번호 R18번으로 변기(F)의 비데, 드라이기(H)를 사용한다는 기호가 표시되어 있다.

(3) 장애인 남자 화장실

차단기 번호 R17번으로 변기와 난방기(G)의 전원으로 사용한다.

(4) 장애인 여자 화장실

차단기 번호 R19번으로 변기의 비데, 창문가의 난방기로 사용한다.

(5) 기타

① R20

장애인 화장실의 드라이기 전원이다.

화장실의 전열 평도면

이 도면을 통해 화장실의 전열 도면에 대해 이해하도록 하자.

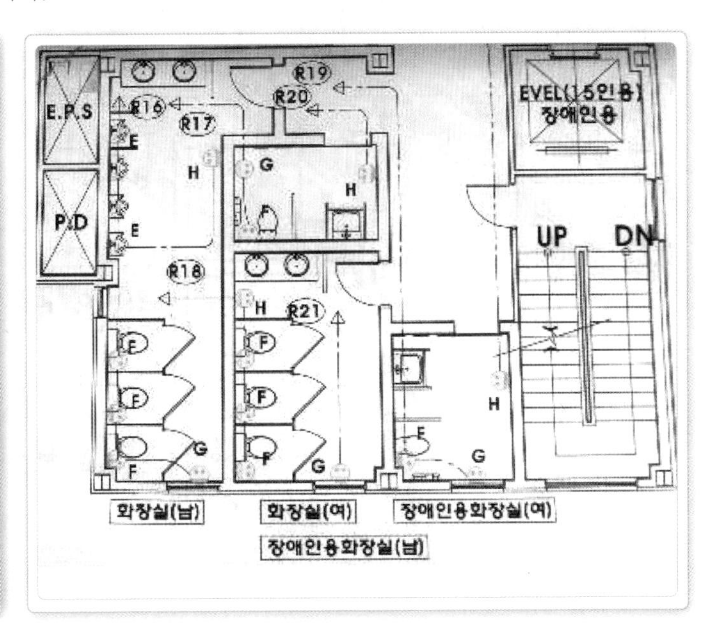

② R21

남 · 여 화장실의 창가 난방기(G)의 전원이다.

03 건축 평면도

다음은 병원 인테리어 평면도이다. 전기 부분에 대한 표시는 전혀 없는데 이렇게 소규모의 공사는 직접 인테리어 실장과 전체적인 협의를 한다. 스위치는 어디에 두는지, 각 방 전등은 어떤 타입으로 하는지, 전열은 어느 곳에 위치시키는지 등을 협의한다.

(1) (가)와 (나) 부분은 벽이 유리창이라는 표시이다.

(2) 분홍색 포인트는 스위치가 취부되는 위치이다. 포인트가 3개는 3구짜리, 4개는 4구짜리이다.

(3) 백색 포인트는 감지기이고, 황색 포인트는 유도등이다.

이 외에 도면에 표시할 수 없는 것들, 예컨대 간판 · 에어컨 등은 기본적으로 숙지하고 있어야 할 사항들이다.

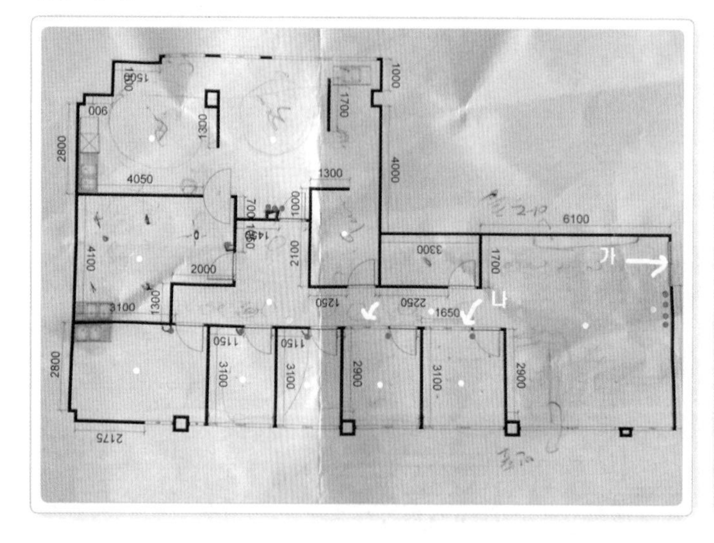

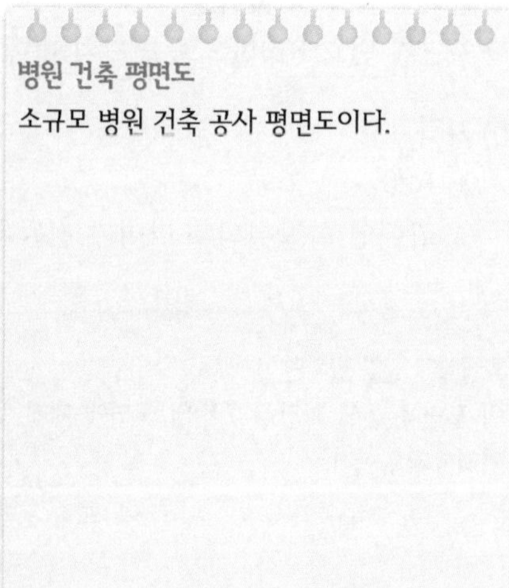
병원 건축 평면도

소규모 병원 건축 공사 평면도이다.

10. 3로 스위치 회로 및 결선하기

01 도면 및 스위치의 구조

건축 평면도

3로 스위치를 결선하기 위한 건축 평면도이다.

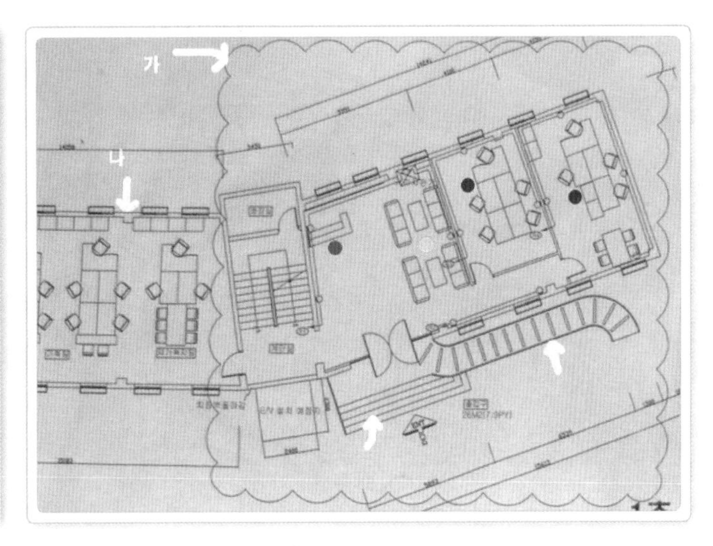

01 평면도의 이해

(1) 전체적인 도면을 살펴보도록 하겠다.

① (가)부분에서 보이는 테두리 선들은 그 부분이 이번 공사 범위라는 뜻이다.

② (나)부분은 현재 사용하고 있는 곳인데 공사를 하지 않고 그대로 사용한다는 의미이다.

③ 밑의 화살표 중 왼쪽이 주출입문이고, 오른쪽은 휠체어가 지나갈 수 있는 곳이다.

④ 적색 포인트는 안내 데스크이다.

⑤ 황색 포인트는 손님이 와서 기다릴 수 있는 응접 테이블과 소파를 표시한 것이다.

⑥ 청색 포인트는 회의용 책상과 의자들을 나타낸다.

(2) 이미 배관과 입선을 끝낸 상태인데 갑자기 설계 변경이 생겼다.
황색 포인트 부분의 회의실이 변경될 부분인데 지금은 변경 전 도면이다.
화살표 방향으로 문이 1개 있다. 스위치는 문이 열리는 반대지점(적색 포인트)에 취부될 예정이고 그쪽으로 선이 내려와 있는 상태이다.

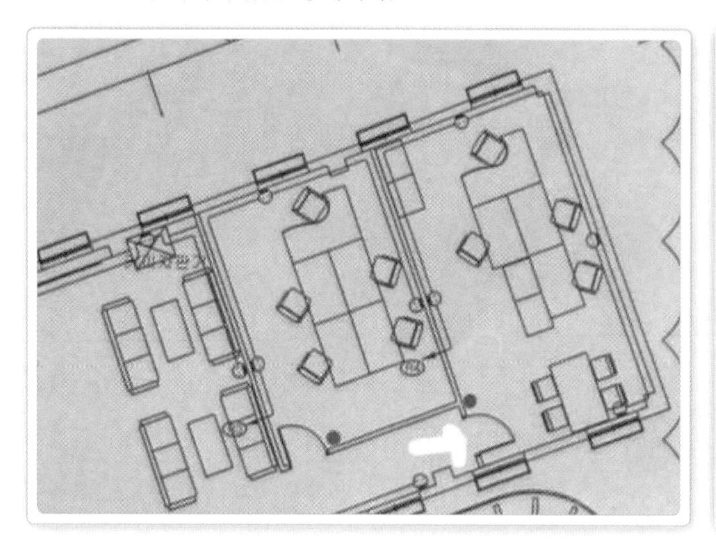

변경 전 도면
회의실을 두 부분으로 변경하기 전의 도면이다.

(3) 다음은 변경된 회의실 평면도이다.
살펴보면 기존 1개의 회의실을 2개로 나누었다.
문이 1개에서 3개로 늘었는데 그 중 백색 포인트의 두 곳을 3로 스위치로 동작하게 해 달라는 주문이다. 양쪽에서 껐다 켰다 할 수 있도록 말이다.

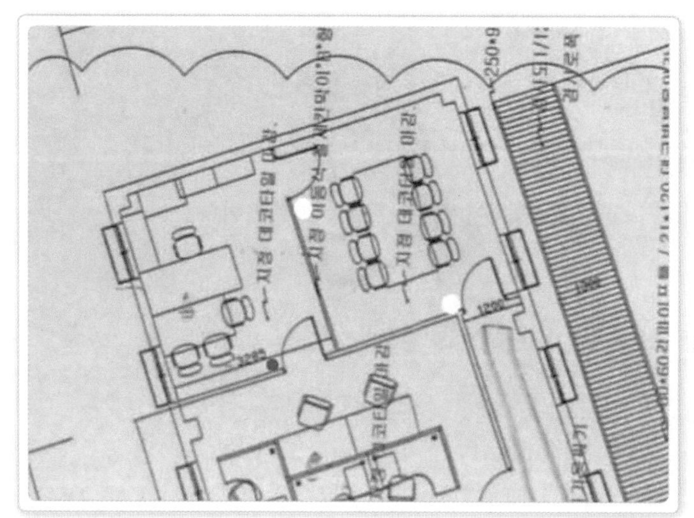

변경 후 도면
회의실을 두 부분으로 나눈 것을 볼 수 있다.

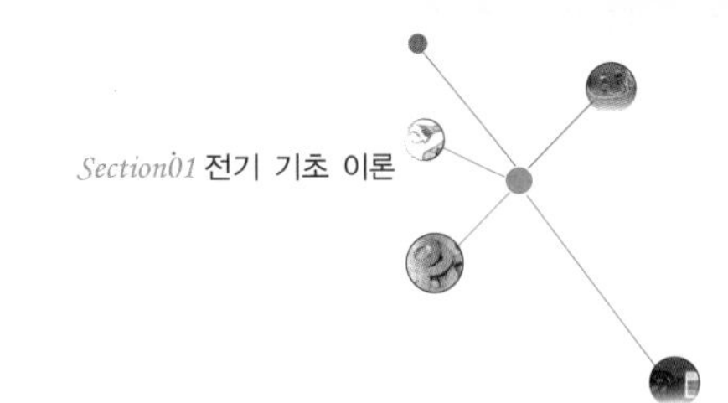

02 스위치의 이해

(1) 다음은 스위치를 살펴보도록 하자.

(가)는 1구짜리 일반 스위치고, (나)는 1구짜리 3로 스위치이다.

같아 보이지만 차이가 있다. 화살표의 끝지점을 보면 일반 스위치는 누르는 곳이 다른 부위와 똑같이 백색으로 되어 있는데 반해 3로 스위치는 녹색으로 표시가 되어 있다.

간혹 일반 스위치를 취부해야 하는데 모르고 3로 스위치를 부착하는 경우가 있다. 그래도 물론 불은 들어오지만 스위치를 껐다고 생각했는데 불이 들어오게 된다.

일반 스위치와 3로 스위치 비교

가와 나에서 화살표가 가리키는 부분의 모양이 다름을 알 수 있다.

(2) 스위치의 뒷모습이다.

전선이 끼워져 있는 왼쪽이 일반 스위치인데 단자 부분에 서로 다른 표시가 되어 있는 것이 보이지 않으므로 다음에서 그림으로 표시해 보겠다.

매입 스위치 뒷면

일반 스위치와 3로 스위치의 뒷면 모습이다.

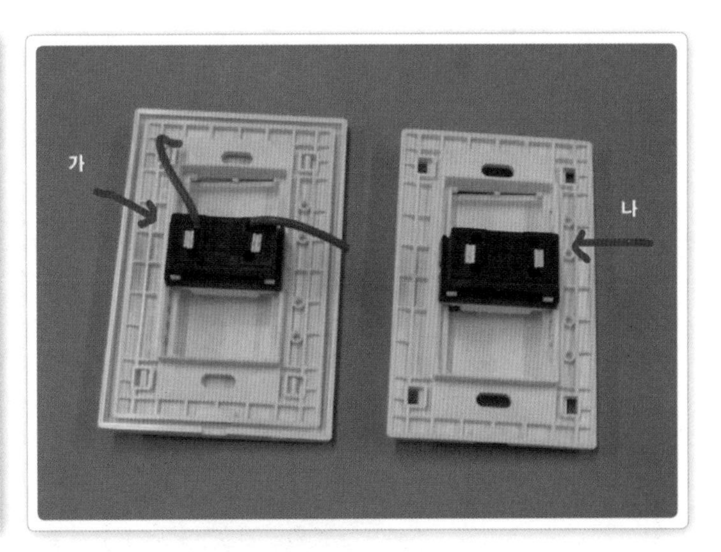

(3) 다음은 일반 스위치 (가)와 3로 스위치 (나)의 단자대를 그린 그림이다.

① 3로 스위치를 보면 왼쪽에 숫자 0은 공통이다. 이곳에 하트(H)상을 꽂는다. 일반 스위치는 왼쪽이나 오른쪽 아무 곳이나 상관없지만 3로 스위치는 반드시 공통에 꽂아주어야 한다.

② 일반에서는 나머지 출력선을 다른 한 곳의 단자에 물려주면 끝난다.

③ 3로 스위치는 연락선이 2가닥 들어가는데 그 2가닥을 각각 1번과 3번에 물려준다. 물론 2가닥을 서로 바꿔 물려도 상관없다. 단, 일반 스위치나 3로 스위치의 공통처럼 1번과 3번은 서로 연결이 안 되어 있다.

④ 스위치를 켜면 공통(0)과 1번 혹은 공통과 3번으로 연결된다.

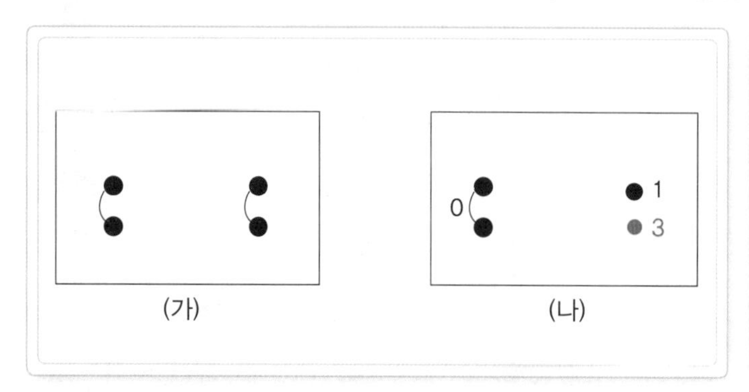

단자대 그림

꽂는 부위가 각각 2개씩이고 위아래 2개는 서로 연결되어 있다. 전선을 한곳에 꽂고 다른 곳으로 연결될 때 이용하기 위해 구멍이 1개 더 있는 것이다.

(4) 위 설명을 실제 테스터기로 구조를 살펴보자.

① (가) 부분이 공통(0번)이다. 구멍이 2개인데 똑같이 2가닥을 꽂을 수 있다. 공통은 위의 그림에서 보았듯이 나-1번과 다-3번으로 연결된다. 회로도의 점선이 (나), 적색의 실선이 (다)이다.

② 현재 테스터기를 보면 바늘이 움직인 것을 알 수 있는데 이는 (가)와 (나)가 연결되어 있는 것이다.

③ 그러므로 공통(가)에까지 온 전류는 스위치를 켬에 따라서 (나)로도 흐르고 (다)로도 흐를 수가 있다.

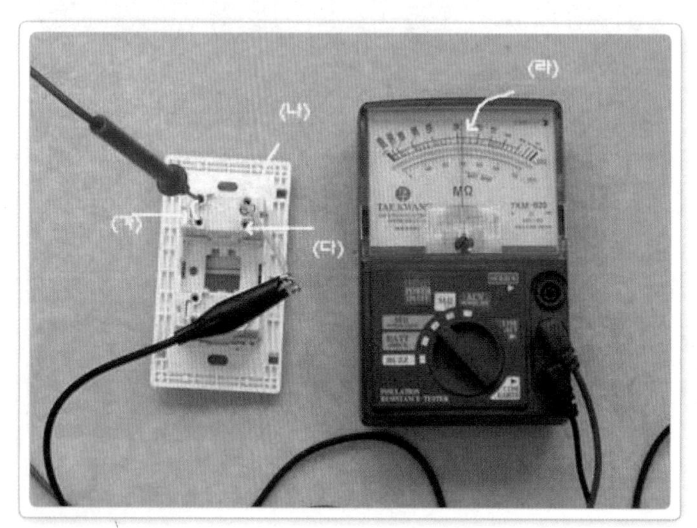

3로 스위치 접점 살펴보기

3로 스위치와 테스터기를 연결시켜 본 것이다.

OFF 상태의 스위치

스위치를 끈 상태이다. 테스터기의 바늘이 죽어 있다.

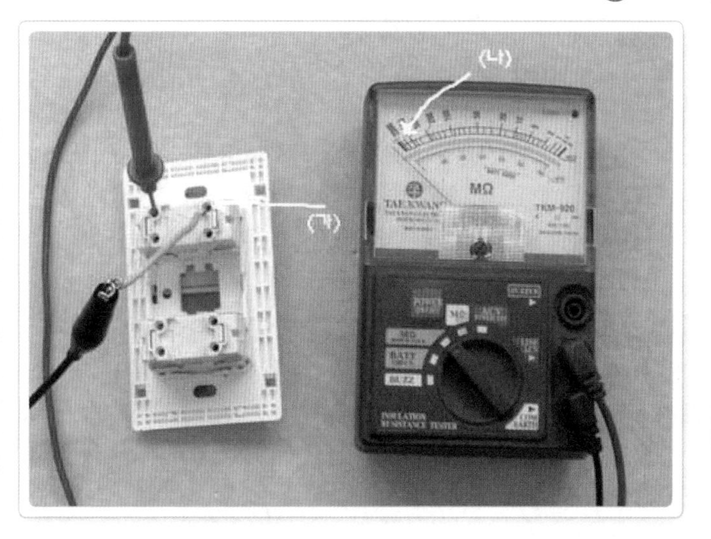

노란선을 옮긴 OFF 상태의 스위치

위에 꽂혀 있던 노란선을 밑으로 옮겼다. 스위치를 켜기 전에는 죽어 있다.

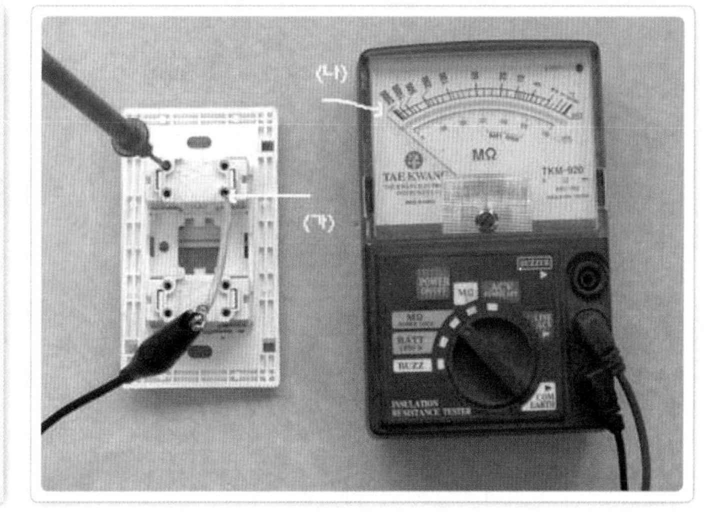

ON 상태의 스위치

스위치를 켜니까 바늘이 움직인다. 반대로 위의 구멍은 죽어 있게 된다.

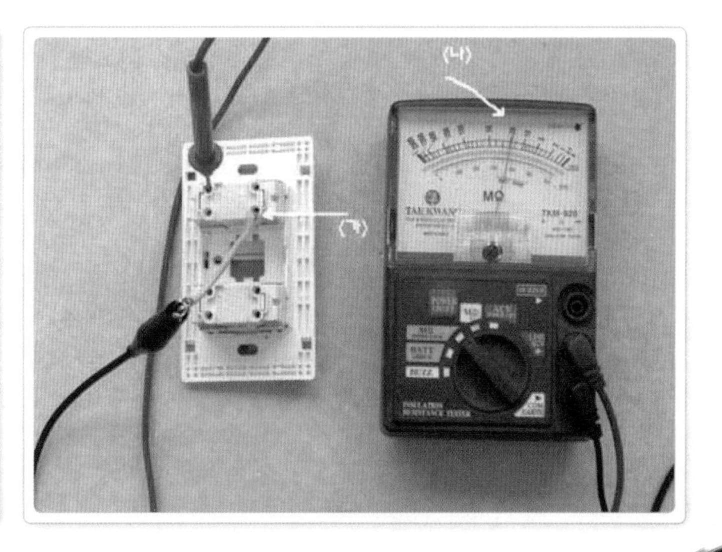

02 회로도 보기

맨 처음 설계가 변경된 도면을 보고 머리 속에 다음 상황을 그려보면 회의실의 출입문이 왼쪽 sw1과 오른쪽 sw2에 있고, 천장에 파라보릭 형광등이 있다. 직원 한 명이 왼쪽으로 들어오면서 sw1을 눌러 불을 켠 뒤 오른쪽으로 나가면서 sw2를 눌러 불을 끄는 것이다.

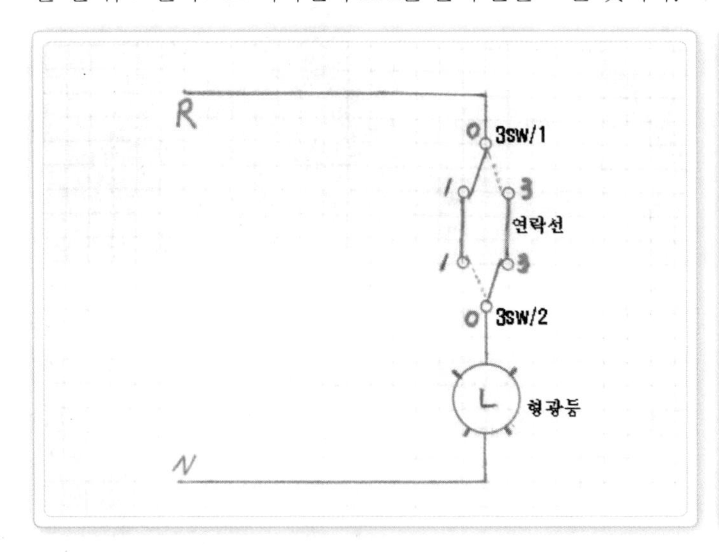

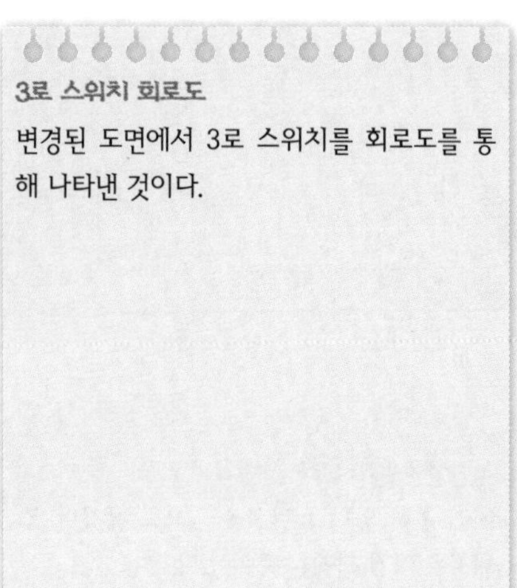

3로 스위치 회로도

변경된 도면에서 3로 스위치를 회로도를 통해 나타낸 것이다.

01 3로 스위치의 원리

3로 스위치는 공통(Com)과 접점 2개(1번, 3번)로 이루어져 있다. 즉, 전기가 공통을 통해 1번이나 3번 어느 한 곳으로 흐르는 구조이다.

02 동작

(1) 차단기를 올리면 N상은 곧바로 램프에 투입된다. R상은 3로 sw1의 공통과 1번, 그리고 sw2의 1번까지 밖에 흐르지 못한다. 그렇기 때문에 형광등이 켜지지 않는 것이다.

(2) 이제 직원이 왼쪽 출입문으로 들어와 sw1을 누르면 접점이 1번에서 3번으로 이동하게 되고, 전류는 공통에서 sw1의 3번과 sw2의 3번으로 연결되어 형광등이 켜지게 된다.

(3) 오른쪽의 출입문으로 나가면서 sw2를 누르면 접점이 3번에서 1번으로 이동하면서 전류가 끊기게 되므로 형광등이 꺼지게 된다.

(4) 3로 회로를 꾸미기 위해서는 반드시 3로 스위치 2개가 필요하다. 그래야 양쪽에서 동작을 할 수 있기 때문이다. 위 그림에서 3sw1과 3sw2가 각각의 3로 스위치이다. 3sw1의 공통에는 전원의 하트(R상)가 왔고, 3sw2의 공통에서 나온 선은 전등으로 갔다.

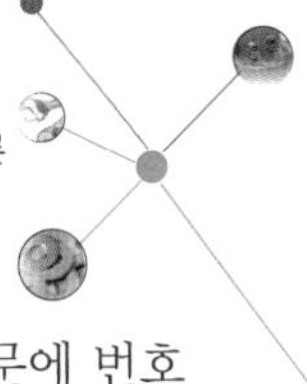

그리고 스위치의 1번과 3번끼리 서로 연결되었다. 물론 전기는 어느 한쪽으로만 흐르기 때문에 번호가 서로 반대로 물려도 상관없다. 현장에서는 흔히 1번과 3번끼리 서로 연결되는 2가닥을 연락선이라고 부른다. 중간에 다른 부분과 연결되지 않고 바로 스위치끼리 연결되기 때문이다.

03 3로 스위치 실제 모습

다음 그림에서 3로 스위치의 실제 모습을 살펴보도록 하자.

3로 스위치의 결선

3로 스위치를 실제로 결선한 모습이다.

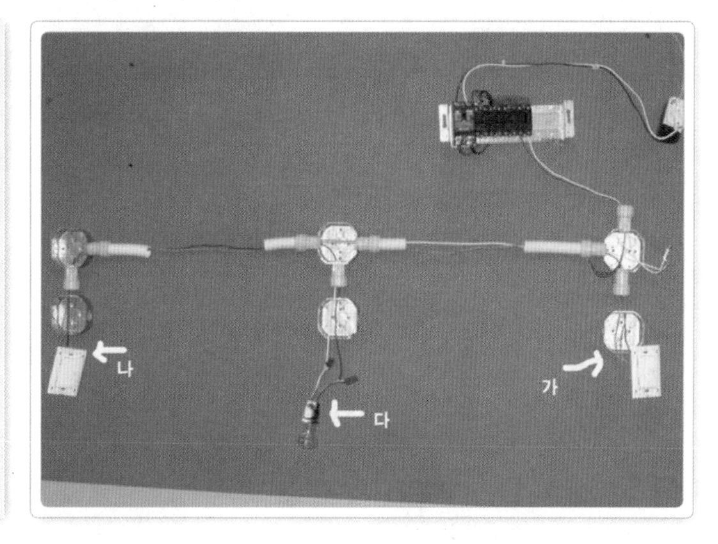

(1) 적색선

차단기에서 직접 내려왔으며 하트(R상)상이다. 바로 (가) 스위치의 공통으로 갔다.

(2) 백색선

등공통(N상)으로 (다)의 전등으로 바로 갔다.

(3) 녹색선

2가닥의 연락선으로 (가)와 (나) 스위치의 1번과 3번끼리 서로 연결되었다.

(4) 흑색선

(나) 스위치의 공통에서 나온 선으로, 전등으로 갔다.

(5) 결론

차단기에서 나온 N상은 바로 전등으로 갔고, 하트(적색)가 (가)의 스위치로 가서 연락선을 거쳐 (나)의 스위치로 간 다음, 공통인 흑색을 따라 전등까지 갔다. 즉, 어떤 상황(일반이든 3로든)이든 N상(등공통)은 무조건 전등으로 먼저 가 있고, 하트상만 중간에서 스위치로 끊어 주었다 붙여 주었다 하는 것이다.

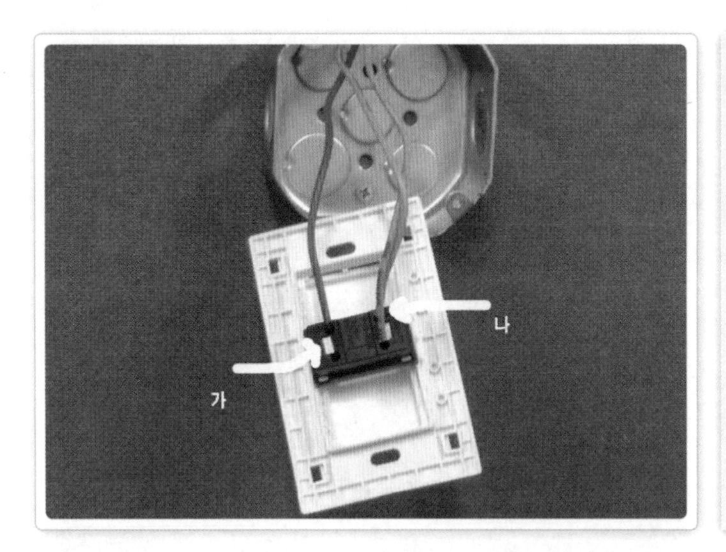

하트상과 연락선

- 가 : 하트상
- 나 : 연락선

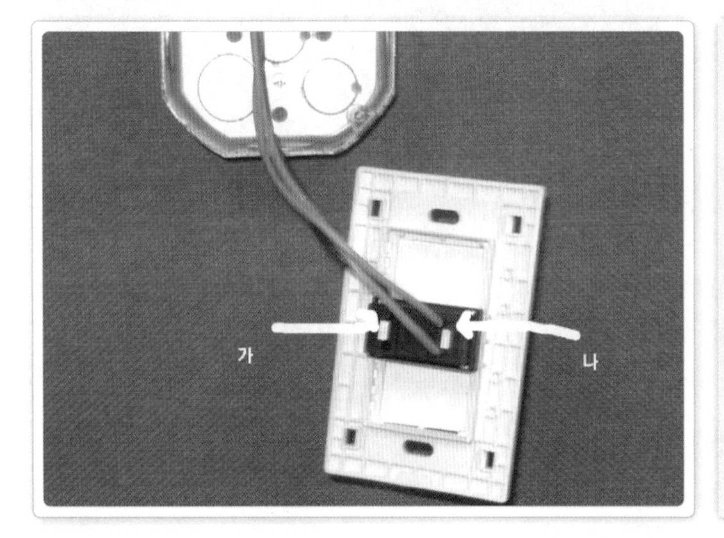

공통선과 연락선

- 가 : 연락선을 통해 전등으로 가는 공통선
- 나 : 반대편 스위치에서 온 연락선

알아두면 편해요

전원에는 하트(H)와 N상이 있습니다. 실제 결선할 때 스위치 쪽으로 하트(H)상을, 등공통으로 N상을 연결하지 않고 서로 바꾸어 물리게 될 경우 등을 교체하기 위해 스위치를 꺼도 하트(H)상이 등에 물려 있기 때문에 감전의 위험이 있습니다.

SECTION 02 자동제어

Q 도대체 자동제어가 뭐지? 그냥 입선하고 연결하면 불 들어오는데 굳이 복잡하면서도 어려운 회로를 또 배워야 하나요?

A 분명히 말씀드립니다. 자동제어는 배워야 하고, 특히 시퀀스 회로도는 알아두어야 합니다. 그래야 어딜 가도 가슴 졸이지 않습니다. 물론 그걸로 생계를 유지하지 않더라도 말이죠. 밥 먹을 때 젓가락질을 하는 것과 못하는 것의 차이만큼이나 중요합니다. 전기의 기본이기 때문입니다.
시퀀스 회로도를 어느 정도 이해하고 있으면 어떤 계통의 전기든 바로바로 이해를 해서 자신의 지식으로 흡수할 수 있습니다.
그런데 이걸 모르면 답답해 집니다. 누군가 실물을 보여주고 각종 자료를 보여주는 등 아주 많은 시간과 노력을 투자해야 합니다.
그러니 의무감을 가지고 배우도록 하십시오. 아주 깊이는 아니더라도 말입니다.
전기가 한글이라면, 자동제어의 기호는 ㄱ, ㄴ, ㄷ, ㄹ…입니다. 꼭 배워두십시오.

이 단원에서는 푸시버튼, 릴레이, 타이머, 마그네트, 리미트 스위치 등을 다룰 것이다.

물론 오래전부터 PLC 같은 훨씬 자동화된 부품들이 나오면서 이것들은 TV로 치면 흑백이라고 할 수 있다. 그러나 우리의 목적은 이것들을 이용해 회로를 이해하고 실제 결선에 응용하는 것이기 때문에 반드시 알아야 한다.

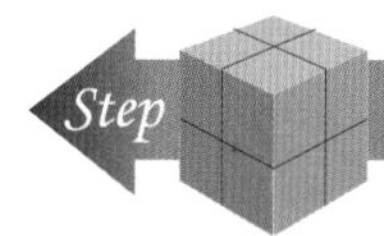

Step 1. 푸시버튼(PB) 스위치

01 푸시버튼(Push button switch)

자동제어 회로를 구성하는 데 있어 가장 기본인 부품이다.

01 푸시버튼의 기본 이해

푸시버튼과 셀렉터 스위치

왼쪽이 푸시버튼, 오른쪽이 셀렉터 스위치의 모습이다.

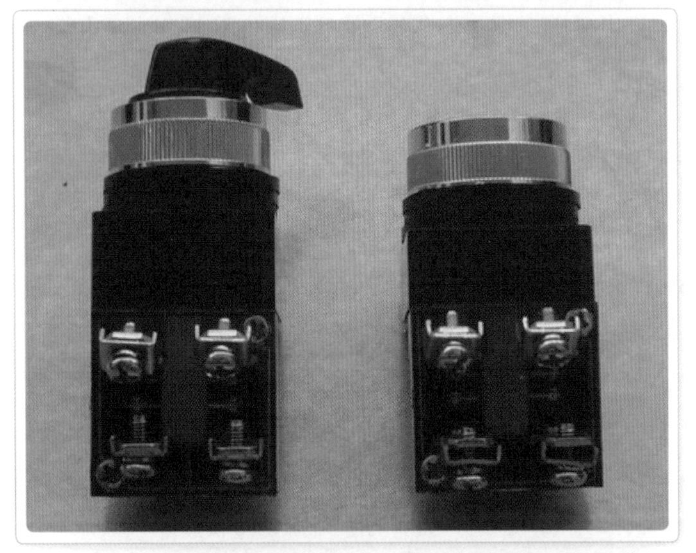

단자대 모습

뒷쪽 단자대 모습이다. 수평으로 한 조가 되는데, 상단이 b(OFF)접점, 하단이 a(ON)접점이다.

단자대 확대 모습

하단 a접점에 전선이 물려 있는 것과 수평으로 동철편 단자가 보인다. 만약에 상단에 물렸다면 좌우 접점이 서로 붙어 있으니까 전기가 흐르게 된다. 그런데 지금은 a접점이니까 전선이 물려 있어도 흐르지 않는다. 동편 단자가 떨어져 있는 것을 볼 수 있다.

단자대를 추가할 수 있는 자리

뒷모습이다. 보이는 비스 2개를 풀면 단자대가 들어 있는 플라스틱이 분리된다. 반대로 옆에 빈 자리에 1개 더 추가로 붙일 수 있다.

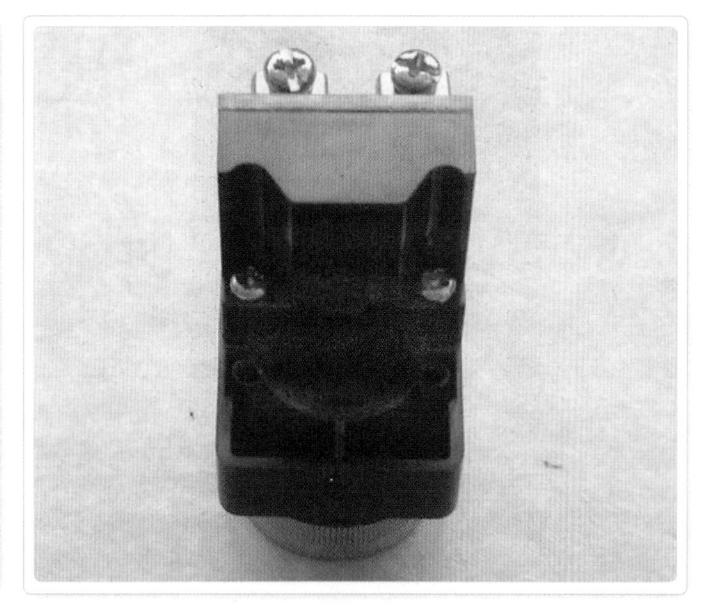

단자대 분리

분리된 모습이다. 스위치를 누르면 왼쪽의 흰 부분이 오른쪽의 적색을 밀어주면서 접점이 a에서 b로 바뀐다. 그리고 손을 떼면 스프링에 의해 원상복구된다.

지금은 안 보이도록 손가락으로 스위치를 누른 상태이다.

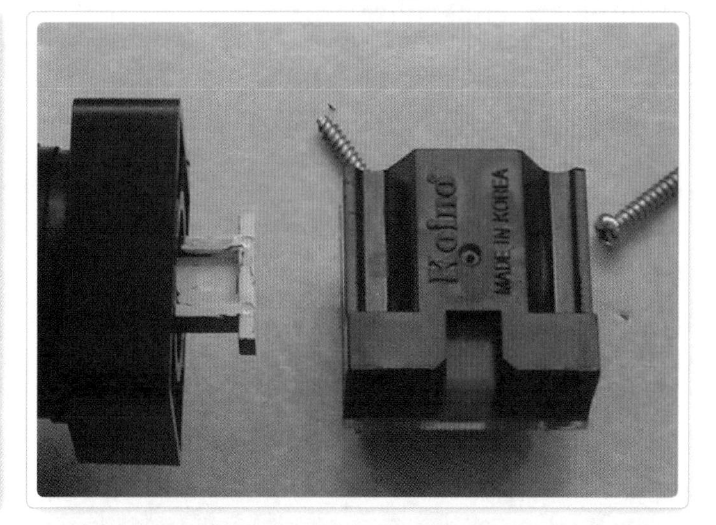

접점 분해

접점 부분을 해체시켰다. 적색 밑에 스프링이 보인다.

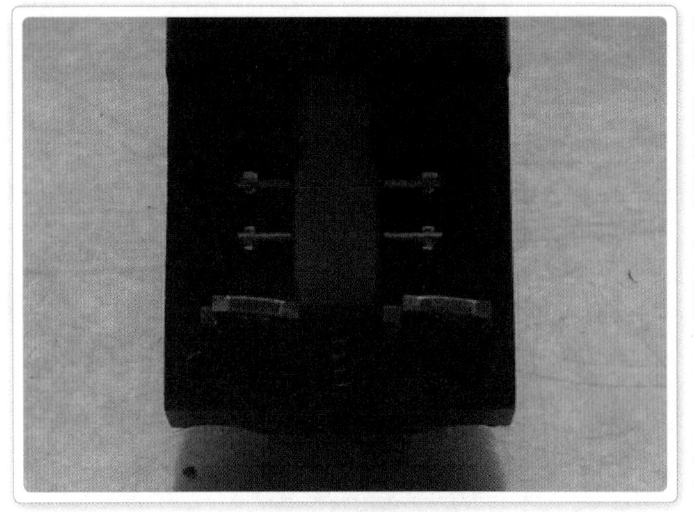

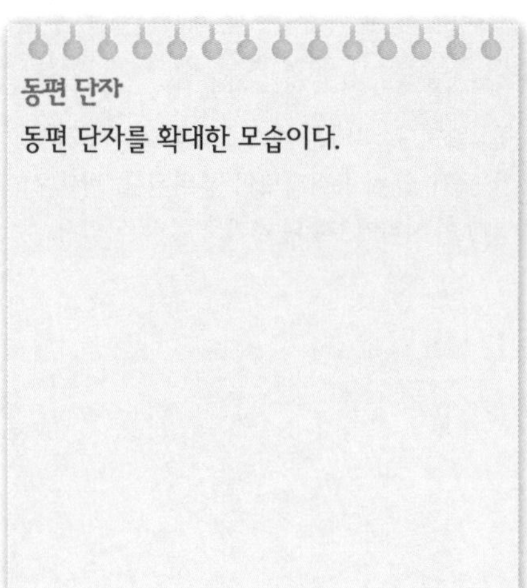

동편 단자

동편 단자를 확대한 모습이다.

02 푸시버튼 결선의 이해

아래 사진은 푸시버튼을 이용한 결선이다.

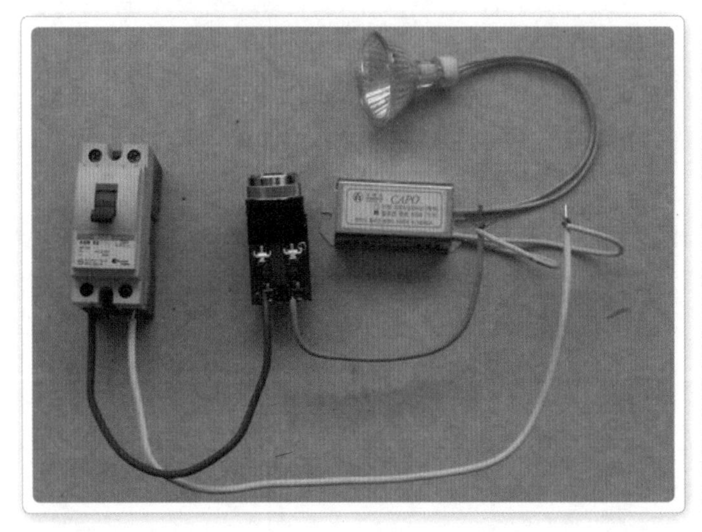

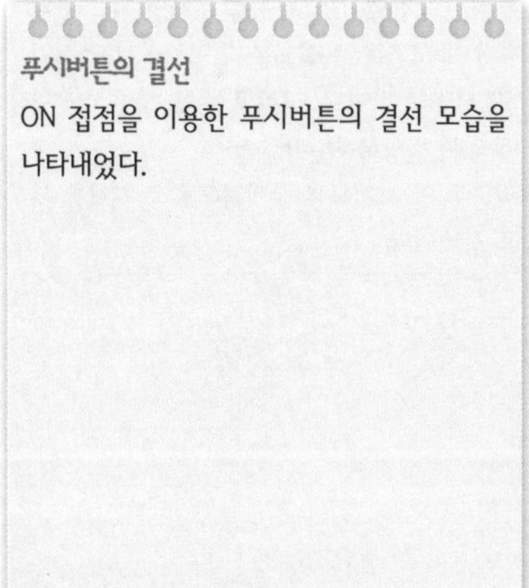

푸시버튼의 결선

ON 접점을 이용한 푸시버튼의 결선 모습을 나타내었다.

(1) 준비물

ELB(누전 차단기) 20A, 푸시버튼, 할로겐 세트(안정기, 램프)

(2) 작동

버튼을 누르면 할로겐 램프가 켜진다. 먼저 할로겐의 안정기를 살펴보면 2가닥은 입력, 2가닥은 출력이다. 어느 것이 입력이고 출력인지는 안정기의 케이스에 표시되어 있다.

① 먼저 차단기를 올린다. 그럼 N상인 백색은 곧장 안정기의 입력까지 간다. 하트라인인 적색은 푸시버튼의 a접점으로 가고, 반대에서 황색선이 안정기의 다른 입력으로 갔다.

② 이제 푸시버튼을 누르면 당연히 적색과 황색이 붙으므로 램프가 켜지게 된다. 눈치 빠른 분들은 이쯤에서 버튼을 누른 손가락을 떼면 어떻게 되는지 질문을 던질 것이다. 손가락을 떼면 원상복귀 되면서 램프도 꺼진다. 우리가 흔히 사용하는 일반 스위치라면 램프가 계속 들어 올 텐데 말이다. 그럼 계속 누르고 있어야 할까? 아니다. 그렇기 때문에 릴레이가 나오고, 타이머나 마그네트가 등장하는 것이다.

전선 물림의 잘못된 예
아무리 실습용이어도 백색처럼 피복을 벗긴 부분이 보이면 안 된다.

(3) 다음 그림은 위에 결선한 것을 회로도로 그린 것이다. 전기의 흐름에 대해서는 굳이 설명하지 않고 오른쪽 버튼의 기호만 한 번 더 보도록 하겠다.
두 접점을 적색의 점선으로 해 놓은 까닭은 버튼을 눌렀을 때 함께 동작한다는 것을 나타내기 위해서이다. 앞서 분해된 사진에서 보았듯 스프링 작용에 의해 움직이는 것을 알고 있다. 그리고 아래 회로도에서 b접점은 물론 사용하지 않았다.

시퀀스 회로도
푸시버튼 결선을 회로도로 그려서 보여주고 있다.

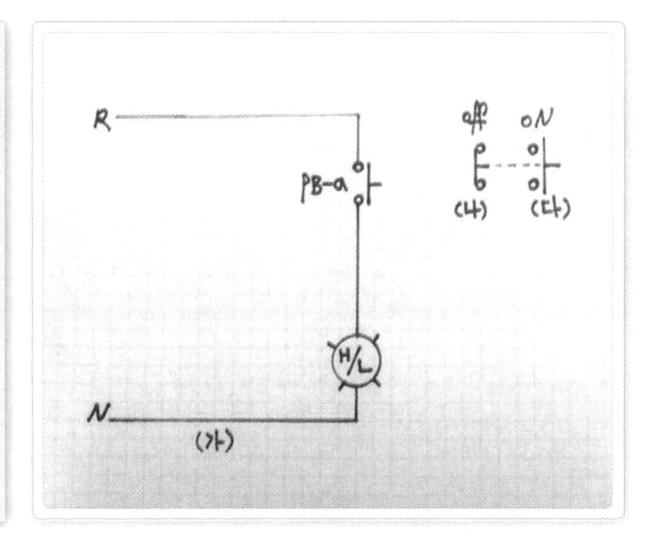

02 푸시버튼 스위치와 셀렉터 스위치의 결합

01 푸시버튼과 셀렉터의 회로도

다음 그림을 보면 셀렉터 스위치 역시 푸시버튼과 똑같은 접점 구성을 하고 있는 것을 알 수가 있다. 단지 누른다는 것과 돌린다는 것의 차이가 있고 거기에 중립 위치에 놓을 수 있다는 것 정도가 다르다.

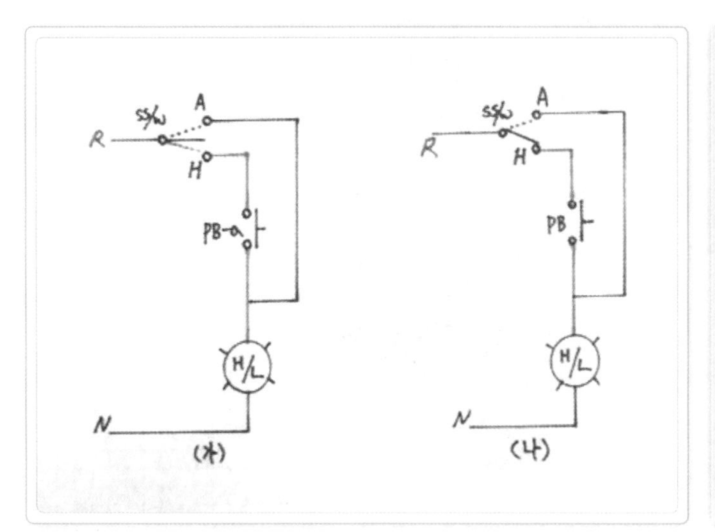

회로도
셀렉터와 푸시버튼의 접점 구성이 같다.

02 (가)의 실제 결선

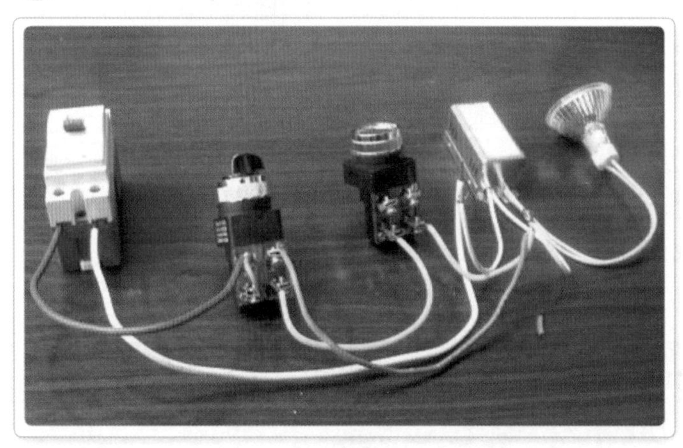

실제 결선 모습
위 회로도에서 (가)를 실제 결선한 모습이다.

(1) 백색은 등공통이므로 곧장 할로겐 안정기의 전원에 연결했다.
그 다음 하트(적색)는 셀렉터 스위치의 상단에 물렸는데 적색이 물린 자리에서 청색선으로 하단 단자와 연결했다.

(2) 밑에 사진이 그 부분을 확대한 모습이다. 그리고 반대편 접점에서 각각 청색은 할로겐 안정기의 전원으로 가고, 황색은 푸시버튼으로 간 것을 알 수가 있다. 그러니까 황색선은 푸시버튼을 거쳐서 간 것이 된다.

① 여기서 스위치 공통(하트)인 적색은 어디까지 흐를지 생각해보자.
하트라인은 우선 왼쪽 단자 2개를 청색으로 연결했으니까 모두 전기가 흐른다.
자세히 보면 상단은 푸시와 똑같이 b접점인데 동편 단자가 연결되어 있고 밑에는 떨어져 있다.
이는 청색선으로 전기가 계속 흘러가고 그럼 지금 불이 온다는 뜻일까?

셀렉터 스위치 결선
셀렉터 스위치를 결선한 모습을 확대하였다.

② 셀렉터 스위치를 거친 황색선은 역시 푸시버튼의 a접점에 연결되었다. 그리고 반대 접점을 통해 할로겐으로 갔다.

③ 결국 청색은 차단기를 올리면 바로 램프가 켜지고, 황색은 셀렉터 스위치를 먼저 돌리고 나서 푸시버튼을 눌러야 램프가 켜진다.

셀렉터와 푸시버튼의 결선
셀렉터와 푸시버튼을 결선한 모습을 확대하였다.

03 다시 보는 회로도

위의 회로도를 다시 살펴보자. (가)와 (나)는 기본적으로 똑같은 회로도이나 다른 점은 셀렉터 스위치의 그림이 약간 다르다는 것이다.

먼저 왼쪽부터 보도록 하자.

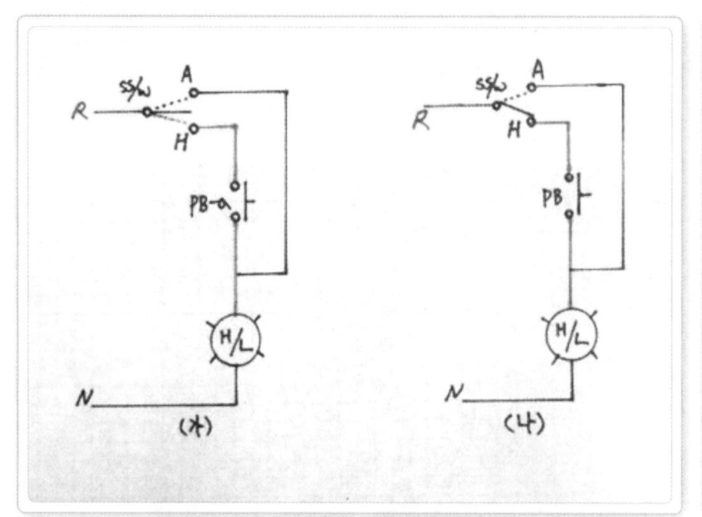

셀렉터와 푸시버튼의 회로도

셀렉터와 푸시버튼 회로도를 다시 살펴보자.

(1) 가운데 실선(흑색)이 중립이다.

저 상태에서는 자동(A)이나 수동(H) 모두 전기가 흐르지 않는다.

① 수동

지금까지 설명했던 코스로, 황색선을 따라 푸시버튼까지 오지만 더 이상 나아가지 못하기 때문에 램프에 불이 들어오지 않는다. 버튼을 누르면 그제서야 할로겐 안정기의 전원에 도달해 램프가 켜진다.

② 자동

셀렉터 스위치를 자동으로 돌리면 R상(하트라인)은 전류가 흐르게 된다.

(2) 셀렉터 스위치는 중립이 있는 경우와 없는 경우가 있다. 물론 여러 가지 타입이 있지만 여기서는 보편적인 두 가지를 살펴보겠다.

다음은 중립이 있는 경우와 없는 경우의 손잡이 상태를 그린 것이다.

① (가)와 (나)의 그림은 중립이 없는 구조이다. 평상시에는 수동(H), 즉 b접점 상태이다.

② (다)는 중립 상태(정지)에 있다. 중립에 있으니 전류가 자동과 수동 어느 쪽으로도 흐르지 않게 되는 것이다.

셀렉터 스위치의 기호 및 손잡이

손잡이에 중립이 있는 경우와 없는 경우가 보편적이다.

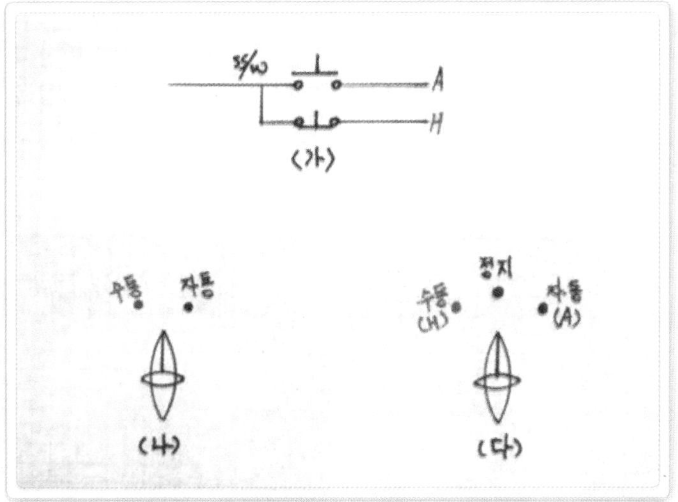

a접점과 b접점의 비교

- a접점(NO ; Normal Open) : 평상시 접점이 떨어진 상태로서, 전류가 흐르지 못하고 있다가 어떤 힘에 의해 접점이 붙으면서 전류가 흐르게 됩니다.
- b접점(NC ; Normal Close) : 평상시 접점이 붙어 있어 전류가 흐르다가 어떤 힘에 의해 접점이 떨어지면서 전류가 끊어집니다.

2. 릴레이의 이해 및 결선

릴레이 역시 자동제어에서 필수적으로 사용하는 세 가지(릴레이, 마그네트, 타이머) 중의 하나인데 그만큼 필수적이다.

여기서는 릴레이의 구조와 결선에 대해 예를 들어보기로 한다.

01 릴레이의 이해

01 8핀 릴레이

(1) 아래 사진은 8핀짜리 릴레이의 케이스를 벗겨낸 모습이다. 용량과 전압에 따라 아주 다양한 종류가 있다.
코일과 핀이 보이는데 내용물 중 적색으로 220V 표시가 되어 있는 것이 코일이고, 왼쪽이 접점과 코일에 연결된 핀이다.

(2) 일단 코일에 220V가 흐르면 접점이 붙는다. 사진에 보이는 동편은 처음에는 상단에 붙어(b접점) 있다가 코일에 전류가 흐르면 전자석의 힘에 의해 동편이 아래로 붙는(a접점) 구조이다.
그리고 전원이 끊기면 스프링에 의해 접점은 원상복귀된다. 접점은 푸시버튼과 같은 원리라고 이해를 하면 될 것이다. 단지 푸시버튼은 손으로 눌러서 a, b접점이 바뀌는 것이고, 릴레이는 코일에 전류가 흘러 생기는 전자석의 힘에 의한 차이로 바뀐다는 것이 차이점이다.

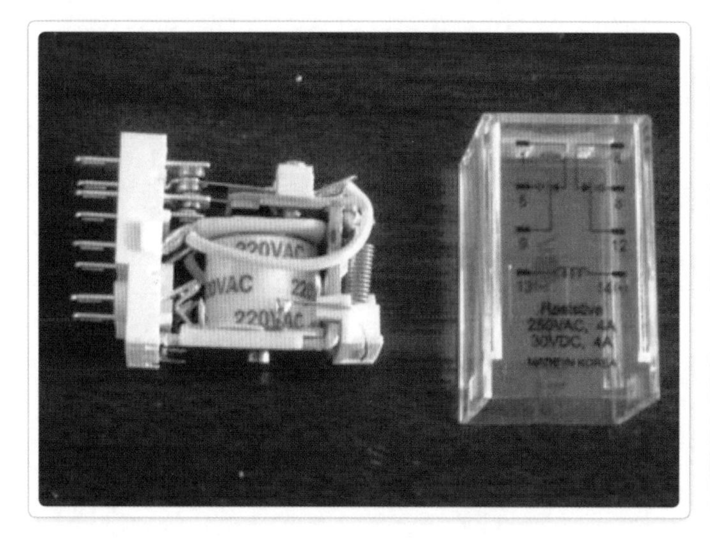

8p 타입 릴레이
8핀 릴레이를 벗겨낸 내부 모습이다.

(3) 다음은 릴레이를 위에서 본 모습으로, 코일에 전류가 흘러 릴레이가 작동하면 적색의 LED가 켜진다. 오른쪽 케이스에 그려진 것은 8핀에 대한 회로이다. '전원이 투입되는 2개의 코일은 몇 번 핀이다', '접점의 공통과 a, b접점의 번호는 몇 번이다' 하는 내용을 기호를 이용해 나타낸 것이다.

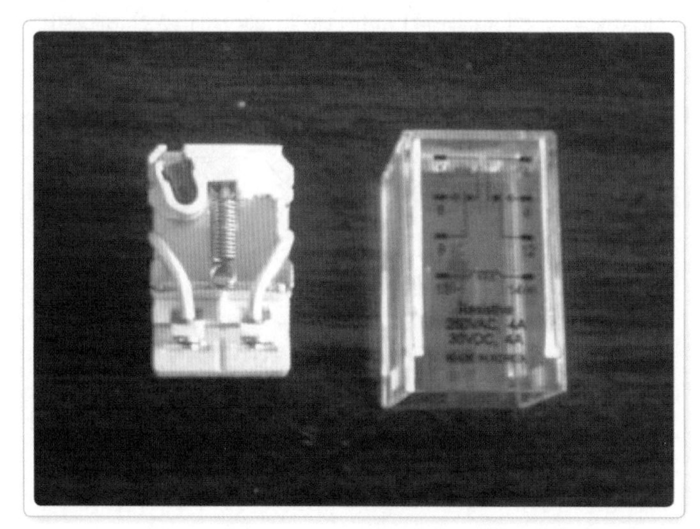

릴레이 내부 상단 모습
릴레이 케이스에 8핀의 회로가 그려져 있다.

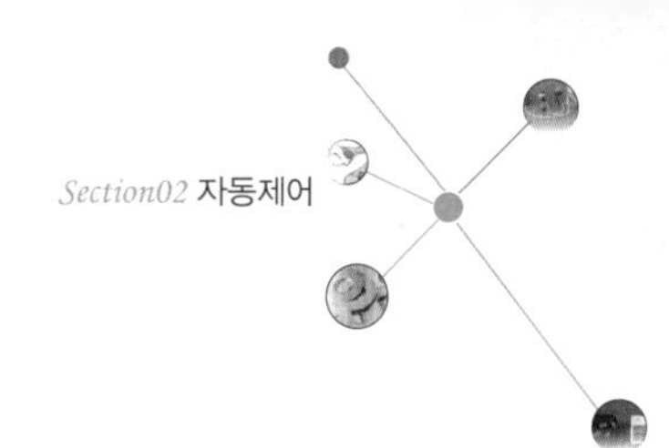

02 릴레이 소켓

소켓은 릴레이의 핀에 직접 전선을 물릴 수가 없기 때문에 필요하다. 릴레이를 꽂으면 8개의 핀이 속에서 연결되어 각각 번호가 표시된 단자와 연결된다.

(1) 사진에서 하단 위의 2개가 전원이다.

(2) 하단 밑의 좌우측이 접점의 공통이고, 상단 위의 좌우측이 b접점, 밑의 좌우측이 a접점이다.

(3) 따라서 a접점 2개, b접점 2개이니까 2a, 2b라고 한다.

릴레이 소켓
릴레이 핀을 꽂는 소켓 사진이다.
여기서 하단 밑과 상단 위라 함은 실제 소켓 구조(2단 구조임) 위 · 아래이다.

03 릴레이의 전원 및 접점

릴레이의 전원 및 접점 상태를 그려놓은 것이다.

사진을 보면 번호가 써 있는데 소켓의 단자에도 해당 번호가 써 있다. 예를 들면 전원은 13번과 14번이 된다. 위의 설명에서 전원은 소켓 하단 위의 2개라고 했는데, 바로 회로에 써 있는 13, 14번이 그곳에 써 있기 때문에 안 것이다.

릴레이의 전원 및 접점
릴레이와 소켓에 같은 번호가 적혀 있다.

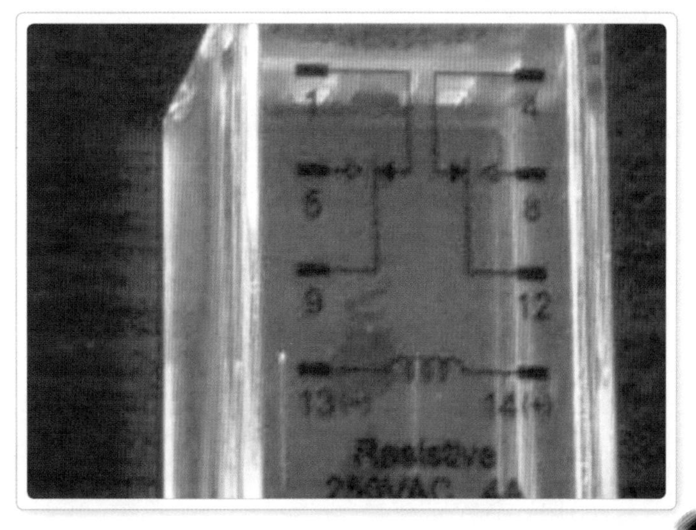

02 릴레이를 이용한 회로도(1) - ON 스위치만 사용하기

01 회로도 볼 때 주의할 점

아래 회로도는 푸시버튼에 의한 릴레이의 자기 유지 회로이다.

(1) 차단기의 부하 측에서 나온 적색선이 어디로 갔는지 선을 따라가 보면 릴레이의 접점과 버튼의 접점으로 간 것을 알 수 있다. 그곳은 서로 연결된다는 뜻이다.
즉, 서로 연결을 해주면 된다.
만약 차단기와 릴레이, 그리고 버튼이 서로 멀리 떨어져 있는 경우도 마찬가지이다. 3가닥을 어느 한 곳에 모아 연결을 해주면 끝이다. 복스에서 해주던지, 판넬 안에 단자대를 취부하고 거기서 물려주던지 말이다.

(2) 그 다음 청색선도 마찬가지이다.
릴레이 접점, 버튼 접점, 릴레이 전원, 램프 전원을 서로 연결한다.
서로 연결만 되면 순서는 상관없다. 또한 등공통도 마찬가지이다.

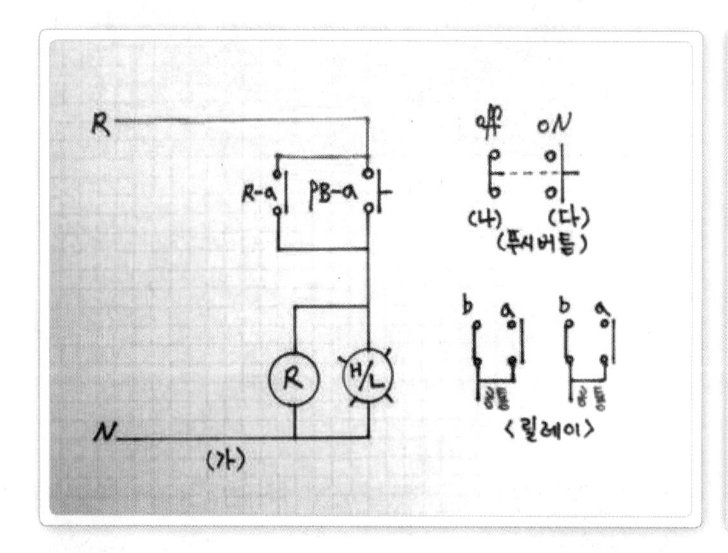

푸시버튼과 릴레이의 자기 유지 회로도

- 만약 회로도의 a접점(R-a)이 없다면 푸시버튼을 누르고 있을 때에만 전류가 흘러 릴레이와 램프가 동작한다.
- 손가락을 떼면 버튼이 원상복귀되면서 릴레이와 램프도 동작을 정지한다. 이처럼 반드시 손가락으로 버튼을 눌러야 하는 불편을 없애기 위해 릴레이 a접점(R-a)을 버튼과 병렬로 연결해주는 것을 자기 유지라고 하는 것이다.

02 실제 결선도

(1) 준비물

누전 차단기, 푸시 버튼, 릴레이 세트(릴레이, 소켓), 할로겐 세트

실제 결선 모습

차단기를 올리고 푸시버튼을 누르면 릴레이가 작동하여 계속 램프가 켜지는 회로도의 결선 모습으로, 앞서 회로도를 볼 때 주의할 점을 상기하면서 결선 모습을 보면 금방 이해가 될 것이다.

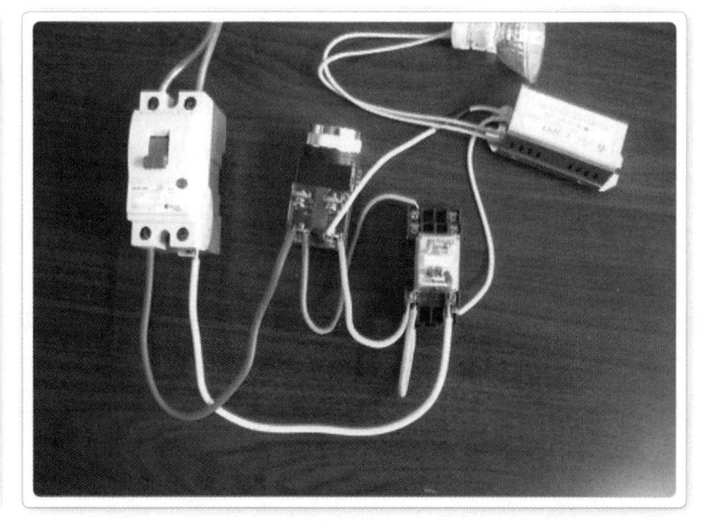

(2) 먼저 등공통인 백색은 릴레이의 코일 전원과 할로겐 안정기의 코일 전원으로 갔다. 그리고 스위치 공통인 적색은 푸시버튼의 a접점을 거쳐 릴레이의 a접점으로 갔다(청색선).

(3) 푸시버튼 반대편에서 나온 황색선은 릴레이의 전원을 거쳐 반대편 a접점에 연결, 동시에 할로겐 안정기의 다른 전원선도 황색에 연결되었다.

(4) 버튼과 릴레이의 결선이 확대된 모습이 아래에 위치해 있다.
그런데 이렇게 연결되면 문제가 발생한다.
버튼을 누르면 릴레이가 작동해 램프가 들어오는데 릴레이의 a접점이 계속 붙어 있기 때문에(이것을 자기 유지라고 함) 램프가 꺼지지 않는다는 사실이다. 차단기를 직접 내려야 하기 때문에 정지 버튼을 만들어 주어야 한다.

릴레이 결선 확대

릴레이 결선에서는 정지 버튼을 만들어야 한다.

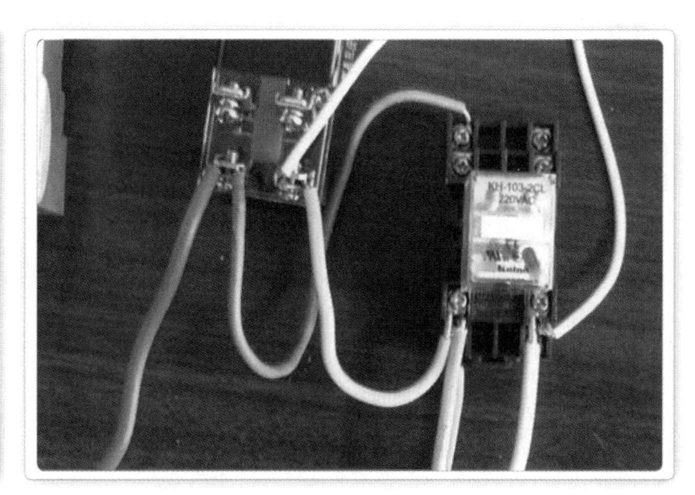

03 릴레이를 이용한 회로도(2) – ON, OFF스위치 사용하기

램프를 끄기 위해 정지(OFF) 버튼을 이용한 회로도이다. 이제 직렬과 병렬은 알기 때문에 이해가 될 것이다.

릴레이 접점과 기동(ON) 버튼은 병렬, 릴레이 코일과 램프의 전원(황색)도 병렬이다.

그 사이에 정지 버튼을 직렬로 연결했는데 왜 직렬일까?

수도관과 가정집의 설명을 떠올려 보면 R상에서 출발한 전류가 자기 유지된 릴레이의 접점을 통과하지만 정지 버튼을 누르는 순간 끊기고 만다. 그럼 접점은 원상복귀되고, 정지 버튼에서 손가락을 떼어도 전류는 더 이상 흐르지 못하는 것이다.

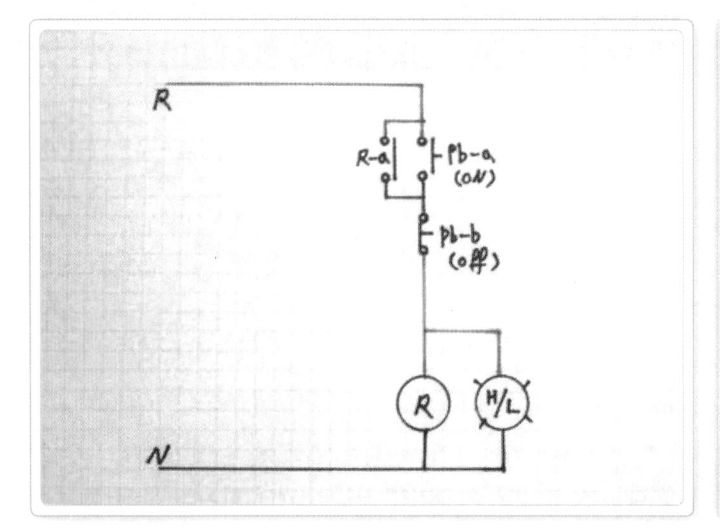

ON-OFF 스위치 결합

기동 버튼과 정지 버튼을 같이 연결한 회로도이다.

알아두면 편해요

① 릴레이는 접점 용량이 비교적 작습니다. 어떤 부하, 즉 모터 같은 것을 직접 접점을 통과해 제어할 수가 없습니다. 주로 회로를 구성하는 보조 접점 역할이 주된 목적입니다.

② 모터 같은 부하를 제어하기 위해서 이보다 좀 더 다양한 형태의 용량과 접점 구조를 가진 전자 접촉기(마그네트)가 사용됩니다.

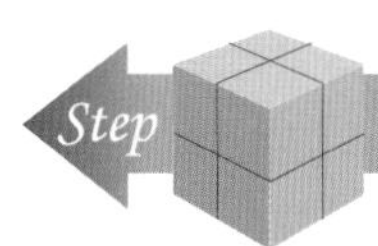

3. 타이머의 이해 및 결선

01 타이머의 이해

타이머와 베이스

같은 8p인 릴레이를 타이머 베이스에 꽂아 사용할 수도 있고, 반대로 8p 릴레이 베이스에 타이머를 꽂을 수도 있다. 단, 임시방편으로 사용해야만 한다.

전원 및 접점 구성도

전원이 110V와 220V 겸용이다.

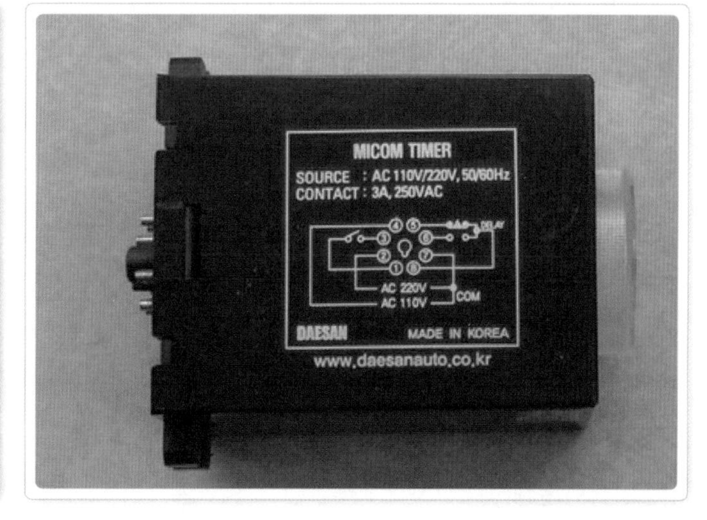

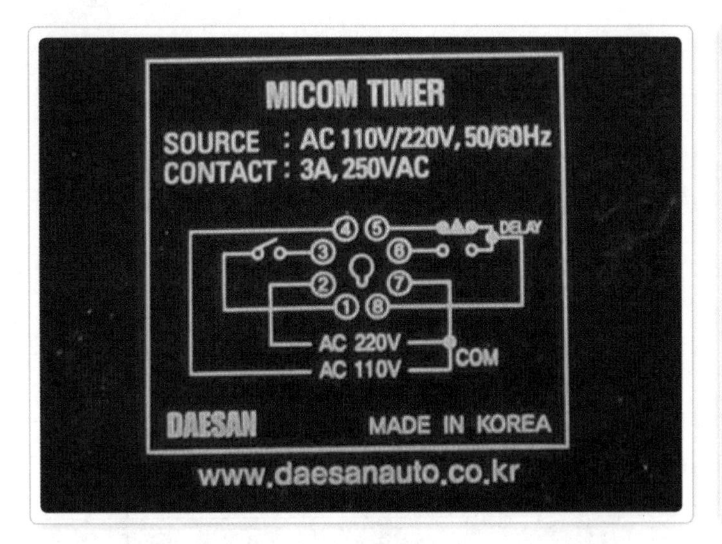

접점 구성도

타이머의 접점 구성도를 확대한 모습이다.

01 전원 및 접점 구성도

(1) 타이머의 전원

전원은 110V와 220V가 겸용임을 알 수 있다. 즉, 7번을 공통으로 7, 2번은 220V이고, 7, 4번은 110V 이다.

(2) 타이머의 용량

타이머의 용량은 전류 3A, 전압 최대는 250V이다.
기초 이론에서 살펴보았던 공식 중에
단상일 때 $V=I\cdot R$ (전압=전류 · 저항) 이 있다.
위 공식은 현장에서 필요하므로 무조건 외워 두어야 한다.
우리가 크면서 젓가락질 배우듯이 말이다.

(3) 2, 4, 7번의 전원

2, 7번은 전원으로 220V이다. 4, 7번도 전원으로 110V일 때이다. 7번은 공통인 셈이 된다.

(4) 순시접점

1, 3번은 릴레이와 마찬가지로 타이머가 작동하자마자(코일에 전원이 투입되는 순간) 달라붙는 접점(순시접점이라고 부름)이다.

(5) 한시 b접점과 한시 a접점

8번은 공통이고 5, 8번은 한시 b접점으로, 전기가 흐르다가 타이머가 작동해도 바로 떨어지지 않고 정해 놓은 시간 후에 떨어지는 접점이다. 6, 8번은 한시 a접점으로 정해 놓은 시간 후에 붙는 접점이다. 일반 순시접점과는 약간 차이가 난다.

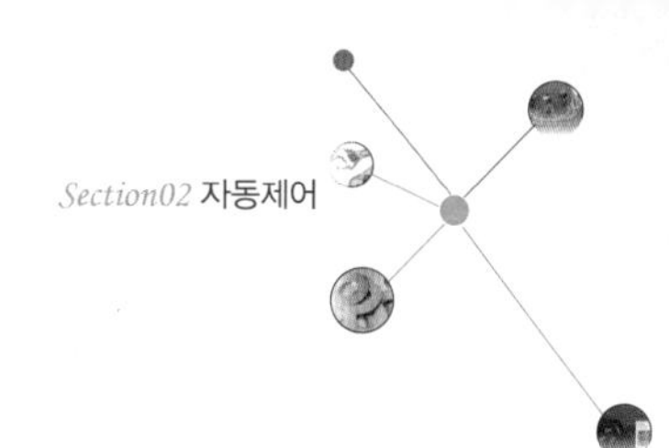

02 타이머 소켓 구조

소켓을 확대한 모습을 살펴보면 핀을 꽂는 부위 아래쪽에 홈이 있는데 이는 타이머를 꽂을 때 위 · 아래를 구분하기 위한 것이다.

타이머 소켓

타이머 베이스는 위 · 아래를 구별해 주어야 한다.

03 타이머 전면 구조

아래 사진은 타이머 전면 모습으로 타입에 따라서 다양한 시간을 선택할 수 있다.

(1) 타이머에 전원이 들어가면 ON램프가 들어온다.

(2) 정해진 시간이 되면 UP램프가 들어온다.

타이머 전면 모습

타이머 전면에 UP과 ON 램프가 보인다.

02 타이머의 회로도(한시 a접점)

아래 회로도는 타이머의 한시 a접점을 이용한 회로도이다.
접점이 정지 버튼과 병렬로 연결되어 있다.

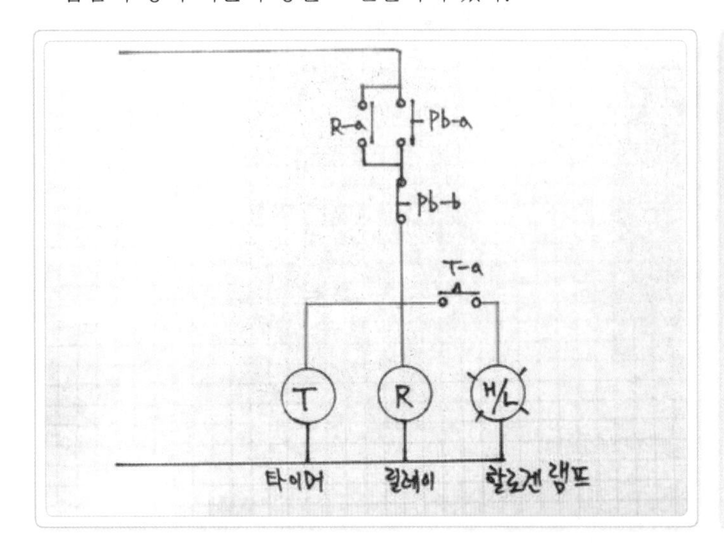

타이머와 릴레이의 결합 회로도
병렬로 연결된 타이머의 회로도이다.

01 동작

등공통인 N상은 바로 전류가 흐른다. 버튼을 누르면 스위치 공통인 R상(하트)이 정지 버튼을 지나 타이머의 코일, 릴레이 코일, 그리고 타이머의 한시 a접점에 도달한다.

그럼 타이머와 릴레이는 작동하지만 램프는 켜지지 않게 된다. 왜냐하면 타이머의 한시 a접점 때문에 전류가 흐르지 못하기 때문이다. 만약 타이머의 시간을 10초로 해 두었다면 10초 후에 한시 a접점이 붙으면서 램프가 켜진다.

02 타이머 회로도에서의 주의

그림에는 표시를 하지 않았지만, 코일과 접점에 전선을 연결하는 법은 기호 표시대로 하면 된다.

예를 들면 한시 a접점은 위에서 공통 8번과 6번이라고 했으므로 소켓에 써 있는 그 번호를 찾아 물리면 된다.

아래 그림에서 8번을 타이머와 릴레이의 코일과 연결하든, 아님 램프의 코일과 연결하든 상관없다. 어차피 스위치 공통 라인의 전류가 흐르기 때문이다.

위에서 릴레이 a접점도 마찬가지이다. 적색인 하트에 1번이 물리든 3번이 물리든 상관없다.

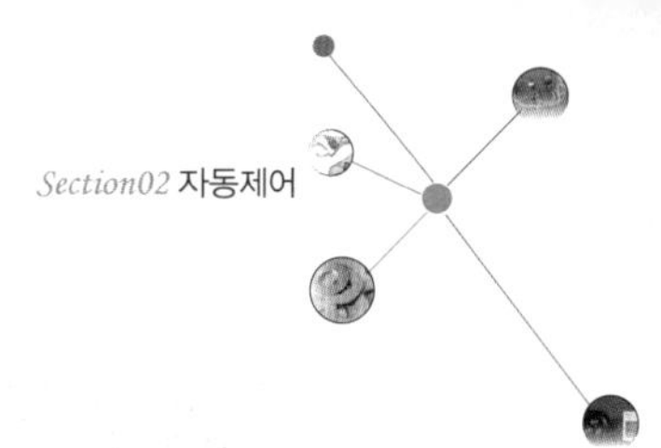

03 타이머의 결선

01 준비물

전차단기, 푸시버튼 2개, 릴레이 세트, 타이머 세트, 할로겐 세트

타이머의 한시 a접점과 릴레이의 실제 결선

한시 a접점은 서로 바꿔 연결해도 상관없다.

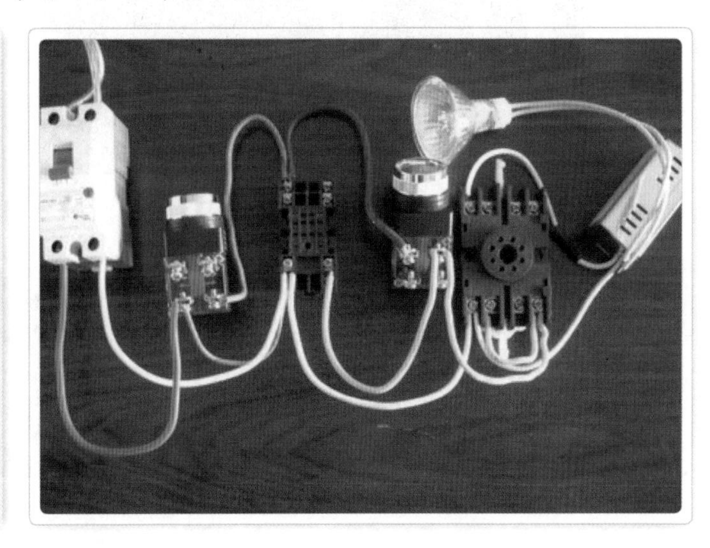

02 실제 결선의 이해

실제 결선을 살펴보면 위에서 말했던 릴레이의 a접점이 물린 번호, 즉 백색 코일 밑에 물린 적색과 상단의 청색을 서로 바꿔 물려도 상관없다.

마찬가지로, 타이머의 한시 a접점인 8번(하단 좌측에서 두 번째 황색)과 6번(상단 좌측 첫 번째)을 서로 바꿔 물려도 상관없다.

04 타이머의 회로도(한시 b접점)

타이머의 한시 b접점 I

타이머의 한시 b접점을 이용한 회로도이다.

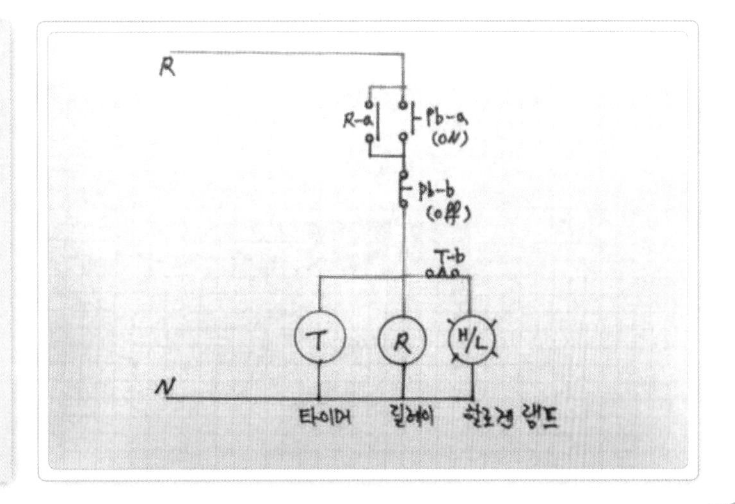

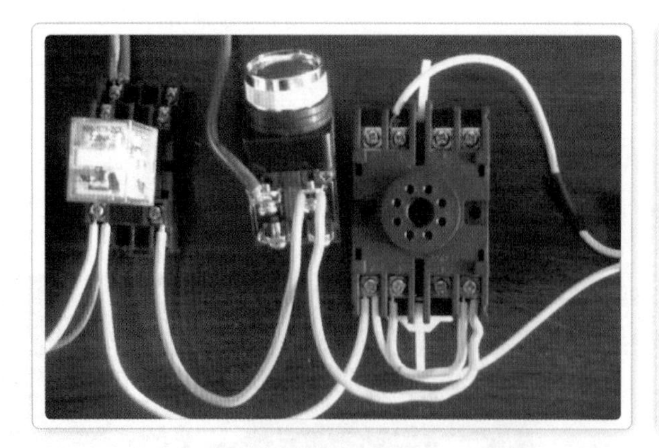

타이머의 한시 b접점 Ⅱ

타이머의 한시 b접점을 이용한 결선이다.

타이머의 종류(동작 방법에 따라)

- 한시동작 타이머(On Delay) : 코일에 전원이 투입되면 설정된 시간이 되어 접점이 동작하고, 전원이 끊기면 순간적으로 접점이 끊어집니다.
- 한시복귀 타이머(Off Delay timer) : 코일에 전원이 투입되면 순간에 접점이 동작하고, 전원이 끊어졌을 때 설정된 시간이 되어야 접점이 끊어집니다.
- 순한시 타이머(뒤진 회로) : 코일에 전원이 투입되면 설정된 시간이 되어야 접점이 동작하고, 전원이 끊어졌을 때 설정된 시간이 되어야 끊어집니다.

Step 4. 마그네트의 이해 및 결선

아래 사진은 LS산전의 GMC-12 마그네트와 THR(열동형 과전류 계전기, 참고 : EOCR - 전자식 과전류 계전기)이 결합된 제품이다. 차례로 살펴보기로 하겠다.

01 마그네트의 이해

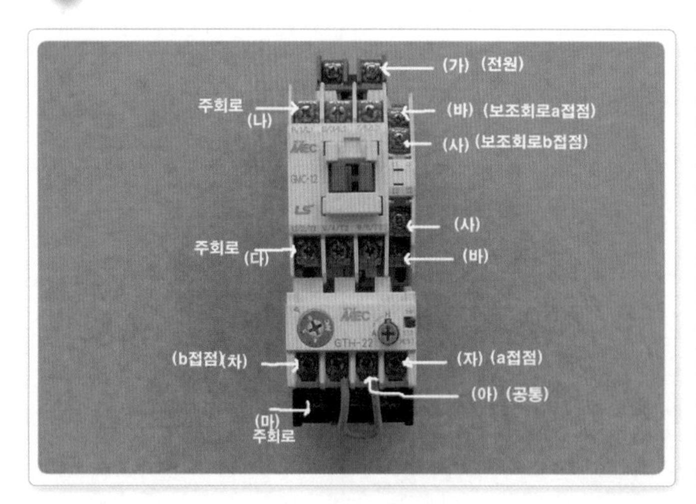

마그네트와 THR이 결합된 모습

(나)의 주회로 단자에 동력용 1차를 물리면 마그네트의 2차측 단자 (다)를 거쳐 THR의 2차측 (마)를 통해 부하로 전달된다.

본 교재에서 다루는 마그네트는 특정 회사의 한 모델이므로, 일부 구조에서 차이를 보일 수 있다.

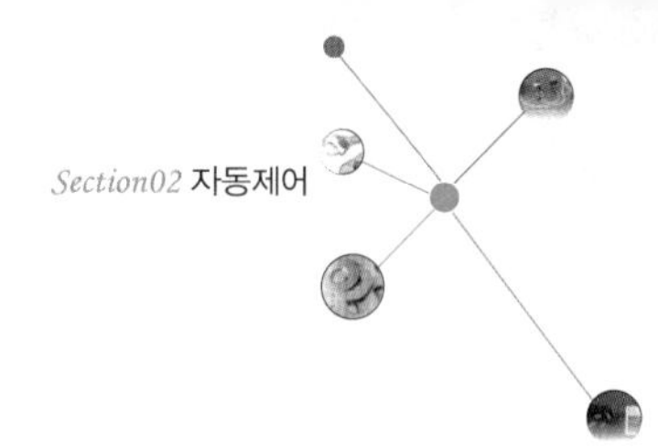

01 전원 단자

(가)부분으로 220V이다. THR과 결합된 마그네트는 크게 3가지 접점으로 구성된다.

(1) 주로 모터 같은 부하 측 동력을 제어(ON, OFF)시키는 데 사용되는 접점으로, 주회로라고 한다(나, 다, 마).

(2) 마그네트의 자기유지나 기타 릴레이 및 타이머 등과 결합되는 보조 접점으로, 보조 회로라고 한다(바, 사).

(3) THR에서 나오는 a, b접점이다(아, 자, 차).

02 주회로(나, 다, 마)

모터에 3상 380V가 들어간다.

3상이니 전선도 3가닥이 필요하다.

1차측은 (나)의 접점 3곳에 1가닥씩 물리고(왼쪽부터 R, S, T), 2차측은 마그네트와 THR이 연결된 (다)를 거쳐 (마)의 단자에 물린다. 그러니까 1차를 (나)에 물리고 2차 3가닥을 (마)와 모터에 물리는 것이다.

그럼 모터가 어떻게 작동하는지 살펴보자.

우선 마그네트가 동작하지 않는 상태에서 전류는 (나)까지 밖에 흐르지 못한다. 그러다 마그네트의 코일에 전기가 투입되면 전자석의 힘에 의해 접점이 달라붙는다. 그럼 전류는 (다)를 지나 THR의 (마)에 물린 2차측 전선을 타고 모터까지 가게 되고 모터가 작동한다.

03 보조 회로(바, 사) – a, b접점

보조 회로는 말 그대로 보조일 뿐이다.

마그네트의 주목적은 주회로를 거쳐 모터 같은 용량이 큰 기기를 작동하는 것이므로 보조 회로는 릴레이처럼 자기유지나 다른 기기(릴레이, 타이머, 램프 같은)를 ON, OFF시키는 역할을 한다.

그곳에 주회로에 들어가는 380V의 전기를 흘려 보내면 안 된다. 접점의 동작 원리는 릴레이와 같다.

04 THR 접점(아, 자, 차)

(아)는 공통이고, (자)는 a접점, (차)는 b접점이다. 과전류가 흐르면 열이 발생하고 내부의 바이메탈이 휘어지면서 회로를 차단한다.

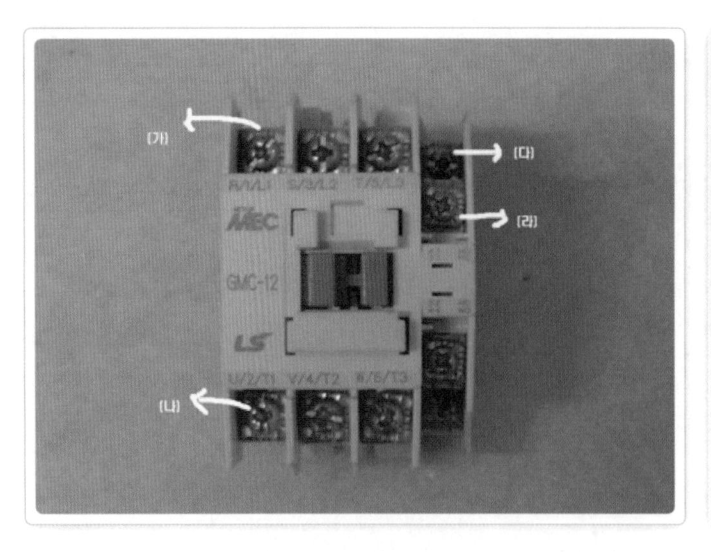

마그네트의 윗면

(가), (나), (다, (라)가 어떤 용도로 쓰이는 접점인지 이해가 될 것이다.

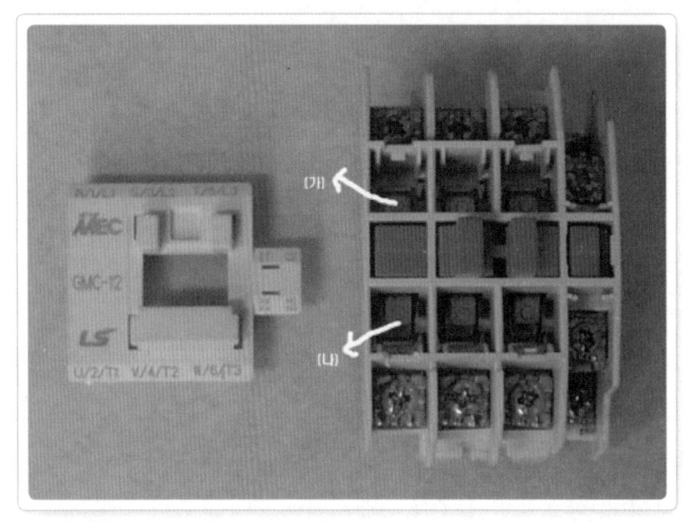

커버를 벗겨낸 모습

THR과 분리된 마그네트의 윗 커버를 벗겼다. 구리로 만든 동편이 보이는데 (가)와 (나)가 1개의 동편이다. 릴레이처럼 스프링에 의해 움직이게 된다.

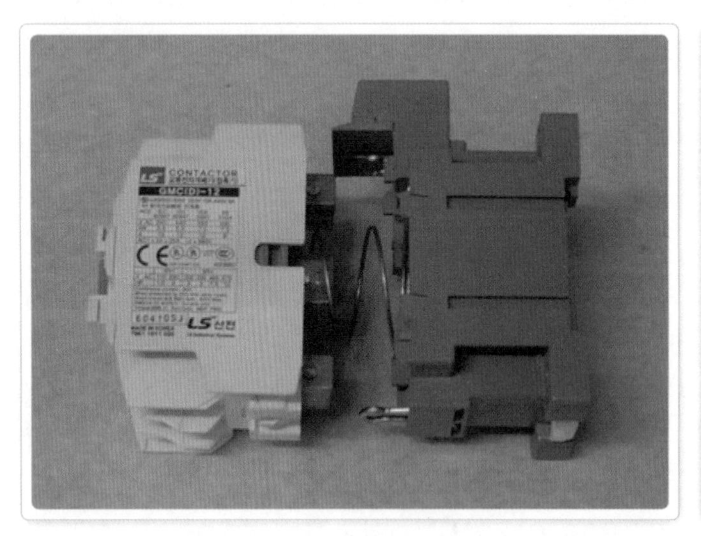

접점부와 코일부 분리

이번에는 상체와 하체를 분리했다. 가운데 스프링이 위에서 말했던 스프링이다.

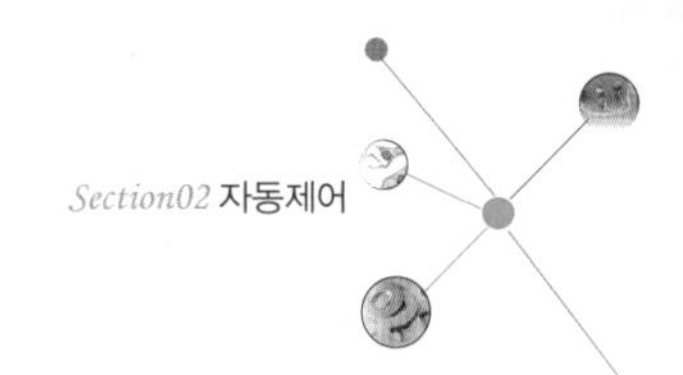

철편의 모습

상체를 거꾸로 뒤집은 것으로 접점과 철편이 보인다.

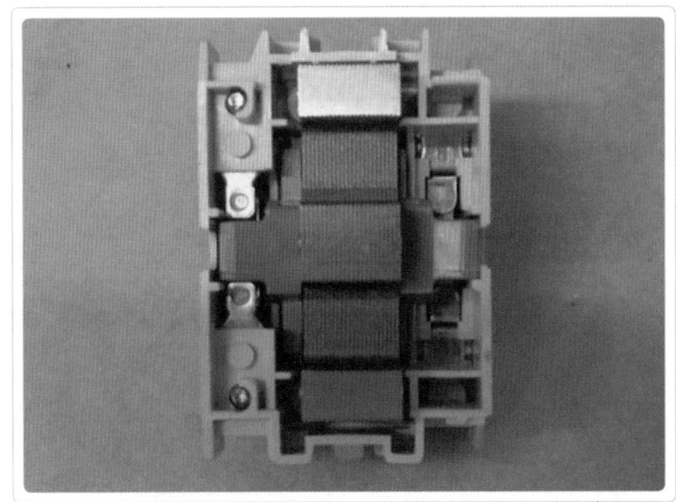

완전 분리된 모습

전원이 투입되면 전자석이 된 (나)가 (가)의 스프링을 누르면서 밑의 철편에 달라 붙는다. 그리고 전원이 끊기면 스프링에 의해 원상복귀된다.

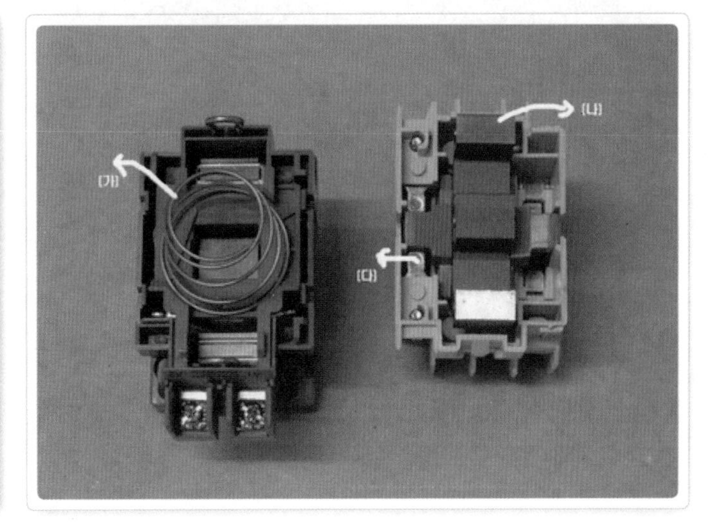

코일이 들어 있는 하부

하부 몸체로, 코일이 철편을 둘러싸고 있다. 여기서 코일은 안 보인다.

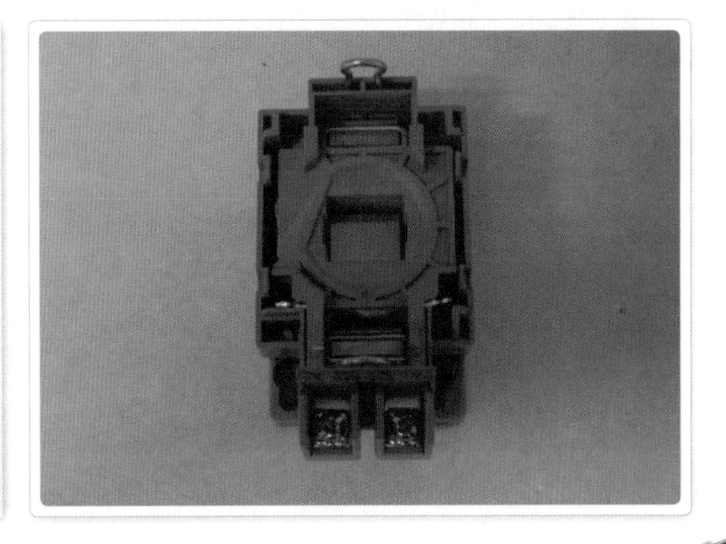

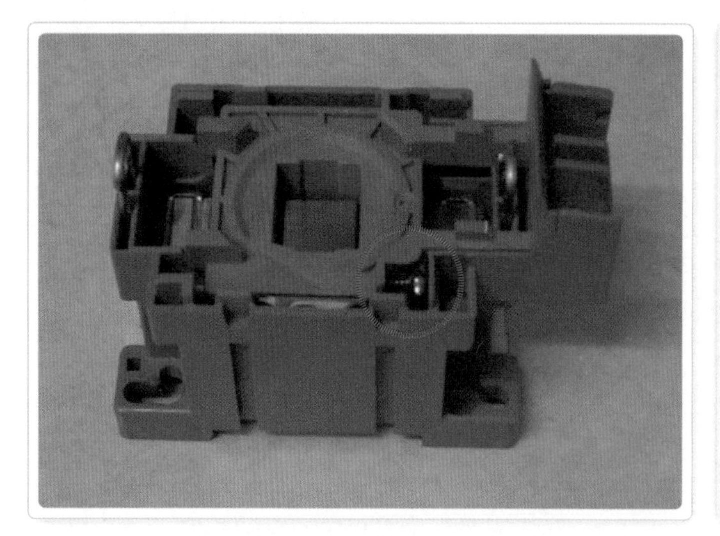

코일 연결 부위

희미하게 보이는 하얀 부분이 코일에서 나온 선으로, 전원의 단자와 연결되어 있다.

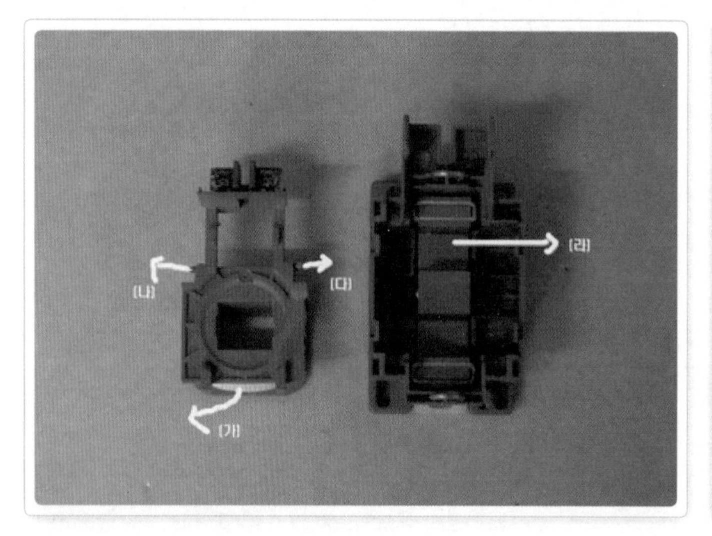

코일 몸체와 하부 철편 분리

- (가) 코일 몸체
- (나), (다) 전원 단자와 연결된 코일 선
- (라) 철편

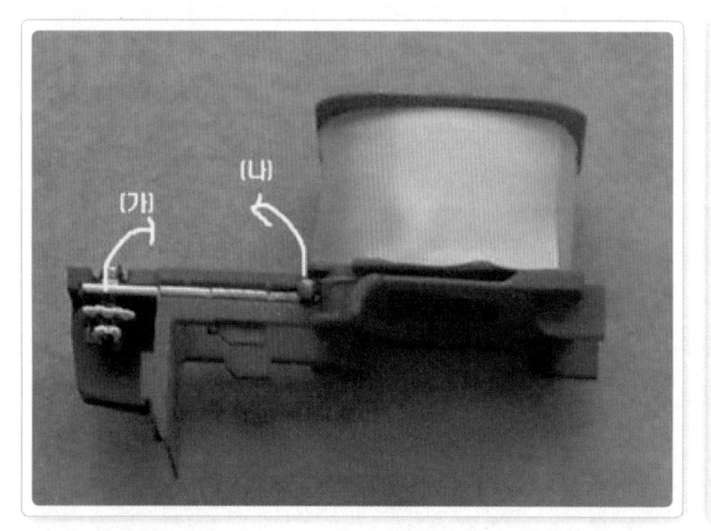

코일과 단자대

(가)와 (나), 즉 코일의 한쪽 끝이 전원 단자와 연결된 모습이다.

보호막을 벗겨낸 모습
코일의 보호막을 벗겨내어 자세히 보인다.

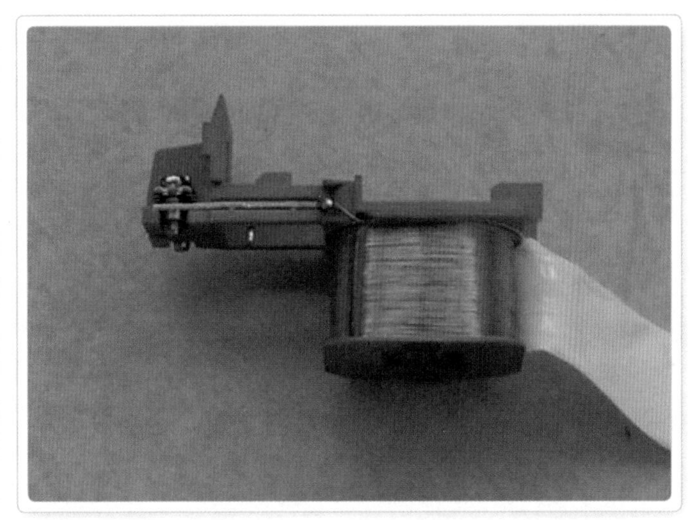

02 THR의 이해

01 THR 구조

THR을 확대시켜서 살펴본 것이다.

(1) (가)부분은 리셋트 버튼이다. 트립된 (나)를 원상복귀 시키는 장치로 그냥 눌러주면 된다.

(2) (나)부분은 트립 버튼이다. 과전류로 동작이 되면 사진처럼 버튼이 위로 올라오게 된다.

(3) (다)부분은 주회로 단자이다.

(4) (라)부분은 접점(a, b)이다. 공통이기 때문에 가운데 단자 2개를 연결했다.
공통이니 말 그대로 전원의 한 상이 저곳까지는 투입이 된다.
그 다음 b접점으로 흐르고 있다가 과전류가 흐르면 a접점으로 이동하게 된다.

(5) (마)부분의 숫자(4~6)는 THR이 동작하는 전류 범위이다.
4A에서 작동하거나 최고 6A에서 작동한다는 것이다.
필요에 따라 좀 더 용량이 큰 제품을 사용할 수도 있으나 용량은 마그네트와 맞게 사용해야 한다.

열동형 계전기 THR

열동형 계전기 THR의 구조 모습이다.

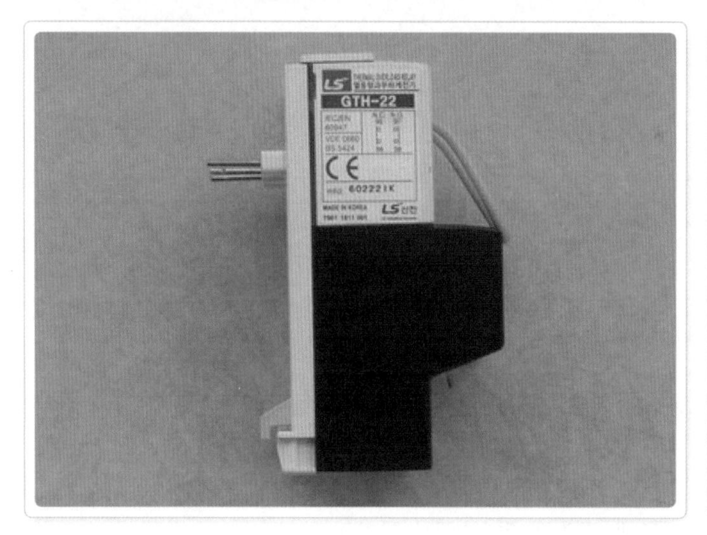

THR 옆면

THR 옆면을 찍은 모습이다.

02 THR의 내부 구조

아래 사진은 위에서 아래로 순서대로 (가)~(마)이다.

(1) (가)와 (나)의 버튼이 보이고 공통인 (다)부분이 보인다.
a접점은 (라)부분, b접점은 (마)부분이 된다.

(2) 현재 트립되지 않은 정상적인 상태이다.
보면 공통인 (다)부분과 (라)부분은 떨어져 있고, (마)부분이 붙어 있다. 왜냐하면 가장 밑의 노란 철편이 위로 올라가 (다)부분과 연결되어 있기 때문이다.

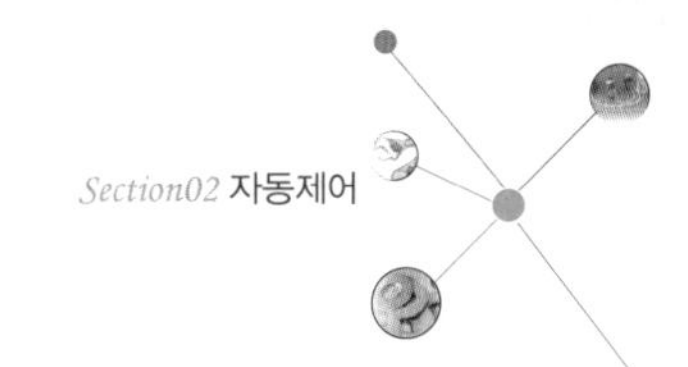

THR 내부

THR 내부 구조로, 정상 상태 모습이다.

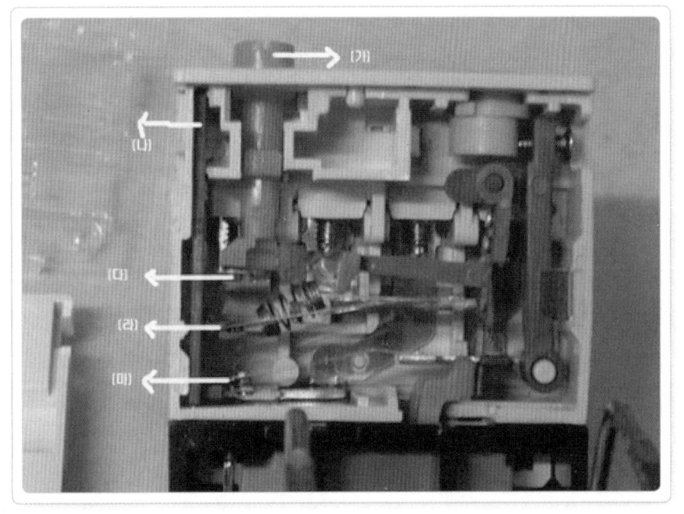

03 THR의 동작

THR이 동작된 모습으로 (가)의 버튼은 위로 올라 갔고, 접점은 (다)에 붙어 있다. 처음에 붙어 있던 (라)와 (마)는 떨어져 있다.

THR 동작

THR이 동작된 내부 모습이다.

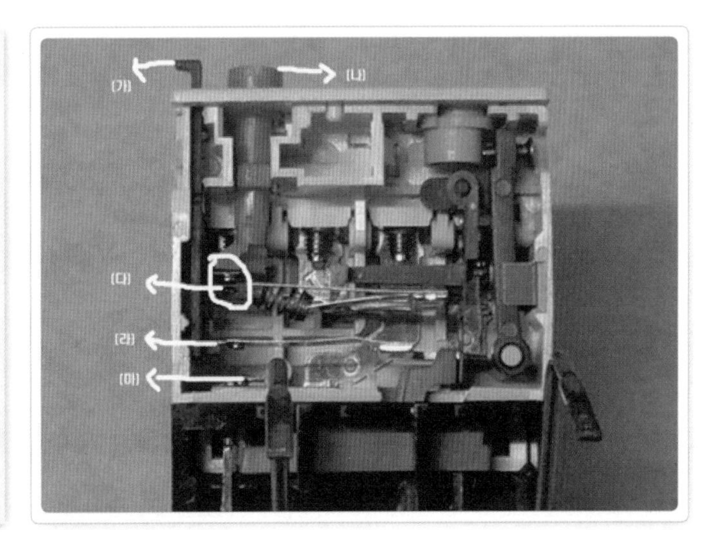

04 THR의 하단

THR 하단의 내부 모습으로, 바이메탈이다. 과전류가 흐르면 열이 발생하면서 바이메탈이 휘어진다. 그럼 위에서 보았던 접점이 동작하게 된다.

R, S, T 상 중 2개(R, T)의 상에 바이메탈이 있다.

THR의 바이메탈

바이메탈은 R, T상에 존재한다.

03 마그네트의 회로

01 마그네트 ON, OFF 동작회로

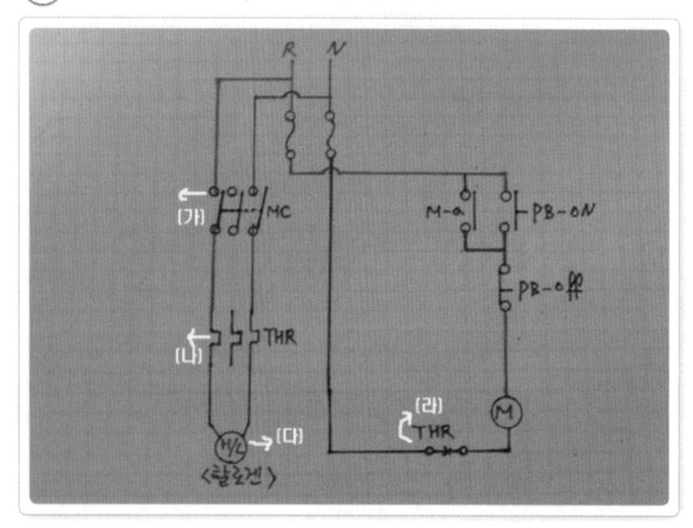

마그네트의 접점 회로

마그네트의 주회로와 보조 회로를 도식화하였다.

여기서는 마그네트의 접점회로에 대해서만 살펴본다.

(1) 차단기의 1차측에서 나온 전원이 마그네트의 주접점(가)까지 흐른다.

(2) (가) 부분은 마그네트의 주회로 접점이다.
실제로 주회로 쪽에는 3상 전원이 들어가고 오른쪽의 조작 회로 쪽에만 단상이 들어가지만, 여기서는 임시로 단상 전원을 투입했다(그래서 가운데 단자가 1개 비워 있는 상태임). ON버튼을 누르면 주접이 붙으면서 전기가 계속 흐른다.

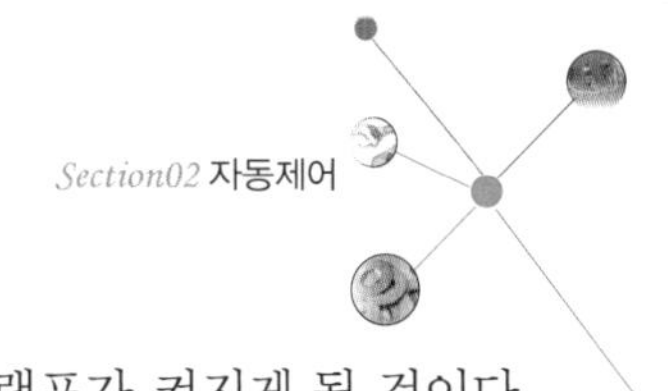

(3) (다) 부분에서는 THR과 연결된 접점을 지나 할로겐까지 도착하니까 바로 램프가 켜지게 될 것이다(모터라면 모터가 동작할 것임).

(4) (라) 부분에서는 THR이 동작한다.
만약 과전류가 흘러 THR이 동작하게 되면 차단기의 2차에서 나온 N상이 THR의 b접점을 거쳐 마그네트의 코일에 흐르고 있다가 b접점이 떨어지면 마그네트도 자기유지가 풀리면서 주접점도 원상복귀된다.

02 결선

준비물은 누전 차단기, 푸시버튼 2개, 마그네트 세트(마그네트, THR), 할로겐 세트가 필요하다.

실제 결선
푸시버튼과 마그네트가 결합된 실제 결선을 보여주고 있다.

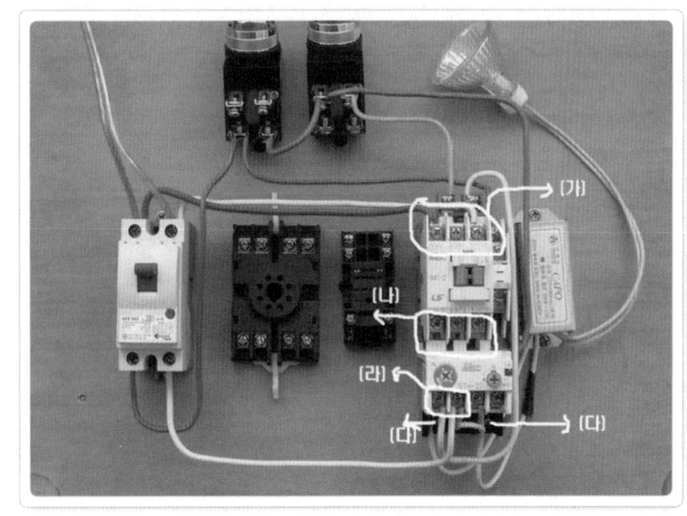

알아두면 편해요

① 마그네트는 여러 가지 전자 접촉기(contactors) 중 하나입니다.
② 모터는 단상도 있고 3상도 있습니다.
③ 마그네트와 열동형 계전기는 반드시 부하(모터)의 용량에 맞게 선정을 해야 합니다.
④ 모터 기동 시에는 보통 정격전류의 6~8배의 기동전류가 발생합니다.
⑤ 현장에서 가끔 초기 기동 시에는 트립이 되지 않는데, 모터 운전 중 OFF 후 바로 기동하면 마그네트가 트립이 되는 경우가 있습니다. 이때는 약 20분 정도 후에 기동하면 정상 동작합니다. 이는 열동형 계전기 내부의 바이메탈이 열량을 보유하고 있기 때문입니다.

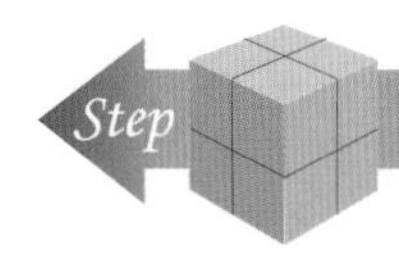

5. 릴레이, 타이머, 마그네트의 결합

01 회로도

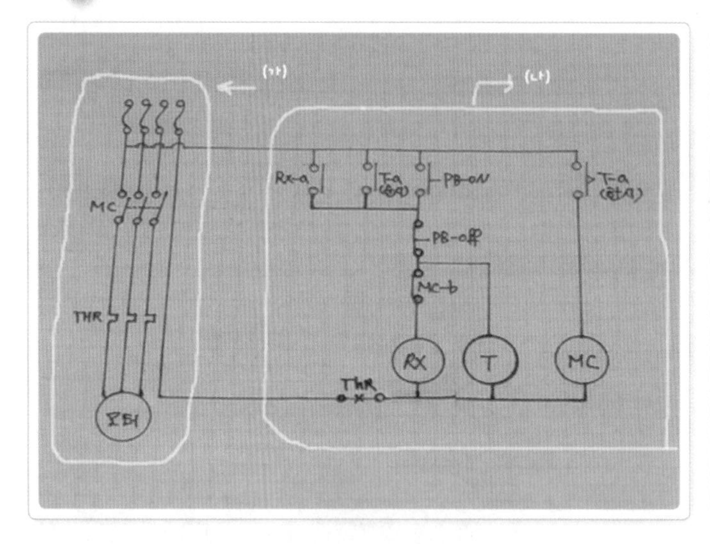

결합 회로도
푸시버튼, 릴레이, 타이머, 마그네트가 결합된 회로도를 그린 것이다.

01 결합 회로도

위 회로도를 한 번 살펴보자.

(1) 좌측(가)은 마그네트 주접점을 이용해 모터를 작동시키는 주회로이고, 오른쪽(나)은 주회로를 운영시키기 위한 기기들을 작동시키는 보조 회로이다.
다음에서 보조 회로에 대해 알아보도록 하겠다.

(2) **보조 회로**

① 차단기를 올리면 N상은 THR의 b접점을 지나 모든 기기의 한쪽 코일에 흐르게 된다. 그러나 하트(H)인 R상이 릴레이(RX), 타이머(T), 마그네트(MC)에는 전류가 흐르지 않기 때문에 작동하지 않는다.

② 푸시버튼(ON)을 누르면 전류는 정지 버튼을 지나 타이머에 도달한다.
한편으론 정지 버튼과 직렬로 연결된 마그네트 b접점(MC-b)을 통과하면서 릴레이의 코일에도 도달한다.
즉, 릴레이와 타이머가 동시에 동작하는 것이다. 그렇게 되면 기동(ON) 버튼과 병렬로 연결된 릴레이의 a접점(RX-a), 타이머의 순시접점(T-a)이 붙으면서 자기유지가 된다.
따라서 기동 버튼에서 손가락을 떼어도 계속 동작하게 된다.

㉠마그네트가 동작하면 보조 접점(MC-b)이 떨어지면서 릴레이에 흐르던 전류가 차단되고 릴레이도 함께 원상복귀되나 타이머는 계속 살아있는다.

㉡마그네트의 보조 접점이 동작하는 것과 동시에 주접점이 붙으면서 주회로가 동작하고 그제서야 모터(할로겐 램프)가 작동하게 된다.

㉢정지 버튼을 누르면 타이머가 OFF되고, 타이머의 한시접점이 떨어지면서 마크네트도 OFF되며 따라서 주회로도 차단되면서 모두 처음으로 돌아간다.

02 결선

준비물은 누전 차단기, 푸시버튼 2개, 릴레이, 타이머, 마그네트, 할로겐이 있어야 한다.

회로도의 실제 결선

위의 회로도를 실제 결선한 모습이다.

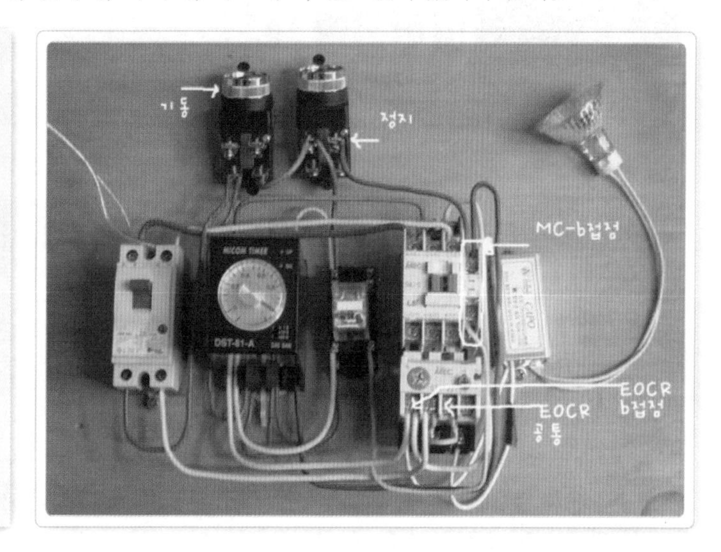

기동 버튼과 정지 버튼 결선

기동 버튼과 정지 버튼의 결선 부분을 확대한 모습이다.

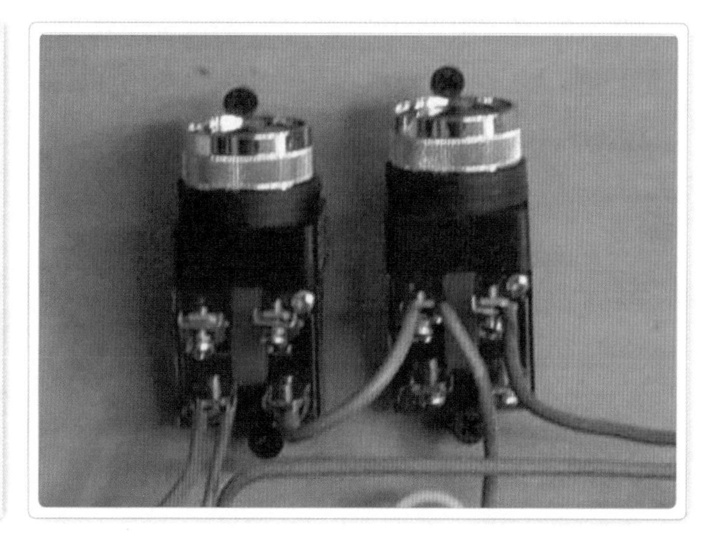

릴레이 전원 연결 모습

- (가) 릴레이 코일 단자에 연결한 전원
- (나) a접점을 연결한 선

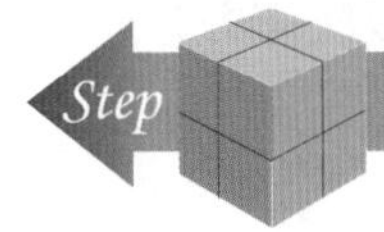

Step 6. 마그네트를 이용한 정 · 역 회로 결선

01 정 · 역 회로도

01 시퀀스 회로도

목적에 따라 3상 모터의 회전을 시계 방향과 반시계 방향으로 회전시켜주는 회로도이다. 여기에서 중요한 것은 인터록을 걸어준다는 사항이다.

만약 정회전을 위한 마그네트(MC1)와 역회전을 위한 마그네트(MC2)가 동시에 동작한다면 단락(쇼트)되는 커다란 사고가 발생하게 된다. 그렇기 때문에 어느 한쪽이 동작하면 다른 쪽은 반드시 OFF가 되도록 회로를 구성해 주는 것을 인터록을 걸어준다고 한다.

3상 모터의 회전을 바꾸는 방법은 3상 중 2개의 상을 바꾸어주면 된다.

02 회로도의 이해

(1) 주회로

① 마그네트 2개를 사용했다. 1개는 정회전을, 다른 1개는 역회전을 위한 것이다.

② MC1(정회전)이 동작하면 차단기의 3상(R, S, T)이 바뀌지 않고 그대로 모터와 연결되어 정회전을 하게 된다.

③ MC2(역회전)가 동작하면 마그네트의 1차측 단자까지는 그대로 3상 전원이 오나 2차측 단자에서 나오면서 R상과 T상이 서로 바뀌었음을 알 수가 있다. 이때문에 모터가 역회전을 하게 된다.

(2) 보조 회로

① 기본적으로 기동(ON), 정지(OFF)회로 2개(MC1, MC2)가 구성되어 있다.

② 처음 설명한 기동 · 정지 회로와 여기서의 보조 회로와 다른 점은 처음 기동 · 정지 회로는 접점을 버튼 1개에 각각 1개씩만 썼는데, 여기서는 스프링에 의해 함께 움직이는(이를 '연동'이라고 함) a, b접점을 모두 사용했다는 점이다. 바로 회로도에서 점선으로 표시되어 있는 부분이다.

③ 만약 PB1을 누르면 청색 점선으로 표시된 b접점도 움직인다. 물론 PB2를 누르지 않기 때문에 MC2가 동작할 리는 없지만, 확실한 안전을 위해서 PB1의 b접점을 이용해 놓은 것이다.

④ 역으로 보면 PB2를 눌러도 마찬가지이다. 적색 점선으로 표시된 PB2의 b접점에 의해 MC1은 동작할 수가 없다.
이것을 바로 인터록이라고 한다. 어느 한쪽이 동작할 경우 다른 한쪽은 절대 동작할 수 없게 꾸며진 것이다.

⑤ 이번엔 정지 버튼과 마그네트 코일 사이에 직렬로 연결된 b접점을 살펴보면, 역시 MC1과 MC2의 b접점이 서로 반대로 연결되어 있다.
이것도 서로 인터록을 걸어 놓은 것으로, 2중 인터록을 걸어 놓은 셈이 된다.

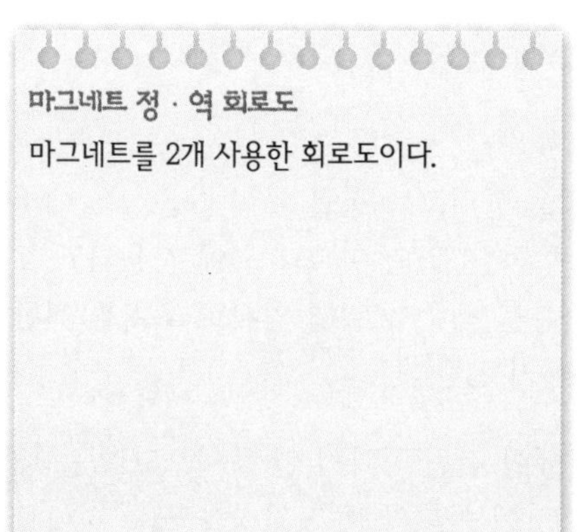

마그네트 정 · 역 회로도
마그네트를 2개 사용한 회로도이다.

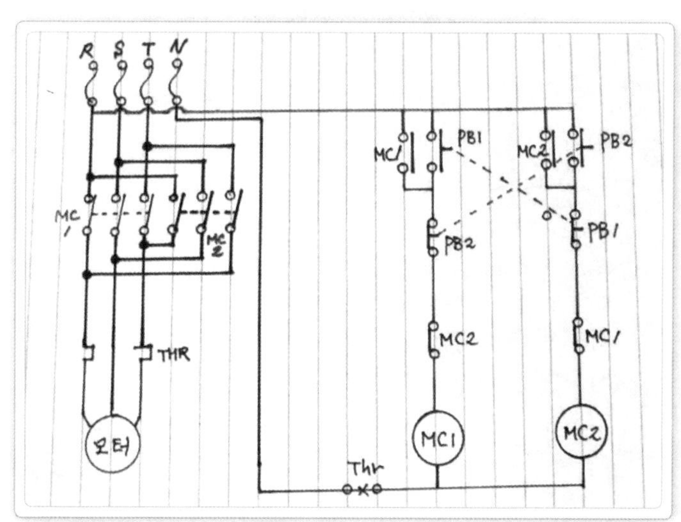

02 정 · 역 회로도의 실제 결선도

01 준비물

차단기, 푸시버튼 2개, 마그네트 2개, 할로겐 세트를 준비하도록 한다.

02 마그네트의 실제 결선도

아래의 실제 결선도를 살펴보도록 하자.

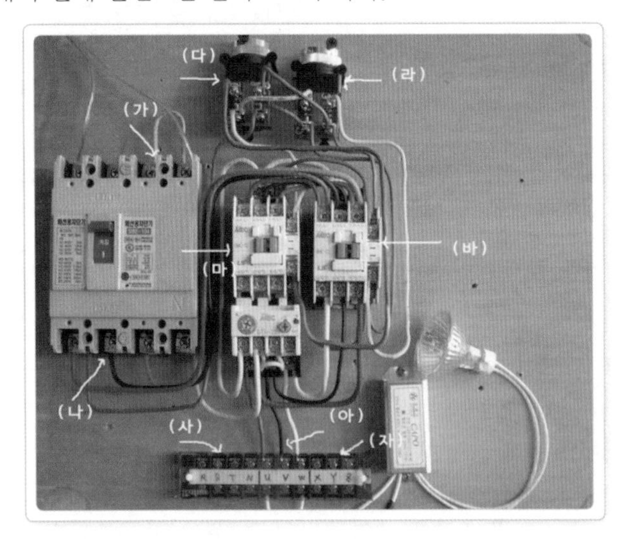

마그네트를 이용한 정 · 역 회로도의 실제 결선도

실제 결선의 잘못된 곳을 찾아보자. 우측의 역회전용 마그네트의 2차에서 THR의 2차측이 연결되어 있는데, 이것을 THR의 입력측이 연결된 좌측 정회전용 마그네트 2차측 단자에 연결해주어야 한다. 그래야 역회전 때에도 THR이 작동하기 때문이다.

(1) (가)부분은 현재 3상 4선식 전원이 없는 사진이다. 따라서 R상을 물리고, N상을 물린 다음, N상에서 T상으로 연결을 했다. 그 이유는 회로도에서 N상은 보조 회로 전원(THR, 마그네트)에 사용되고, T상은 모터 작동을 위한 주회로 전원이기 때문이다. 그래서 구분을 해주기 위해 임시로 조치를 취한 것으로 종종 현장에서 단상을 4극짜리 메인에 물릴 경우 사용하기도 한다.

현장에서 1차측 4가닥이 모두 물린 상태지만 공사가 덜 끝나 메인 전원이 아직 안 들어오고 있을 때 단상 전원을 가지고 라인 테스트를 위해 위의 방법(그 때는 N상이 아니라 R, S, T상을 모두 하나로 연결하게 되고, 그렇게 하면 단상이나 마찬가지임)을 쓰는 경우가 있다. 그런데 테스트가 끝나고 연결한 선을 풀어내는 것을 깜빡 잊고 나중에 메인 전원을 올려서 대형사고로 이어지는 수도 있다.

(2) (나)부분은 차단기 2차측 R, S, T(적, 흑, 녹)상에 물린 선이 마그네트의 주회로를 통해 현장에 있는 모터에 물리게 되는 선이다. 단자대를 사용한 이유는 전기실의 판넬과 현장에 있는 모터는 상당한 거리를 두고 떨어져 있기 때문이다. 따라서 지금처럼 차단기에서 나와 마그네트를 거친 모터 전원을 단자대 위에 물리고, 아래에서 모터 용량에 맞는 굵기의 케이블로 현장까지 끌고 가는 것이다.

(3) (다)와 (마) 부분은 회로도에서 PB1과 MC1이다.

(4) (라)와 (바) 부분은 회로도의 PB2와 MC2이다.

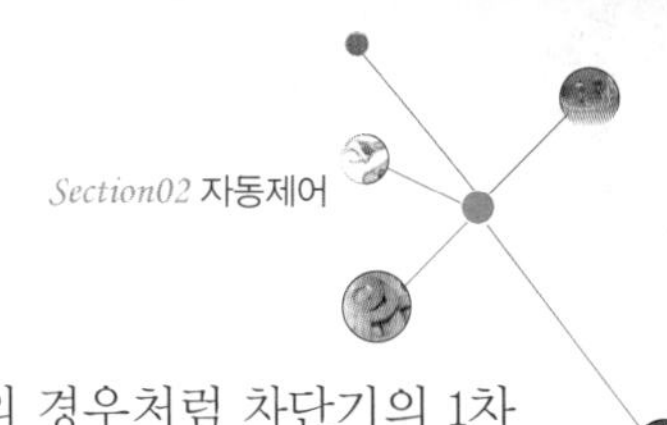

(5) (사)부분은 메인 전원(3상 4선)을 받기 위한 단자이다. 위에서 설명한 모터의 경우처럼 차단기의 1차측에 물릴 메인 전원도 직접 가지 않고 일단 단자대를 거쳐 차단기에 물린다(여기서는 생략하고 직접 물림).

(6) (아)부분은 정역회로가 구성된 뒤 마그네트 2차측에서 나온 모터 전원이다. 모터가 3상(380V)이라는 가정에서 U, V, W 3상이 나온 것이다.

(7) (자)부분은 정역회로에서는 필요가 없으나 나중에 Y-Δ(와이-델타) 결선에서 필요해서 미리 준비해 둔 것이다.
마그네트의 1차측을 R, S, T라고 하고, 2차측을 나와 모터에 물리는 상을 U, V, W, X, Y, Z라고 한다. 즉, 모터에는 6개의 선이 나와 있다.
여기서 전원은 3가닥인데 어떻게 연결해야 할까? Y-Δ 결선이 필요 없는 일반 모터(보통 10kW 이하)에서는 그냥 U, V, W만 사용하고, X, Y, Z 3가닥은 모두 연결해서 테이핑을 하면 된다.

03 푸시버튼과 마그네트의 결선

다음으로 푸시버튼과 마그네트 주회로 1차측 연결 부위를 살펴보자.

푸시버튼의 결선
푸시버튼에 인터록이 걸린 모습을 확대한 것이다.

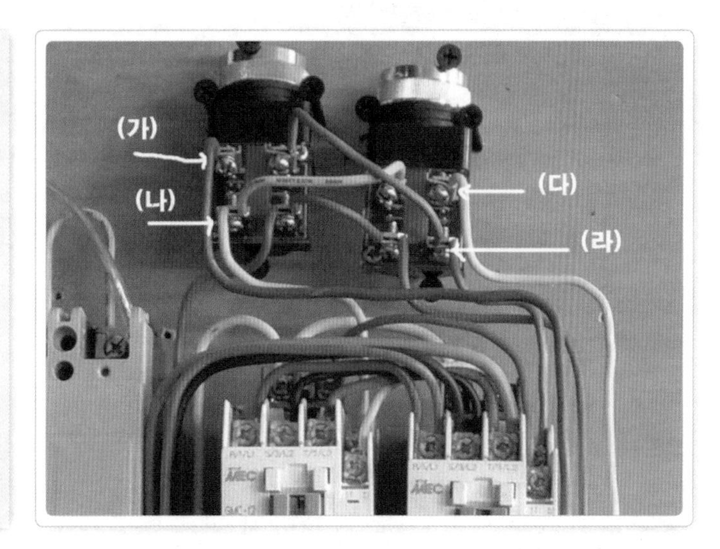

(1) 푸시버튼

① 푸시버튼을 누르면 스프링 작용에 의해 a접점과 b접점이 동시에 작용하는 것과 기동 · 정지 회로에서 기동일 때는 버튼의 a접점만, 정지일 때는 b접점만 이용하는 것은 배운 내용이다. 하지만 여기서는 버튼의 a, b 접점 모두를 이용한 게 다르다.

② 회로도에서 차단기의 R상(적색)이 연결된 부위를 보면 적색이 버튼 1, 2의 a접점과 마그네트 1, 2의 a접점과 서로 연결되어 있다. 실제 결선도에서도 마찬가지로 차단기에서 온 적색이 버튼 1을 거쳐, 버튼 2에 연결된 뒤 마그네트로 간 것이 보인다.

③ 1번 버튼의 a접점을 거쳐 나와 2번 버튼의 b접점과 1번 마그네트의 a접점으로 갔고(황색) 2번 버튼도 마찬가지이다.

(2) 주회로 1차측

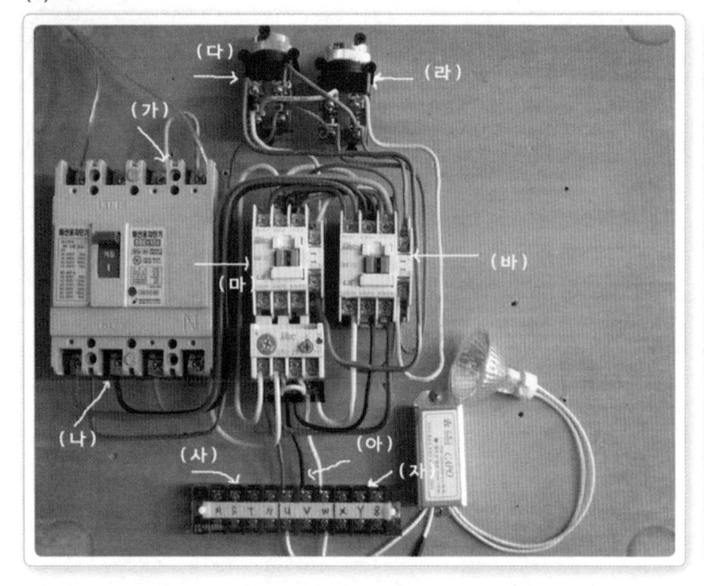

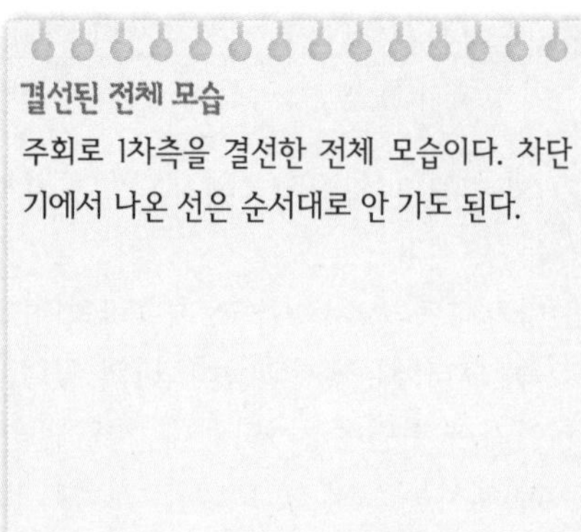
결선된 전체 모습
주회로 1차측을 결선한 전체 모습이다. 차단기에서 나온 선은 순서대로 안 가도 된다.

차단기에서 나온 3가닥(적, 흑, 녹)이 마그네트 2의 1차측 주회로 단자인 R, S, T상에 물렸고 그 색상(순서) 그대로 마그네트 1에 물렸다. 물론 차단기에서 나온 선이 어느 곳을 먼저 가든 상관없다. 상황에 따라 덜 복잡한 쪽으로 먼저 간 것 뿐이다(여기서는 1번 마그네트 쪽이 복잡해서 2번으로 먼저 감). 순서대로 갔다는 것의 의미는 1차측은 상이 바뀌지 않았다는 것을 뜻한다.

(3) 주회로의 2차측

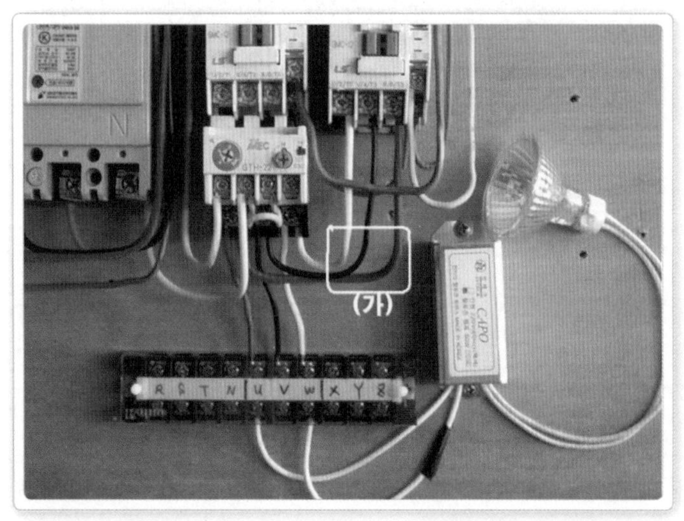

THR을 거쳐 모터로 간 모습
역회전 마그네트 2차(가)에서 THR의 출력측으로 잘못간 모습이다.

① 1번 마그네트(좌측의 정회전용)에서 모터로 가기 위한 출력선이 단자대(U, V, W의 1차)로 갔으므로 나중에 반대편 단자대(U, V, W의 2차)에서 현장에 있는 모터까지 케이블로 끌고 가면 된다.
1번 마그네트의 R상(적)이 2번 마그네트(오른쪽 역회전용 마그네트)의 T상에 물렸다. 1번의 S상(흑)은 2번의 S상에 그대로 물렸다. 1번의 T상(백)은 1번의 R상에 물렸다. 여기서 1개의 상 중 2개(R과 T)의 상이 바뀌었음을 알 수 있다.

② 이렇게 해서 회로도에서 본 것처럼 1번 마그네트가 동작하면 R, S, T가 그대로 모터로 가기 때문에 정회전을 한다. 이번에 2번 마그네트가 동작하면 R과 T가 바뀌어 역회전을 한다. 물론, R, S 든지 S, T든지 상관없이 3개 중에서 어느 것이든 2개의 상과 서로 바꾸어 주면 된다.

알아두면 편해요

① 열동형 계전기(THR)의 종류
- 2소자형 : R, T상에만 과부하 검출용 바이메탈을 이용합니다.
- 3소자형 : R, S, T 모두 검출용 바이메탈을 사용하여 보호 범위를 넓게 합니다.
- 결상 보호형(3소자) : 결상(1개의 상이 끊어진 경우) 시 신속하게 검출합니다.

② 마그네트는 상부와 옆면에 필요에 따라 보조 접점을 추가로 부착할 수 있습니다.

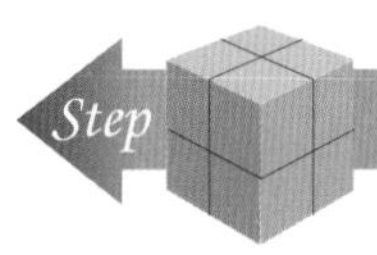

Step 7. 플롯트 스위치(Floatless level switch : 수위 조절 스위치)

01 플롯트 스위치의 이해

플롯트 스위치는 가정이나 공장 등의 물탱크에 전극봉을 심어 수위를 조절하는 장치이다.

01 원리

이 스위치의 원리는 FLS가 내장된 분전함이 설치되고, 물탱크의 상부에 전극봉을 꽂은 다음 물의 수위에 따라 모터를 작동시키는 것이다. 접점을 어떻게 사용하느냐에 따라 급수(물을 끌어들임)와 배수(물을 내보냄)를 자유롭게 할 수 있다. 여기서는 전극봉의 올바른 동작 유 · 무를 판단하는 방법에 대해서 살펴보기로 한다.

(1) 전극봉은 그림처럼 길이가 서로 다른 3개의 봉이 단자대와 연결된 채 달려 있으며, 짧은 순서부터 E1, E2, E3라고 부른다.

(2) 전극봉의 단자대에서 3P 케이블이나 전선의 한쪽을 물리고, 다른 쪽은 판넬에 있는 플롯트 스위치에 물려주면 된다.

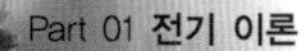

02 동작

(1) 급수

① E3는 반드시 접지를 해주어야 한다.

② 물탱크의 물이 E1과 E2를 오갈 때 모터가 작동과 정지를 반복한다.
즉, 물이 차기 시작해서 E1의 지점까지 수위가 올라오게 되면 E1의 전극봉이 감지해 모터가 정지하게 된다.

③ 반대로 물을 계속 사용해서 수위가 점점 내려오면 E2의 전극봉이 감지해 모터가 작동하여 물을 공급하게 된다.

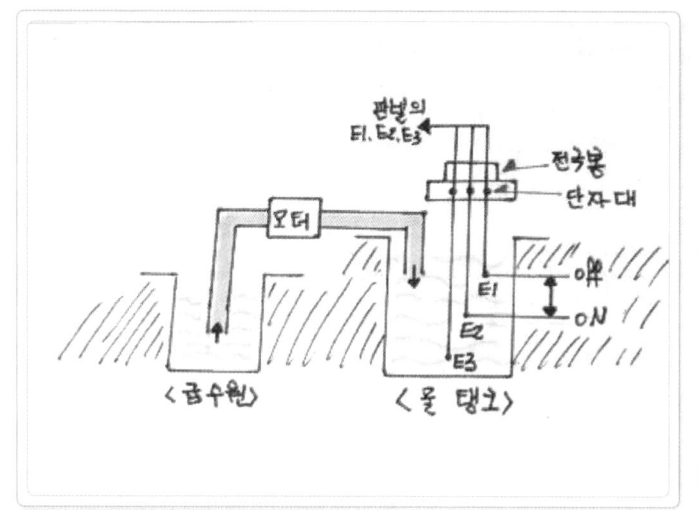

급수 장치 이해도
E1이 최고 수위를 감지하고 E2가 최저 수위를 감지한다.

(2) 배수

① E3는 반드시 접지를 해주어야 한다.

② 물탱크의 물이 E1과 E2를 오갈 때 모터가 ON과 OFF를 반복하게 된다.
즉, 물의 수위가 점점 높아져서 E1의 전극봉이 감지하면 모터가 작동하여 물을 빼내기 시작하는 것이다.

③ 물이 빠져 수위가 낮아지게 되면 E2가 감지하면서 모터가 정지하게 된다.

④ E2의 위치를 펌프 높이보다 높게 설치해야 모터가 공회전을 하지 않으므로 E2의 전극봉이 펌프보다 높아야 한다.

배수 장치 이해도

E2의 위치가 펌프 높이보다 높게 설치되어야 한다.

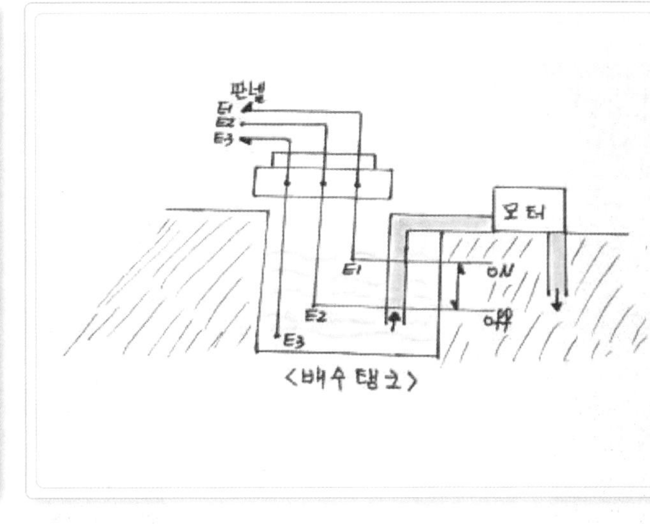

03 인위적인 테스트에 의한 E1, E2, E3 구별법

만약 어떤 게 E1, E2, E3의 전선인지 색상을 알 수가 없을 때 테스트에 의한 구별법을 알아보기로 하겠다.

(1) 급수

3가닥을 모두 연결한다(모터 정지됨). → 3가닥 중 임의의 1가닥을 풀었을 때도 모터가 정지해 있다면 그 1가닥이 E1이다. → E1이 밝혀진 상태에서 3가닥을 모두 풀면 모터가 동작한다. → 나머지 2가닥을 차례로 E1과 접촉시켜서 모터가 정지하는 것이 E3이다.

(2) 배수

3가닥 모두 연결한다(모터가 동작되면서 탱크의 물을 배출시킴). → 임의의 1가닥을 떼어내도 계속 작동하면 그것이 E1이다. → E1이 밝혀진 상태에서 3가닥을 모두 풀면 모터가 정지한다. → 나머지 2가닥을 차례로 E1과 접촉시켜서 모터가 작동하는 게 E3이다.

04 플롯트 스위치 및 전극봉

플롯트 스위치 구성품

· 왼쪽 : 전극봉 단자대
· 오른쪽 : 플롯트 스위치

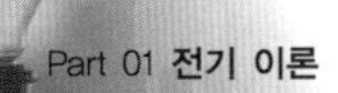

아래 사진은 스위치 회로도를 확대한 것이다.

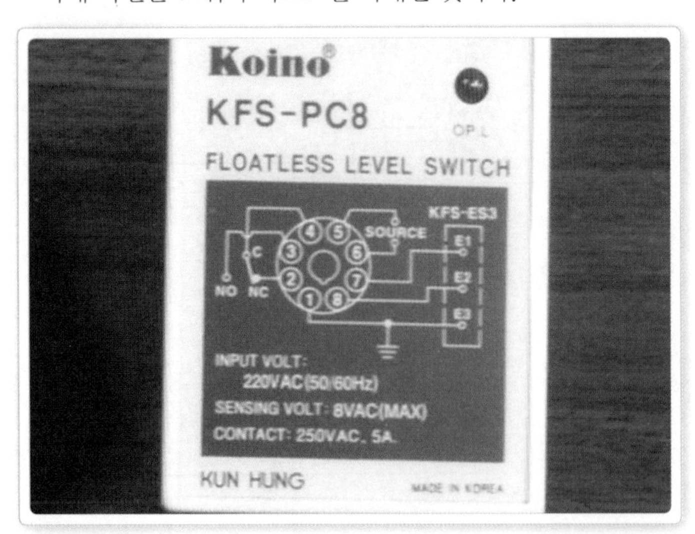

플롯트 스위치 접점 구성도

- 전원(source) : 베이스의 5, 6번이다.
- 접점 구성 : 4번 공통(C)에, 2번 b접점(NC), 3번 a접점(NO)이다.
- 전극봉 : 물탱크에 꽂혀 있는 3개의 전극봉을 보면 E1(7번), E2(8번), E3(1번)이다.

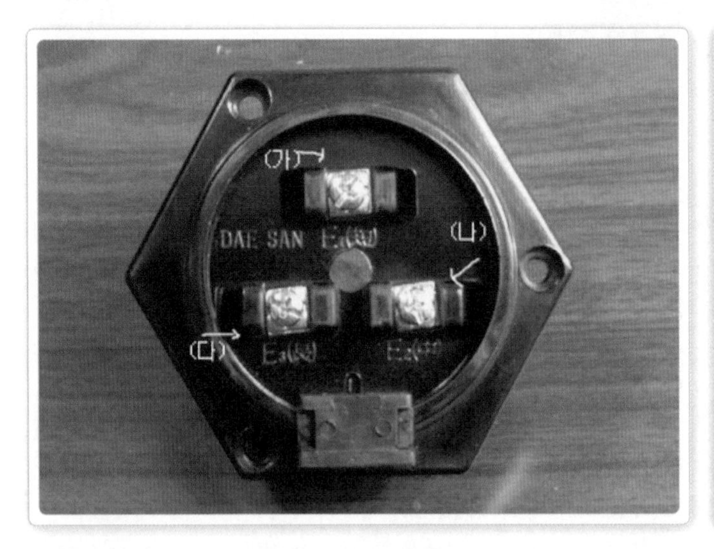

단자대 모습

전극봉 단자대에 판넬의 플롯트 스위치에서 온 3가닥을 물리면, 반대편에 꽂혀 있는 전극봉으로 연결된다.

- (가) : E1
- (나) : E2
- (다) : E3

전극봉 연결 부위

전극봉을 꽂는 부위이다.

전극봉을 조이는 비스 구멍

전극봉을 꽂고 나사를 조이면 된다.

전극봉

사진처럼 봉 길이가 달라야 물의 수위를 감지할 수 있다. 가장 짧은 게 E1이다.

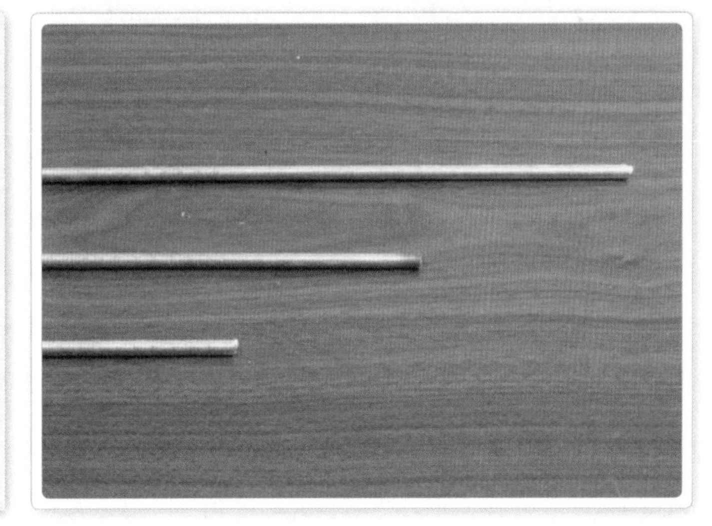

조립된 모습

전극봉을 꽂아 완성한 모습이다.

02 급수 회로도와 결선

01 급수 회로도

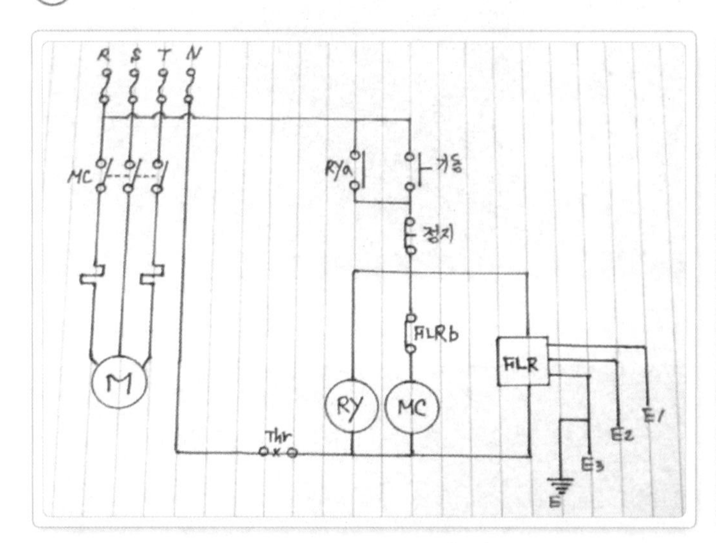

플롯트 스위치를 이용한 급수 회로도

회로도에서 급수(b접점)와 배수(a접점)의 차이점은 플롯트(FLR)의 접점 차이뿐이다.

급수 회로도에서 동작을 다시 한번 보면

(1) 기동 스위치를 누르면 릴레이(RY)에 의해 자기유지되면서 마그네트가 동작한다.

(2) 모터가 작동하면서 물탱크 안으로 물이 공급되기 시작한다.

(3) 물탱크에 물이 차올라 가장 높은 수위의 E1 전극봉을 건드리면 플롯트가 동작하여 b접점이 끊어지게 된다.
따라서 마그네트 동작이 중지되며 모터가 중지된다.

(4) 물을 계속 사용하면 수위가 낮아지게 되는데 그러다 E2의 전극봉을 건드리면 플롯트가 끊기면서 b접점도 원상복귀된다.
그리고 다시 마그네트가 동작하고, 모터가 작동하며 물이 공급되기 시작한다.

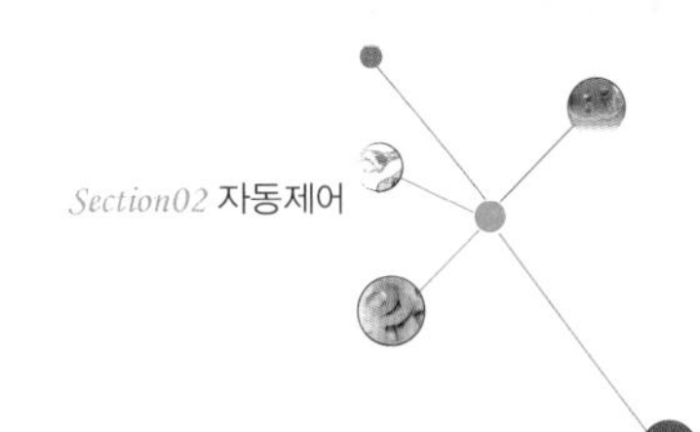

02 급수 결선

급수 결선 모습

(가)의 녹색선이 마그네트의 코일과 직렬 연결된 b접점이다.

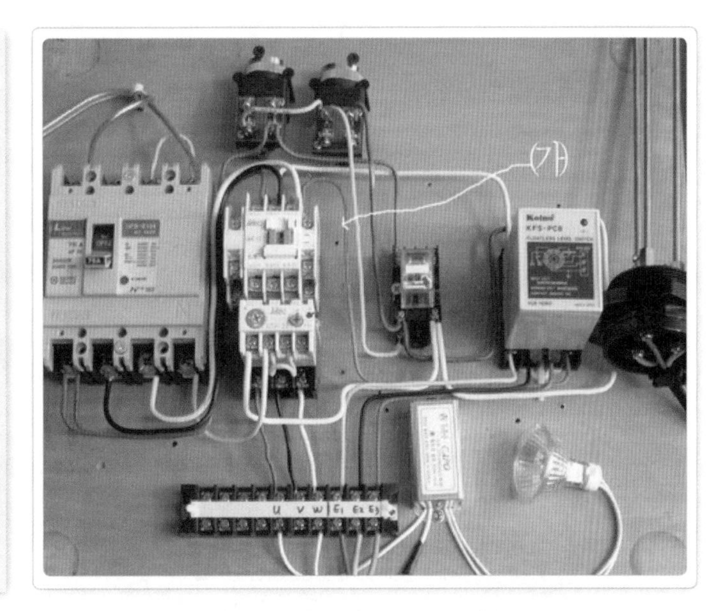

전극봉 단자에 물려진 E1, E2, E3

- 단자대의 왼쪽 U, V, W는 모터로 가는 전원이다.
- 오른쪽 E1, E2, E3는 물탱크에 연결된 전극봉으로 가는 선으로, 오른쪽의 전극봉 단자대에 연결된 선이다.

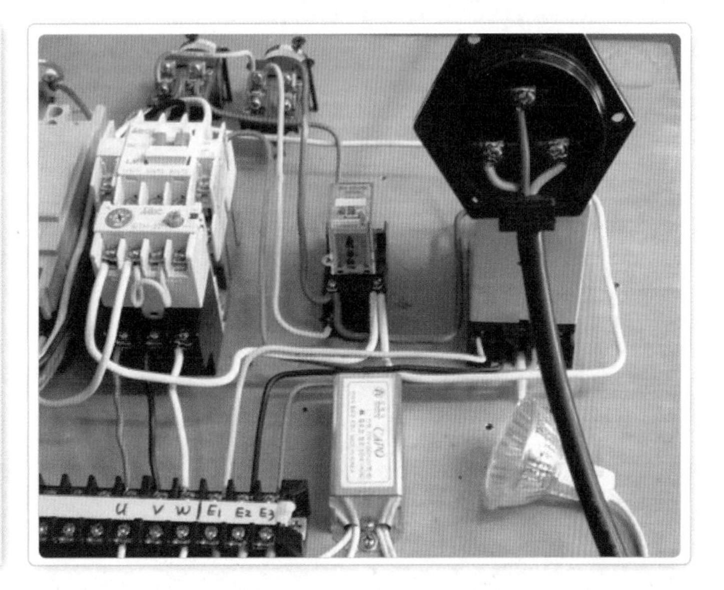

알아두면 편해요

수위를 조절하는 기기는 생산회사마다 시중에 다양하게 나와 있습니다. 여기서는 그 중 하나를 선택해 설명한 것이며, 제품마다 사양이 조금씩 다르기도 합니다.
하지만 기본적으로 회로도만 이해할 줄 알면 모두 다룰 수 있습니다. 명칭 또한 수위 조절 스위치(Floatless level switch), 후로트 스위치(Floatless switch)로 나뉘지만, 현장에서 흔히 사용되는 용어로 기술하였습니다.

03 배수 회로도와 결선

01 배수 회로도

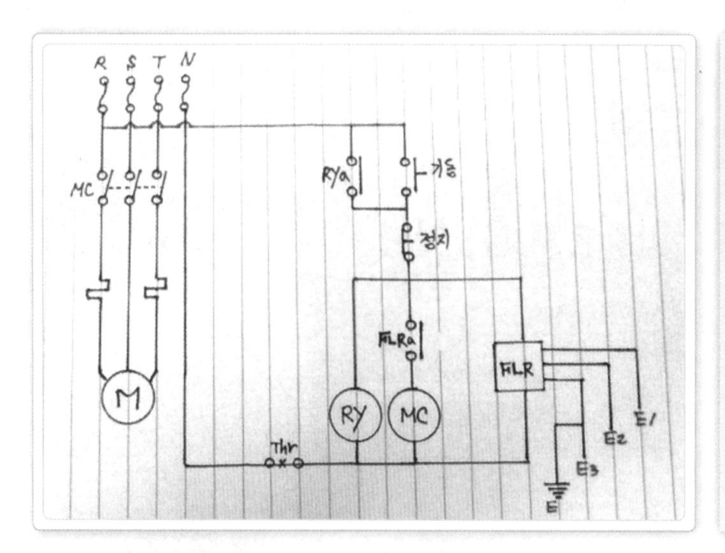

플롯트 스위치를 이용한 배수 회로도

배수도 동작은 급수 동작과 마찬가지이다. 다만, 플롯트의 a접점이 사용된다는 부분만 다르다. 그리고 배수 동작은 급수와 반대로 생각하면 된다.

02 배수 결선

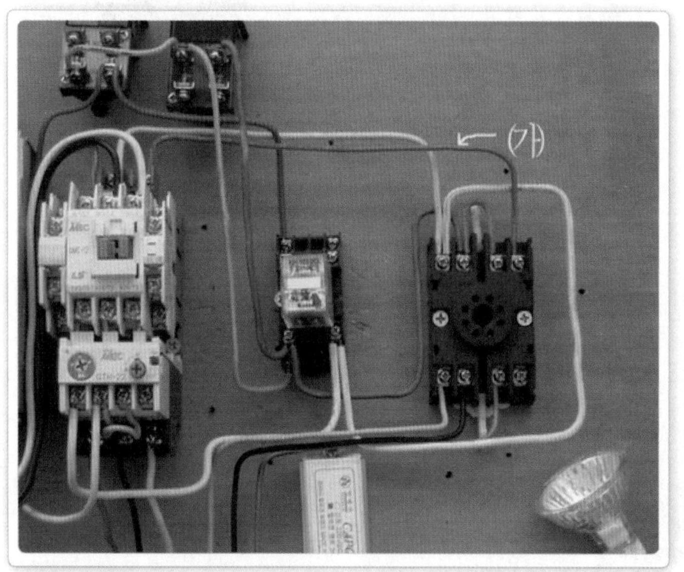

배수 결선 모습 I

(가)의 녹색선이 마그네트의 코일과 직렬 연결된 a접점이다.

배수 결선 모습 Ⅱ

플롯트 스위치를 베이스에 꽂은 모습으로 다양한 모델이 있다.

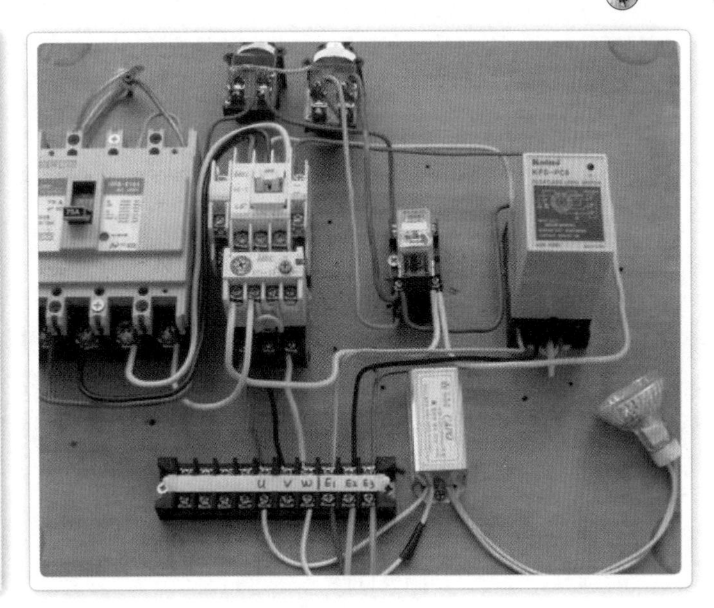

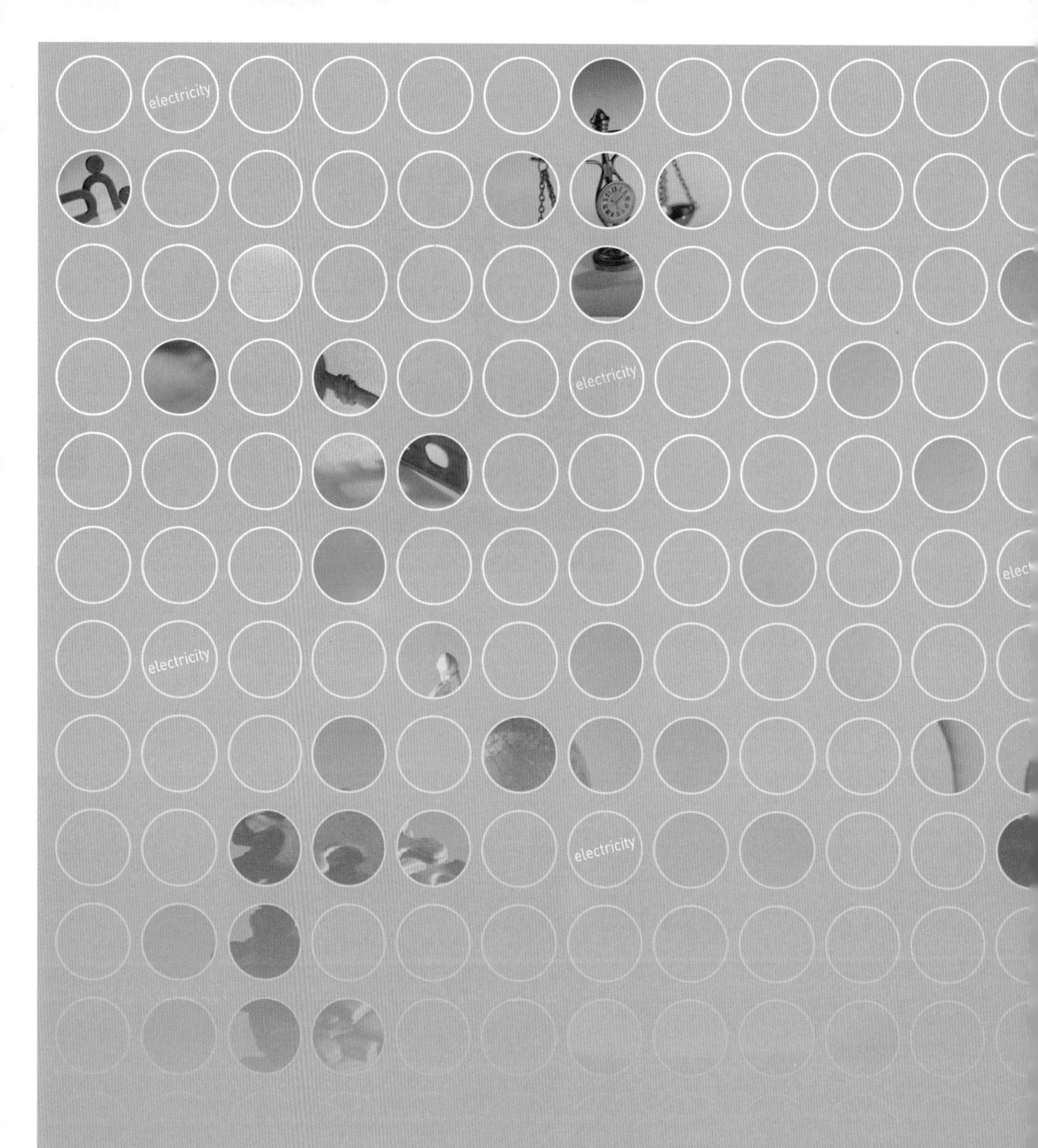
electricity
electricity
electricity
electricity
electricity

Part 02

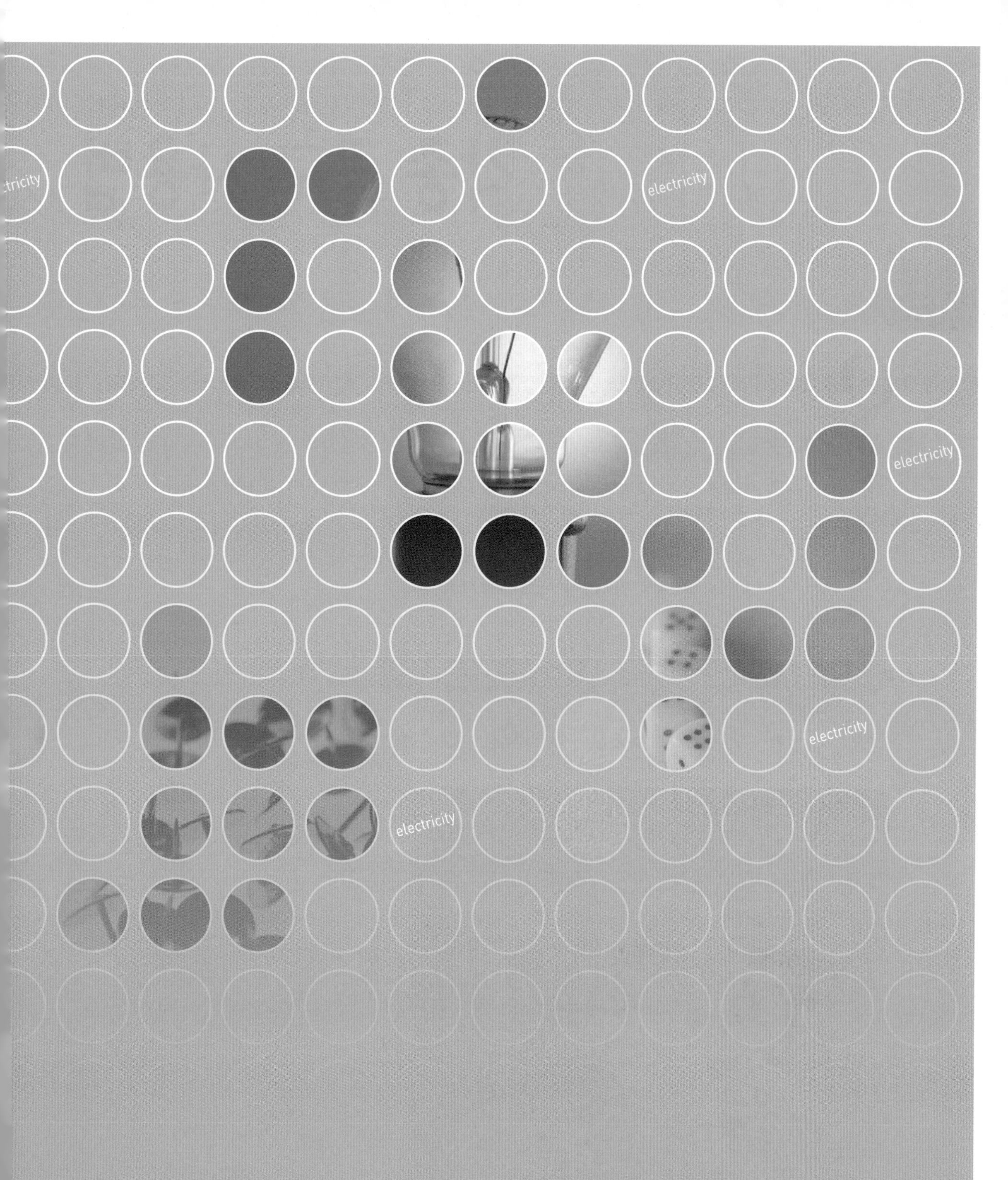

electricity
electricity
electricity
electricity
electricity

전기 실무 »

01 SECTION 각종 공구 사용법

Q 직장에 출근했는데 마음이 무겁습니다. 공구의 이름이나 사용법을 전혀 모르기 때문에 상사가 무슨 일을 시킬까봐 항상 긴장한 상태로 있게 됩니다.

A 흔히들 공구 이름과 사용법만 알아도 직장 생활의 반은 접고 들어간다고 합니다. 현장에서 실무를 다루고 있는 분들에게는 그만큼 공구나 측정계기의 사용법이 중요하다는 뜻입니다.
이 장에서는 샤구, 펜치, 드라이버(+자, -자), 가위, 길, 쥐꼬리톱, 줄자, 첼라, 겐식기, 입칙기, 테스터기, 요비선, 사다리, 우마, 충전 드릴, 일반 드릴, 앙카 드릴, 함마 드릴, 핸드 그라인더, 고속 절단기(스피드 커터), 미싱, 밴더 등의 사용법에 대해 알아보도록 하겠습니다.

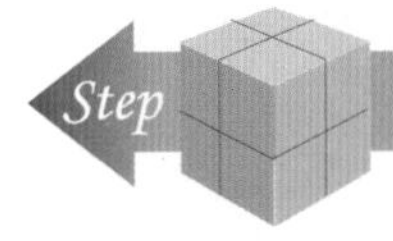

Step 1. 샤쿠

샤쿠는 그림처럼 벨트를 이용해 허리에 찬 뒤 개인 공구를 꽂아 사용하기 편리하게 하기 위한 것이다.

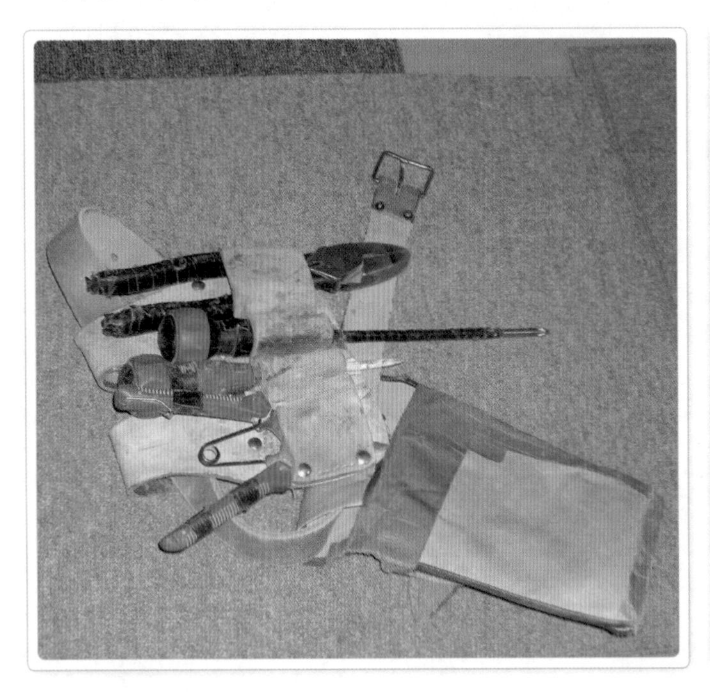

개인구 공구 세트

샤쿠에 현장에서 사용하는 공구들을 꽂은 모습이다.

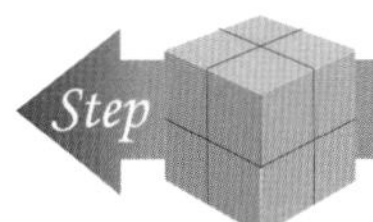

2. 가위

CD관을 자르거나 전선의 피복을 벗길 때, 또는 천장 구조물(엠바)을 자르기도 하는 등 전기공사를 함에 있어서 아주 요긴하게 쓰이는 공구이다.

엠바(M-Bar)란 석고로 천장을 마감할 때 석고를 고정시키기 위한 일종의 뼈대라고 할 수가 있는데 등기구를 달기 위해 구멍을 뚫었는데 공교롭게도 엠바가 걸려 등기구를 취부할 수 없을 경우에 가위로 잘라낸다. 먼저 가위의 한쪽 끝을 엠바의 가운데, 그리고 다른 쪽 끝을 엠바의 옆에 대고 누르면 가운데 구멍이 뚫리면서 자를 수 있게 된다.

가위

가위는 전기공사에서 중요한 도구 중의 하나이다.

캐링과 엠바

석고를 치기 직전에 캐링과 엠바가 걸린 모습이다.

등구멍 타공 때 캐링이 걸린 모습

엠바와는 달리 캐링을 잘못 자르면 천장이 주저앉아 수평이 맞지 않게 될 수도 있다. 자르지 않고 옆으로 밀어내는 게 좋고, 부득이하게 자른다면 반드시 보강을 해 주어야 한다.

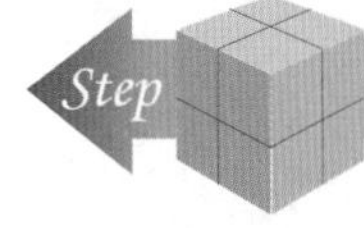

3. 줄자

손이 닿지 않는 천장 같은 곳을 잴 때는 그림처럼 줄자를 길게 뽑아 잴 수가 있다.

줄자 사용법

손이 닿지 않는 곳에서 줄자를 충분히 길게 뽑은 다음 양쪽을 구부려 길이를 재고 있다.

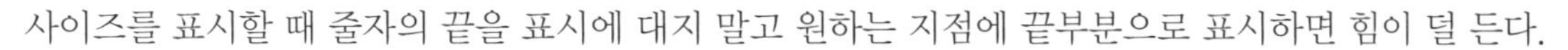

사이즈를 표시할 때 줄자의 끝을 표시에 대지 말고 원하는 지점에 끝부분으로 표시하면 힘이 덜 든다.

줄자로 위치 표시하기

몸체를 쥔 왼손을 기준점에 고정시키고 재고자 하는 지점인 오른쪽에 줄자의 머리를 눌러 자국을 낸다.

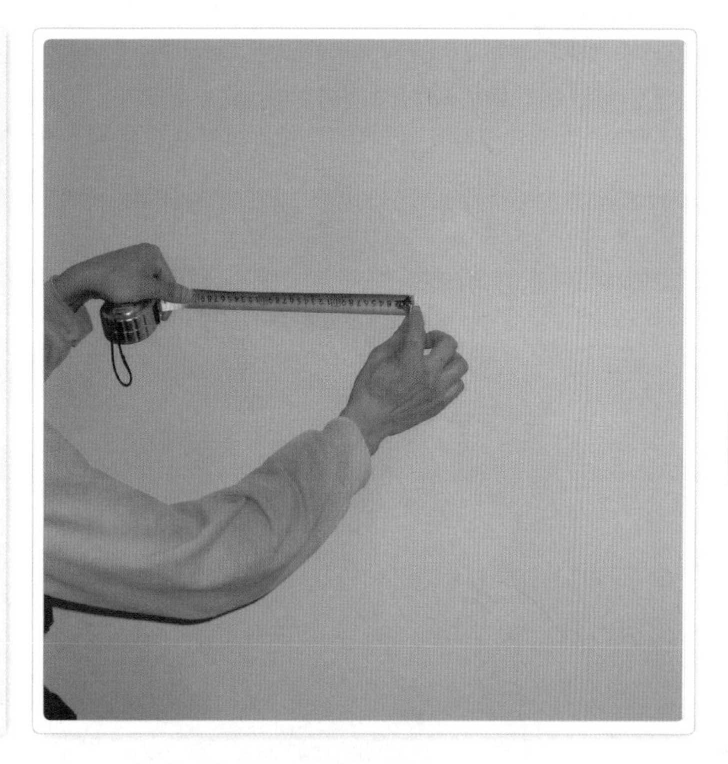

50m 줄자

마끼자라고도 하는 보통 50m짜리 줄자이다.

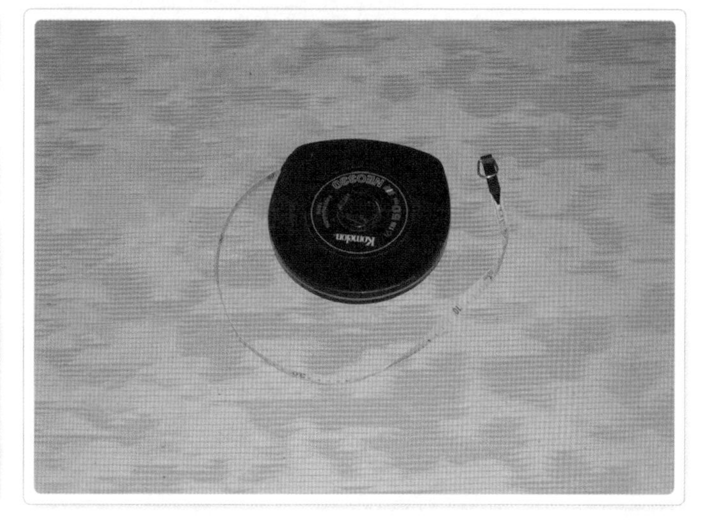

4. 쥐꼬리톱

현장에서 꼭 필요한 도구 중 하나이다. 실내 인테리어 공사의 천장과 벽은 대부분 석고로 마감하게 되는데 벽에 배선 기구나 천장에 등구멍을 타공하는 데 사용한다.

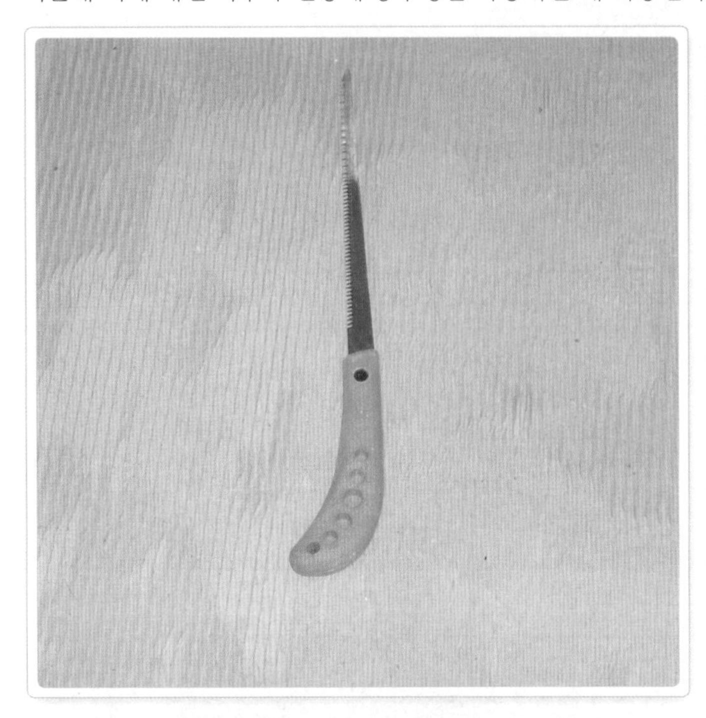

쥐꼬리톱

실제 사용하는 쥐꼬리톱의 모양이다.
작업을 하다보면 날카로운 끝부분이 자주 부러지는데, 이때는 그라인더에 알맞게 갈아 다시 사용한다.

쥐꼬리톱 사용법

사이즈에 맞게 그림을 그린 후 톱날이 들어갈 수 있게 먼저 네 귀퉁이에 구멍을 뚫고 톱질을 하고 있다.

스위치 복스의 타공

스위치를 복스를 묻고 쥐꼬리톱으로 구멍을 타공한 모습이다.

5. 요비선(와이어)

고강도 철사로 된 것을 요비선이라 하고 특수 합성수지로 로프처럼 꼬아 만든 것을 와이어라고 한다. 입선(파이프 속에 전선을 집어넣는 것)할 때 사용된다.

와이어

합성수지로 만든 와이어의 모습이다.

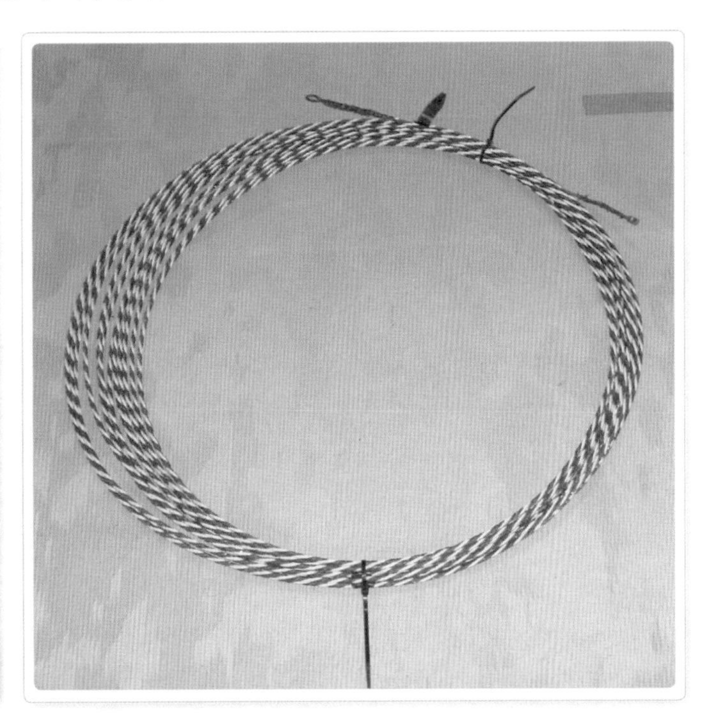

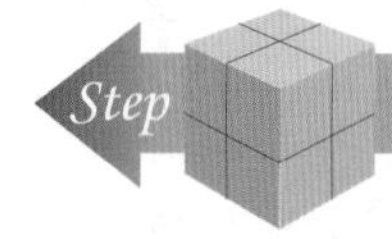

Step 6. 사다리

사다리를 모르는 사람은 아무도 없을 것이나 사다리를 바르게 사용할 줄 아는 사람은 많지 않다. 공사 현장, 특히 전기공사를 하는 도중에 사다리로 인한 사고가 빈번히 일어나고 있다. 왜 그런 것인지 살펴보자.

다음은 우리가 흔히 사용하는 A자 형태의 사다리이다.

A자형 사다리

A자 모양의 꼭짓점에 있는 검은색 원형의 레버가 사다리를 펴거나 접을 때 이용되고, 바로 밑에 있는 레버로는 사다리를 올리거나 내릴 때 사용한다.

사나리가 벌어지는 것을 방지하기 위해 녹색의 전선으로 묶은 모습이 보인다.

01 사다리 사용법

(1) 사다리를 올리거나 내리기 위해 아래 사진처럼 양 옆에 있는 4개의 레버를 당긴 다음, 속에 있는 사다리를 원하는 위치에 맞춘 후 레버를 다시 고정한다. 이때 손가락이 내부와 외부 사다리 사이에 끼이면 자칫 손가락이 부러지는 큰 사고를 당할 수가 있으므로 조심해야 한다.

(2) 작업이 끝나고 펼쳐진 사다리를 접기 위해서 양 옆의 버튼을 눌러 주면 되는데, 이때 자칫 바닥이 미끄러울 경우 가랑이가 찢어지듯 사다리가 벌어지면서 추락할 위험이 있다.

02 사다리 사용시 주의사항

(1) 사다리에서 내려올 때는 앞으로 내려오지 않는다. 만약 사다리를 등진 채 앞으로 내려올 경우 샤쿠에 찬 공구나 작업복 등이 사다리에 걸려 앞으로 고꾸라질 위험이 있기 때문이다.

(2) 사다리 위에서 작업할 때 무게 중심이 사다리와 직선 방향으로 움직여야 안전하고, 무게 중심이 옆으로 움직일 경우에는 사다리가 쓰러지기 쉽다.

레버 모습

사다리를 펼 때 사용하는 검은색 레버와 올리거나 내릴 때 사용하는 앞뒤 4개의 레버가 있다.

잘못된 사용법

사다리를 등진 채 작업하는 모습이 불안해 보인다.

(3) 사다리의 최상단은 올라가지 않는 것을 원칙으로 한다. 왜냐하면 무게 중심이 가장 높은 곳에 있으면 조그만 충격에도 쉽게 쓰러지기 때문이다. 부득이하게 작업을 한다면 항상 머릿속에 현재의 위험요소를 기억하고 있어야 한다.

최상단으로 올라가는 모습
비좁은 공간에서 지나가는 다른 작업자에 의해 쓰러지는 경우가 종종 발생한다.

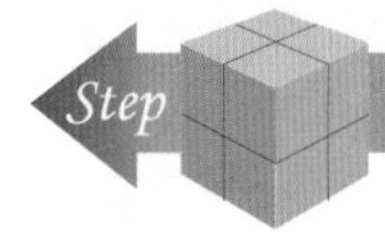

7. 우마

대형 공사장에서 수백 개의 등기구를 달아야 하는 등 천장 작업이 많을 경우 일일이 사다리를 옮겨 다니기가 불편할 때 우마를 사용하면 좀 더 효과적이다.

01 설치법

(1) 먼저 축이 되는 2개의 틀을 한 사람이 잡고, 다른 사람은 『×』 자 모양의 반도를 각각의 틀에 연결한 다음 풀리지 않도록 전선으로 묶어준다. 맨 위에 발판을 올려놓고 네 귀퉁이에 바퀴를 끼우면 작업대가 된다. 바퀴 역시 이동 중 빠질 염려가 없도록 전선으로 묶어준다.

(2) 우마는 작업 여건에 따라 1단부터 3단 정도까지 설치가 가능하다(물론 그 이상도 가능함).

02 주의사항

(1) 안전을 위해 반드시 난간대를 설치해야 하나 거의 지켜지지 않고 있으며, 그로 인해 종종 우마 위에서 추락하는 사고가 발생하기도 한다.

(2) 바퀴 옆에 레버가 있는데, 이것을 눌러주면 바퀴가 움직이지 않아서 안전하게 작업할 수가 있다.

우마가 설치된 모습

난간이 너무 허술하다.

우마용 바퀴

나중에 구멍에 감아 놓은 전선으로 몸체와 묶어준다.

Step 8. 충전 드릴

전기가 아닌 충전된 배터리를 이용해 사용하는 드릴로 형광등이나, 배선 기구 같은 것을 취부할 때 사용한다. 몸체에 부착된 버튼을 이용해 방향을 조절할 수도 있다. 앞부분의 클립으로는 속도를 조절한다.

충전 드릴

휴대가 편리하도록 UTP케이블로 고리를 만들었다.

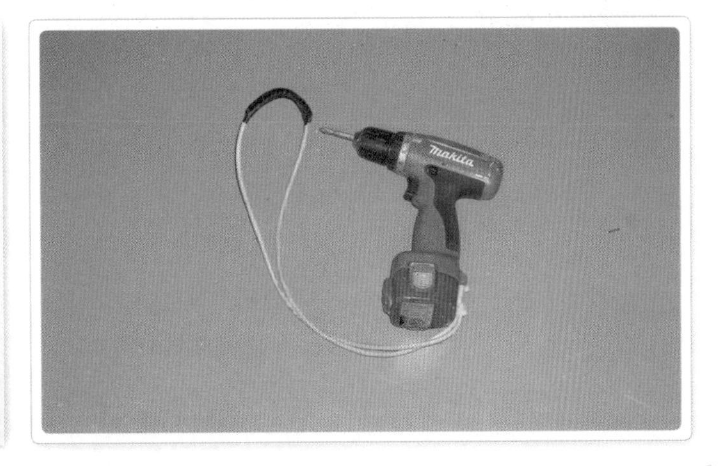

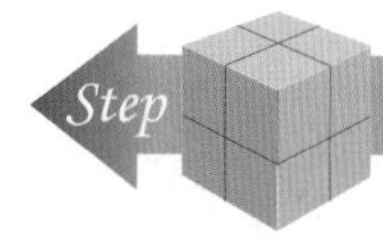

Step 9. 케이블 커터기

01 커터기의 종류

전기와 유압으로 작동하는 자동과 반자동 및 수동이 있다.

(1) 전기를 이용한 유압식 커터기

전기와 유압을 이용한 자동 커터기이다. 플러그를 꽂고 스위치로 작동시키면 되고, 본체의 붉은색 통안에 기름을 넣는다.

유압식 커터기

전기와 유압을 이용하여 작동한다.

(2) 반자동 커터기

케이블을 넣고 톱니바퀴 같은 상단의 날을 반시계 방향으로 돌려 케이블에 접촉시킨 다음 손잡이를 눌러주면 톱니바퀴가 조여들면서 케이블이 잘리게 된다.

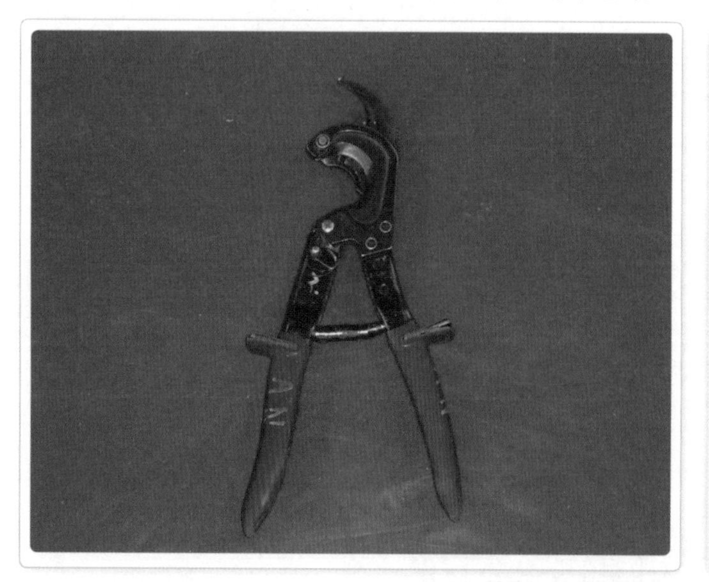

반자동 커터기

굵은 케이블 등을 적은 힘으로 쉽게 자를 수 있어 현장에서는 꼭 필요한 공구이다.

(3) 수동 커터기

소형 수동 커터기

케이블 자르기보다는 철사 같은 금속성의 밴딩을 자르는 데 많이 사용한다.

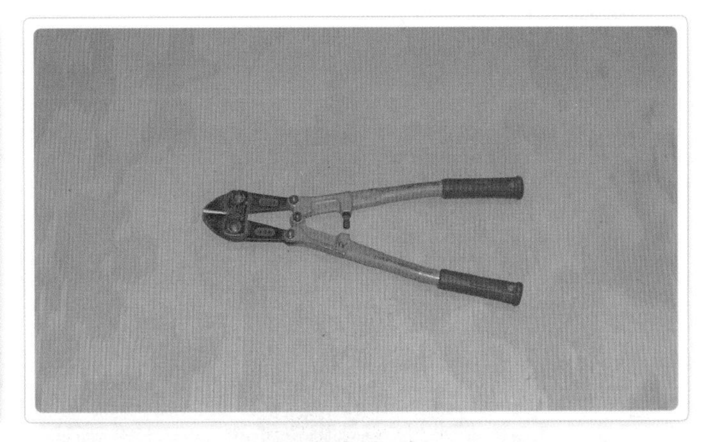

대형 수동 커터기

반자동과 거의 같은 사이즈의 케이블을 자를 수 있으나 너무 굵은 케이블을 무리하게 자르다가 날이 부러지는 경우도 있다.

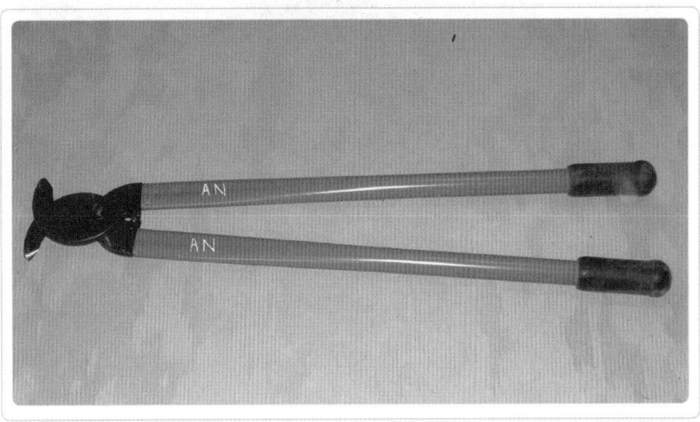

02 커터기의 사용 방법

(1) 풀림 장치

케이블을 잘못 잘라 조였던 부분을 다시 풀어야 할 경우가 있다. 이때는 아래 사진에서 보이는 왼쪽 상단에 OPEN이라는 글자와 화살표가 표시된 쪽의 레버를 밑으로 눌러주면 톱니가 풀리면서 뒤로 후퇴시킬 수 있다.

풀림 장치

왼쪽에 OPEN이 표시된 레버가 보인다.

(2) 잠금 장치

풀림 장치의 반대편에 있다. 왼쪽의 손잡이 중앙 부위에 달려 있는 작은 레버를 오른쪽으로 제쳐 주면 움직이지 않게 된다.

잠금 장치

왼쪽 손잡이의 튀어나온 부분이 보인다.

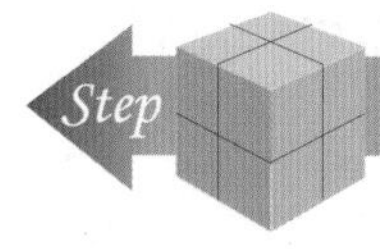

10. 압착기

01 압착기 용도

압착기는 터미널을 전선에 물릴 때 사용한다.

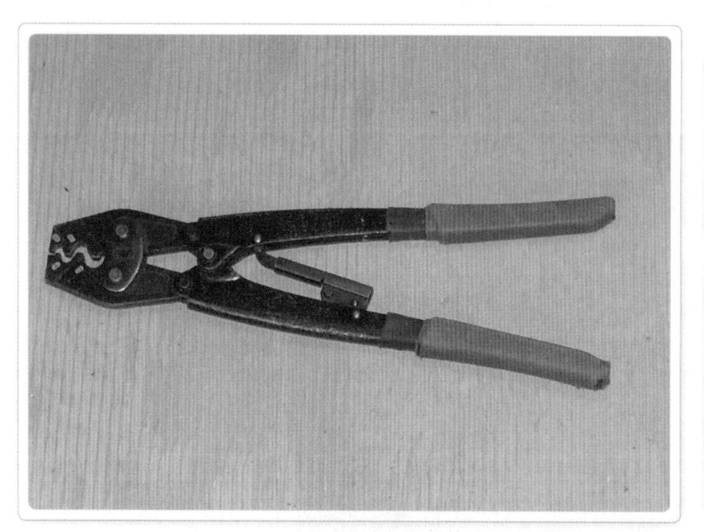

소형 압착기

1.5~6sq까지 가능한 것도 있고 6~25sq까지 사용할 수 있는 제품도 있다.

반자동과 수동 압착기

위로부터 유압을 이용한 반자동(Y35)과 수동의 대형 압착기이다.

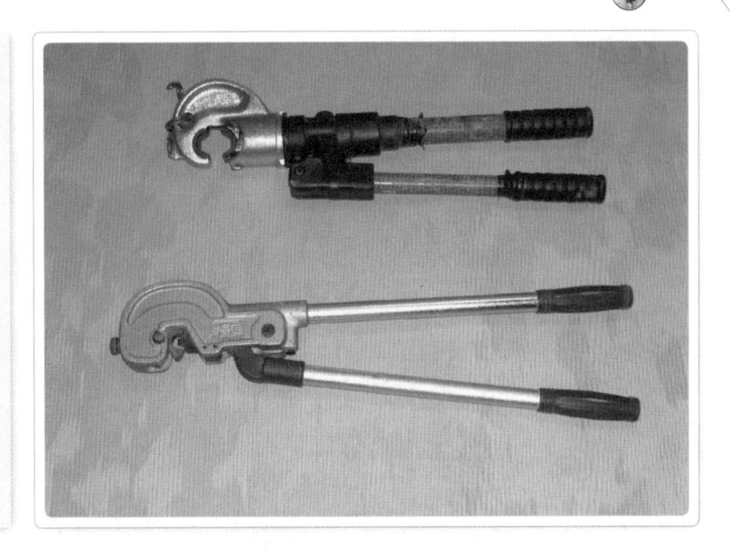

02 Y35 압착기 사용법

터미널의 크기에 맞는 아래의 고마 2개를 압착기에 끼워 사용한다. 손잡이를 누르면 고마가 좁혀지면서 터미널을 물리게 되는데, 만약 후퇴시키고 싶을 때에는 손잡이를 오른쪽으로 돌리고 누르면 압력이 풀리면서 고마가 벌어지게 된다.

Y35 압착기

왼쪽 하단에 있는 2개의 고마를 압착기에 끼운다.

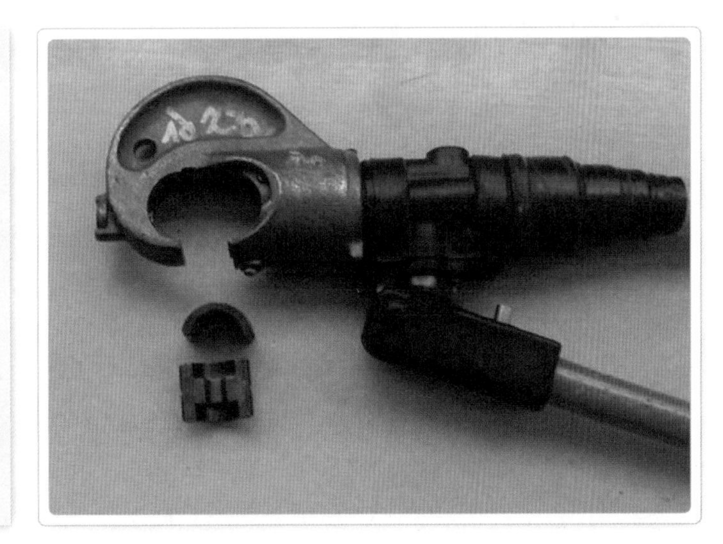

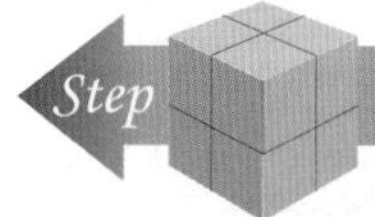

11. 겐삭기

볼트 · 너트를 조립할 때 사용한다(케이블 트레이를 걸 때 사용).

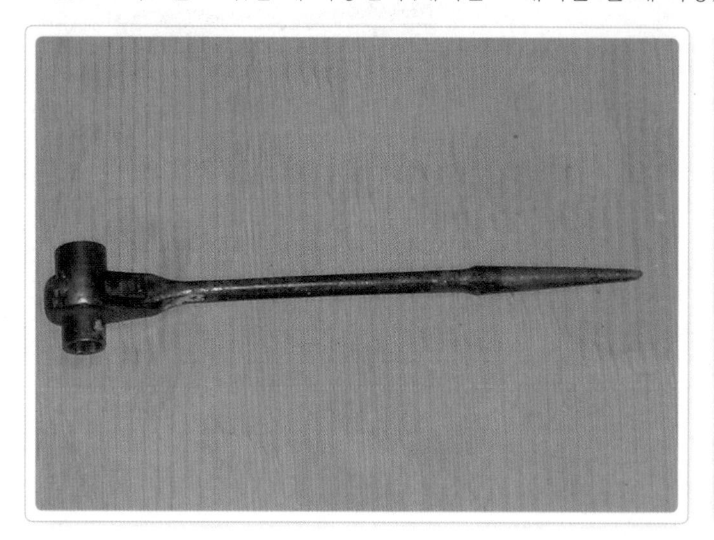

겐삭기

가장 많이 사용되는 14mm와 17mm겸용 겐삭기이다.

12. 첼라

스틸 배관 공사 때 아주 다양한 용도로 사용된다. 파이프를 복스에 넣고 로크 너트로 잠근 후 움직이지 않도록 단단하게 조일 때 사용하고, 파이프를 철거할 때도 사용한다.

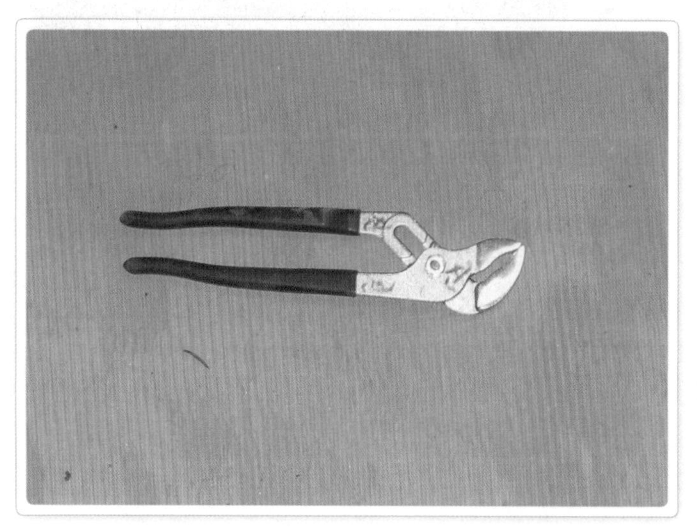

첼라

손잡이를 벌린 상태에서 상단의 빈 구멍으로 이동할수록 집게 부위가 넓어진다.

첼라로 로크 너트를 조이는 모습

로크 너트를 단단히 조여 주어야 복스가 움직이지 않게 된다.

첼라로 파이프를 푸는 모습

파이프의 굵기에 맞춰 첼라의 물려주는 부위를 조절하여 잡아주어야 한다.

Step 13. 테스터기

전압, 전류, 저항 등을 측정하는 계기로서, 사용법에 대해 간단하게 살펴보고자 한다.

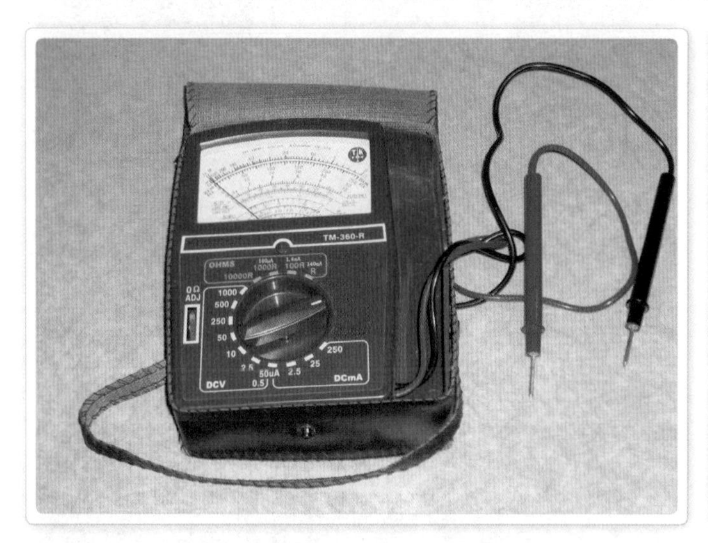

일반 테스터기 Ⅰ
가운데 녹색 부분이 저항, 오른쪽 적색 부분이 전압을 측정하는 부위이다.

01 교류전압(ACV) 체크

조절 레버를 ACV라고 표시된 부위에 놓는다. → 점검 홀더 2개를 테스터기에 꽂는다. → 반대 부위를 측정하고자 하는 두 지점에 대면 계기판의 바늘이 움직이며 현재의 전압을 알려준다. 만약 바늘이 움직이지 않으면 전기가 죽은 것을 의미한다.

02 전류, 저항 체크

전압과 마찬가지로 조절 레버를 움직여 위와 같은 방법으로 측정한다.

예 약물로 작업선의 전선이 끊어졌는지 여부 체크 : 조절 레버를 저항에 놓고 바늘이 움직이면 전선이 끊어지지 않은 것이고, 반대의 경우이면 단선인 것이다.

※ 두 개의 테스터용 홀더를 꽂을 때 직류(전압, 전류)는 +, - 구분을 해주어야 하고, 교류(전압, 전류)는 상관없다.

03 테스터기 사용 전원

테스터기나 메가 테스터기 등은 모두 건전지를 이용한다. 따라서 정기적으로 건전지의 소모량을 체크해야 한다. 또한 사용하지 않을 때는 꼭 조절 레버를 ACV 위치에 두어야 모르고 전압을 체크하다 고장내는 일을 예방할 수가 있다.

04 테스터기 눈금보는 법

요즘에는 디지털이 주종을 이루고 있으나 그래도 현장에서는 아날로그가 더 유용할 때가 많다. 설사 아날로그를 사용하지 않는다해도 사용법은 익혀두어야 한다.

일반 테스터기 Ⅱ

일반 테스터기이다. 위에 여러 가지 눈금이 있고 밑에 변환 레버가 있다.

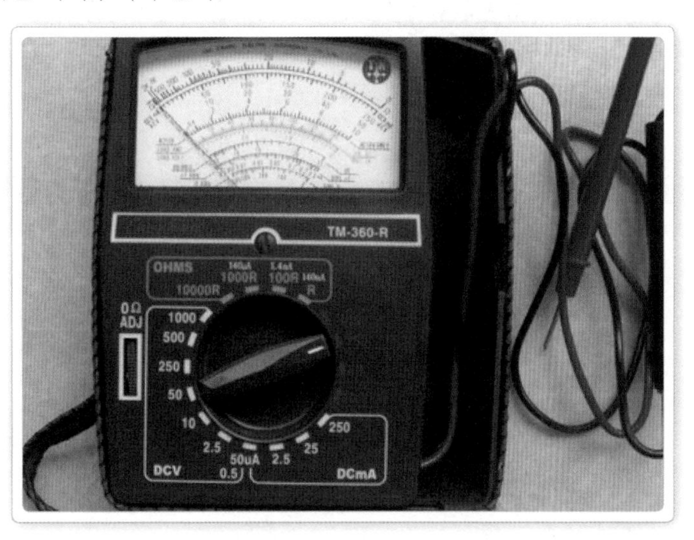

(1) 교류전압(ACV)

현재 변환 레버가 지시하고 있는 부분이 교류전압이다. 숫자가 10부터 1,000V까지 있다.

만약 우리의 가정집 220V를 측정하고 싶다면 레버의 지시가 250V를 향하게 놓고 오른쪽에 나와 있는 두 선을 콘센트에 찍어보면 된다.

(2) 직류전압(DCV)

사진에서 왼쪽 하단으로 보이는 것이다. 직류전압을 측정할 때에는 역시 측정하고자 하는 전압보다 한 단계 높은 숫자에 레버를 맞추고 측정하면 된다.

(3) 마찬가지로 테스터기에 저항과 직류전류도 보인다.

(4) 영점 조정

① 왼쪽 9시 방향으로 원형 레버가 안에 들어 있는 백색의 사각형 테두리가 보이는데 이것이 영(0)점 조절이다. 테스터기로 직류전류나 저항을 측정하려고 할 때 이들의 측정단위가 아주 작을 경우도 있기 때문에 오차가 나올 수 있다. 바로 이 오차를 최소화하기 위해 영점을 조정하는 것이다.

② **영점 조절법**

테스터기를 자연스런 상태로 바닥에 놓고 바늘의 상태를 본다. 만약 바늘이 0에서 벗어나 2나 3쯤을 지시하고 있다면 그만큼 오차가 발생하므로 이때 조절 레버를 움직여 최대한 '0'에 근접하도록 한 뒤 측정한다.

테스터기 눈금판
저항은 1번 눈금선이고 교류전압은 3번 눈금선이다.

그럼 위의 사진으로 테스터기의 눈금판을 살펴 보도록 하자.
눈금선을 상단부터 1, 2, 3…의 순서대로 하겠다.

㉠ 저항(1번 눈금선) : 오른쪽 끝에 저항 표시(옴, Ω)가 되어 있다. 오른쪽이 0이고 왼쪽 끝이 무한대이다. 저항이 좋을수록 왼쪽의 무한대를 향한다. 반대로 절연이나 합선일수록 오른쪽으로 향한다.

㉡ 교류전압(ACV) : 3번의 적색 눈금선이다.
눈금선 위로 3가지(10V, 50V, 250V)의 숫자가 보이는데 변환 레버로 조절한 범위의 눈금선을 읽으면 된다.

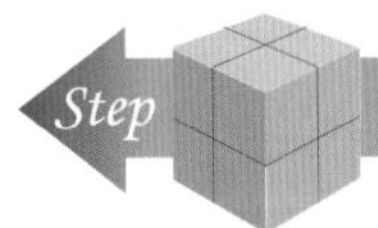

14. 메가 테스터기

01 용도

메가 테스터기는 접지저항을 측정하는 계기로, 주로 누전 체크에 많이 사용한다.

02 메가 테스터기의 측정

일반 테스터기의 경우 전자회로에 쓰이는 저항처럼 낮은 저항값을 측정하지만, 메가 테스터기는 기본이 백만 단위이므로 아주 높은 저항값을 측정한다.

(1) 그 이유는 아주 미세한 틈이 있는 경우 낮은 전압으로 측정하면 높은 저항값을 가리키지만 높은 전압으로 측정하면 미세한 틈에서 방전을 일으키면서 낮은 저항을 가리키기 때문에 이런 위험요소를 찾기 위해 높은 전압을 가해 저항을 측정하는 것이다.

(2) 보통 누전 차단기는 20~30mA 이상에서 동작한다.

03 측정 방법

(1) 차단기를 완전히 내린다. 콘센트의 한쪽 단자와 접지단자를 연결한 상태에서 측정하면 되는데, 접지가 없는 경우에는 냉장고의 전원 플러그를 빼고, 플러그의 한쪽 극과 냉장고의 케이스 간의 저항을 측정한다.

(2) 메가 테스터기 측정 시 선을 분리하는 이유

①차단기나 모터에 전선이 연결되어 있어서 이를 분리하지 않고 테스트하면 전체가 하나의 선으로 연결되기 때문이다.

②차단기에서는 한 가닥으로 측정을 하여도 그 선의 말단에는 전기기기 등의 부하가 걸려 있기 때문이다.

③모터도 내부 코일이 연결되어 돌아 나오기 때문이다.

메가 테스터기

레버를 배터리 체크 부분에 놓고 점검 홀더를 접촉시키면 남아 있는 용량에 따라 바늘의 움직임이 다르게 나타난다.

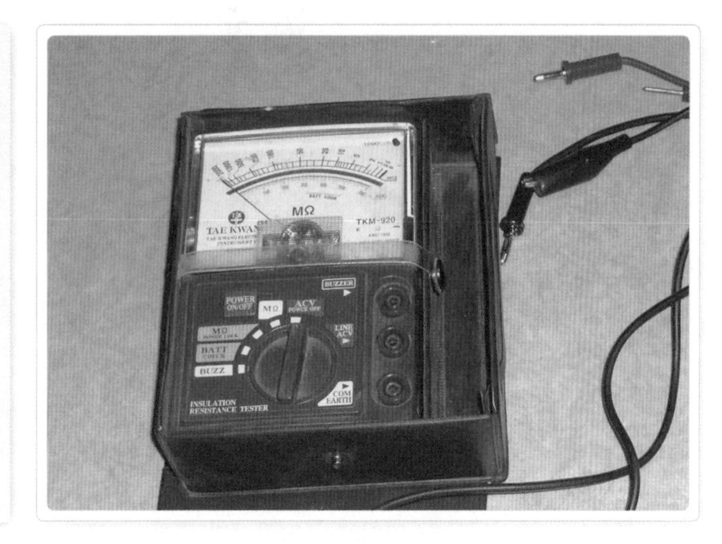

메가 테스터기 절연 체크

메가 테스터기로 할로겐 안정기의 절연을 체크하는 모습이다.

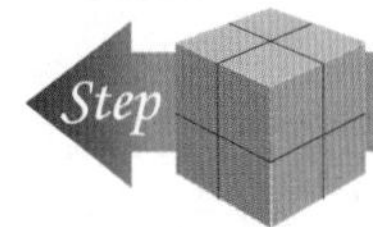

Step 15. 일반 드릴

길이나 홀소우를 끼워 풀복스나 기타 금속 제품에 구멍을 뚫을 때 사용한다.

일반 드릴
길이가 끼워진 국산 일반 드릴이다. 방아쇠 윗부분에 있는 레버로는 회전 방향을, 방아쇠 앞에 달려 있는 원형의 레버로는 속도 조절이 가능하다.

01 길이

일반용과 서스용이 있는데 굵기에 따라 여러 종류가 있다.
비교적 가느다란 구멍을 뚫을 때 사용한다.

02 홀소우

(1) 16mm, 22mm, 28mm 등 파이프를 고정시키 위한, 비교적 넓은 원형의 구멍을 뚫을 때 사용한다.

(2) 일반용은 드릴을 옆으로 살짝 눕혀 살살 돌려주어야 구멍이 잘 뚫어진다.
서스용은 되도록 움직이지 말고 반듯한 상태로 뚫어야 한다. 만약 옆으로 눕히게 되면 날이 쉽게 부러지면서 드릴이 돌아가 손목이 다칠 우려가 있다.

(3) 많은 구멍을 뚫을 때는 종이컵에 물을 받아 홀소우를 식혀가며 뚫는다.

(4) 이 밖에 다양한 크기의 홀소우가 있다.

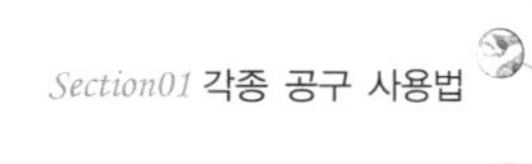

03 길이 가는 법

길이를 자주 쓰다보면 날이 부러지거나 마모되는 경우가 있는데, 이때에는 핸드 그라인더로 갈아주면 된다.

끝을 새로 간 모습

길이의 끝에 있는 2개의 날을 갈아주게 되는데, 회전 방향을 기준으로 반드시 날의 앞쪽보다 뒤쪽이 더 들어가게 갈아주어야 한다.

새로 깎인 단면

앞에서 뒤쪽으로 경사지게 갈아준다. 그렇지 않을 경우 드릴이 회전할 때 앞부분이 철판을 뚫고 들어가려 해도 경사가 큰 뒤쪽에 걸려 뚫을 수가 없다.

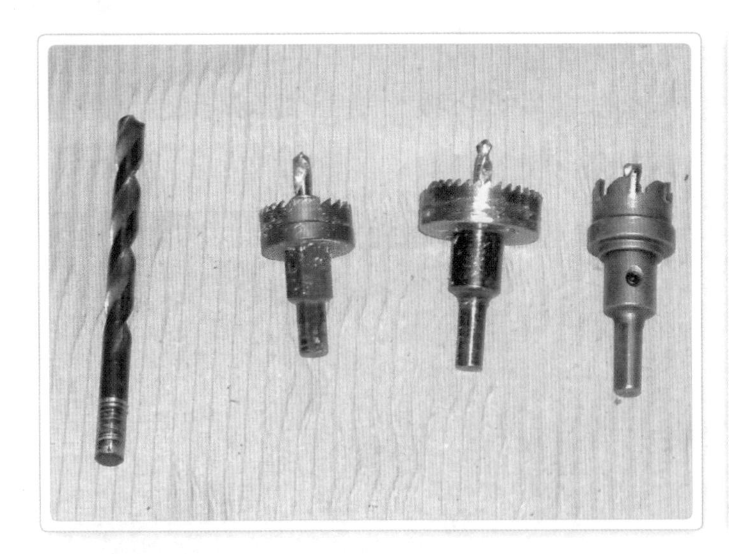

길이와 홀소우

왼쪽부터 일반 길이, 일반 홀소우 2개, 서스용 홀소우

Step 16. 앙카 드릴

벽에 칼브럭이나 앙카를 박을 때 사용하는 공구이다.

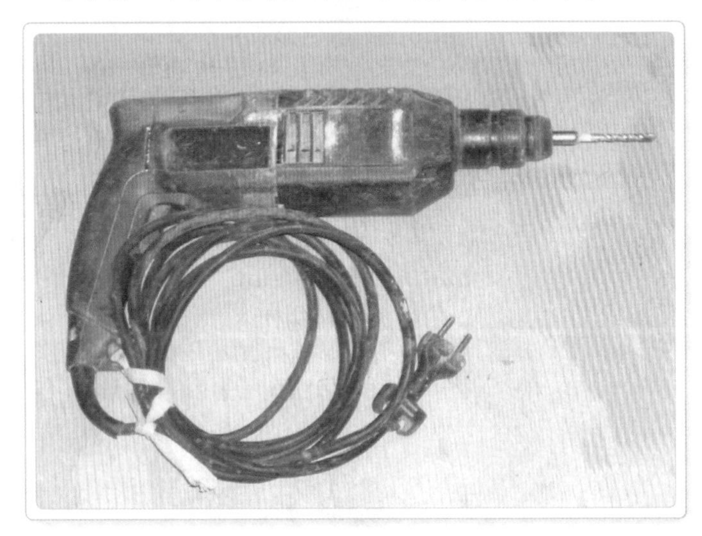

앙카 드릴

칼브럭 길이가 꽂혀 있는 앙카 드릴 모습이다.

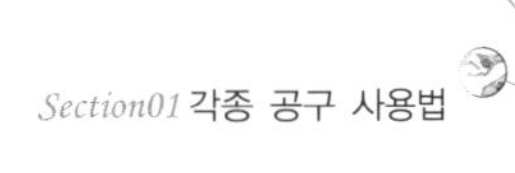

01 칼브럭

일반적으로 벽돌이나 콘크리트 등에는 나사를 박을 수가 없지만 칼브럭을 이용하면 문제를 해결할 수가 있다.

먼저 칼브럭 길이를 끼운 다음 벽에 구멍을 뚫고 칼브럭을 박은 후 나사를 박는다.

칼브럭

붉은색과 흰색이 있다.

칼브럭의 사용

칼브럭 2개를 박고 주물로 된 복스를 비스로 고정시킨 모습이다.

02 앙카

(1) 칼브럭이 나사를 박기 위한 용도이기 때문에 나사를 감당하지 못하는 무거운 것을 고정시키기 위한 것이다.

(2) 앙카의 종류

① 용도에 따른 분류

세트 앙카, 스트롱 앙카

② 재질에 따른 분류

일반용, 서스용(스테인레스 재질이라 부식되지 않아 주로 외부에 사용)

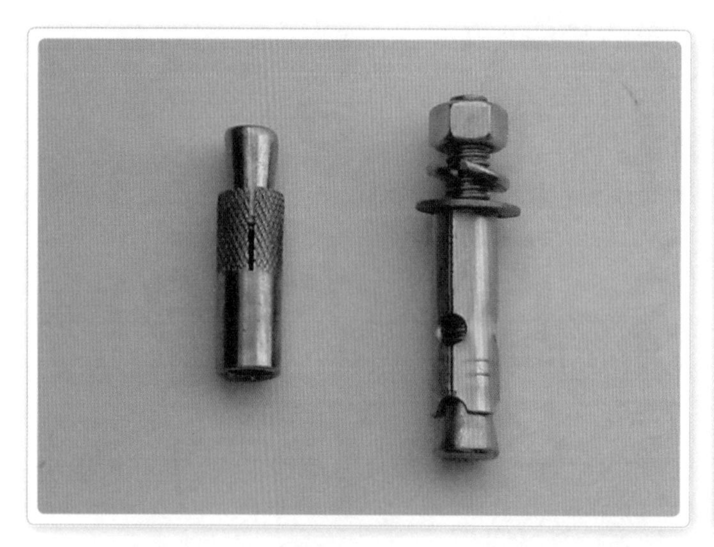

세트 앙카와 스트롱 앙카

왼쪽이 일반용 스토롱 앙카이고, 오른쪽이 세트 앙카 모습이다.

스트롱 앙카 사용

스트롱 앙카를 박고 마루보를 고정시킨 모습이다.

먼지막이 모습
앙카 작업 시 드릴 앞에 사진처럼 페트병 앞쪽을 잘라 먼지막이로 사용한다.

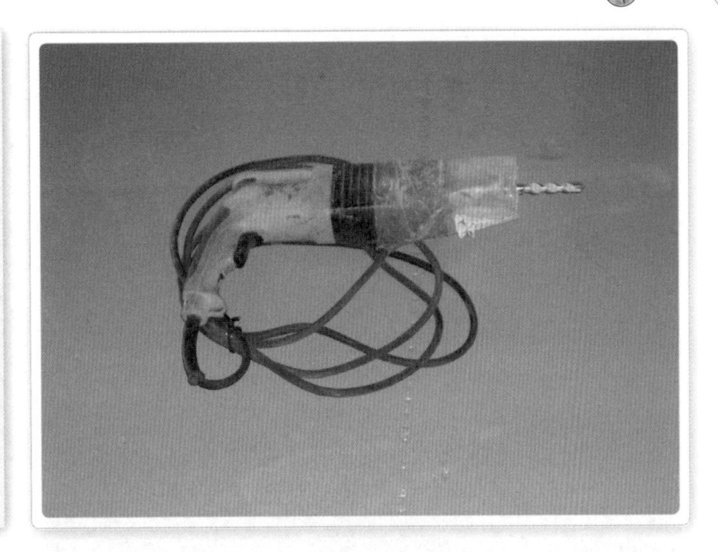

홀소우 모습
뭉치에 홀소우가 끼워져 있다.

03 앙카 드릴에 길이 끼우는 법

제작 회사에 따라 방법이 다르다.

(1) 보쉬 제품

끼울 때는 그냥 구멍에 집어넣고 누르면 되고, 뺄 때는 구멍을 감싸고 있는 클립을 누른 후 뺀다.

(2) 힐티 제품

구멍을 감싸고 있는 클립을 반시계 방향으로 돌린 뒤 길이를 넣고 시계 방향으로 돌려주면 꽉 잠긴다. 뺄 때는 다시 반시계 방향으로 돌려준다.

04 앙카 드릴의 다른 용도

앙카 드릴 몸체에 붙어 있는 클립을 조절하면 일반 드릴로도 사용할 수가 있는데, 이때는 그림처럼 일반용 뭉치를 먼저 끼워야 한다.

드릴 뭉치와 일반 홀소우
드릴 뭉치에 일반 홀소우가 꽂혀 있는 모습이다. 따라서 일반 드릴로 사용할 수 있다.

Step 17. 함마 드릴

앙카 드릴이 주로 나사를 박기 위해 구멍을 뚫는 것이라면, 함마 드릴은 벽돌이나 콘크리트 벽을 부수는 데 사용한다. 또한 벽돌로 쌓아 올린(조적이라 한다) 화장실이나 주방에 들어가는 스위치, 콘센트 등을 묻기 위해 조적 부위를 까대기(필요 없는 콘크리트 등을 까서 없애는 뜻의 현장 용어)할 때도 사용된다.

함마 드릴에 노미가 꽂혀 있는 모습
몸체에 많은 열이 발생하므로 장시간 사용 시 작업을 일시 중단하고 열을 식혀주어야 한다.

18. 핸드 그라인더

01 핸드 그라인더의 용도

핸드 그라인더는 원형의 날을 몸체에 끼워 금속을 절단하는 것으로, 주로 케이블 트레이 작업을 할 때 많이 사용한다.

02 핸드 그라인더 사용 시 주의점

(1) 핸드 그라인더를 바닥에 놓을 때는 반드시 몸체를 바닥에, 즉 날이 허공을 향하도록 한다. 혹시 스위치가 켜진 상태에서 플러그를 꽂았을 때의 위험을 방지하기 위해서이다.

3M 제품 핸드 그라인더에 날이 끼워진 모습
그라인더의 날이 바닥에 닿지 않도록 몸체가 하늘을 보게 해야 한다(사진 : 잘못된 예).

3M 핸드 그라인더용 날
국산보다 훨씬 오래 사용할 수 있다.

(2) 핸드 그라인더 날이 고속으로 돌아가기 때문에 자칫 손가락 등이 닿으면 큰 위험을 초래할 수 있으니 주의해야 한다.

(3) 금속이 절단되면서 튀는 파편이 눈에 들어가 피해를 입는 사고가 종종 발생하므로 반드시 보안경을 써야 한다.

(4) 금속을 절단할 때 날이 돌아가는 방향에 따라 그라인더가 앞으로 갑자기 튀어나가거나 혹은 몸쪽으로 튀면서 날이 파손되기도 하고, 그로인해 그라인더를 놓치는 사고를 당하기도 한다.
또 그라인더 파편은 순간적으로 불꽃 형태로 날아가기 때문에 주변에 인화물질이 있는지 주의해야 한다.

(5) 날을 교체할 때는 몸체에 붙어 있는 레버를 눌러 고정시킨 후 첼라나 몽키로 중심축의 볼트를 풀고 교체한다(첼라가 없을 때는 왼손으로 레버를 누르고 오른손으로 날을 잡고 돌리면 중심축의 볼트가 풀린다).

(6) 아래 그림처럼 그라인더를 사용할 경우에는 파편이 앞으로 날아가서 작업하기는 편하지만, 반대로 그라인더는 몸쪽으로 오려는 성질이 있기 때문에 조심해야 한다.
만약 날을 절반으로 나누었다고 가정해보자. 뒤쪽, 몸쪽의 절반을 사용해야 하는데 그렇지 않고 앞부분을 사용하면 회전 방향에 의해 날이 절단면에 부딪혀 파손되는 사고가 발생한다.

날의 회전이 반시계 방향일 때
날이 오른쪽으로 가도록 사용하는 모습이다.
여름철에도 긴 팔의 작업복을 입어야 한다.

(7) 아래 그림처럼 잡았을 때는 그라인더는 앞쪽으로 나아가려 하고, 파편은 몸쪽으로 향하기 때문에 (6)에 비해 훨씬 안전하다. 그러나 파편이 몸쪽으로 오기 때문에 반드시 장갑을 2켤레 끼우도록 한다.

날의 회전이 시계 방향일 때

날이 왼쪽으로 가도록 사용하는 모습으로, 날이 오른쪽으로 가는 경우 보다 안전하다.

날의 파손

잘못된 사용으로 인해 날이 파손된 모습이다.

다이아몬드 날의 장착

돌을 자르기 위해 다이아몬드 날을 끼운 모습이다.

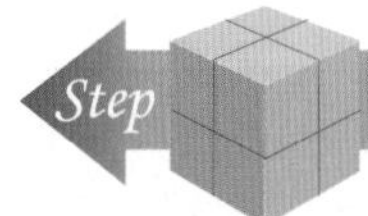

Step 19. 고속 절단기(스피드 커터)

01 스피드 커터의 용도

스틸 배관 공사 시 파이프를 절단할 때 주로 사용하는데, 핸드 그라인더에 비해 훨씬 커다란 원형 날을 사용하기 때문에 아주 위험한 도구이다.

02 안전 기구

절단 시 파편이 앞으로 멀리 날아가고 그 양이 많기 때문에 앞에 보호판을 설치해야 하며, 인화 물질이 있는지 살피고 반드시 소화기를 비치해야 한다.

고속 절단기

스피드 커터에 마루보 끝을 갈자 불꽃이 날아가고 있다.

날을 고정시키는 고정 레버

날을 교체하기 위해 누름 버튼을 눌러 줘야 한다. 또 보호 덮개를 벗기고 옆에 달려 있는 고정 레버를 당긴 후 첼라로 중심축의 볼트를 풀고 교체한다.

고정 레버 확대

적색 화살표 버튼을 눌러주면 날이 움직이지 않게 된다. 그럼 첼라 같은 것으로 교체하면 된다.

몸체 고정 핀

전면에 보이는 핀은 커터를 들고 이동할 때 몸체를 밑으로 내린 다음 고정시켜 주는 것이다.

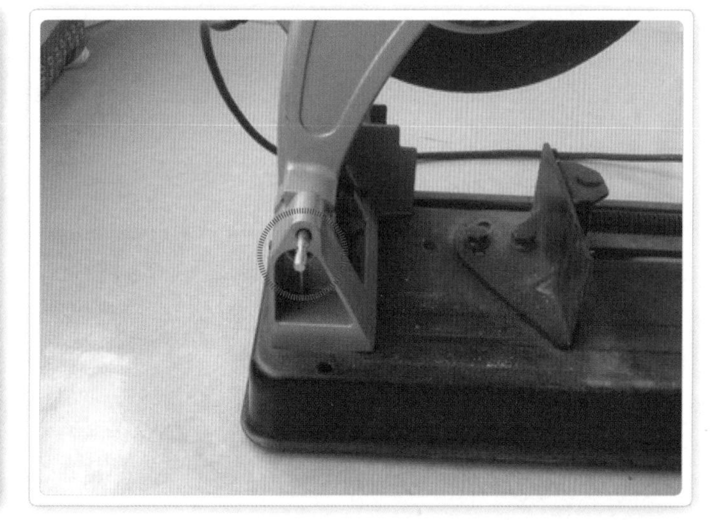

고정 핀 확대

손잡이를 밑으로 내리고 이 핀을 밀어서 고정시켜주면 이동이 간편해진다.

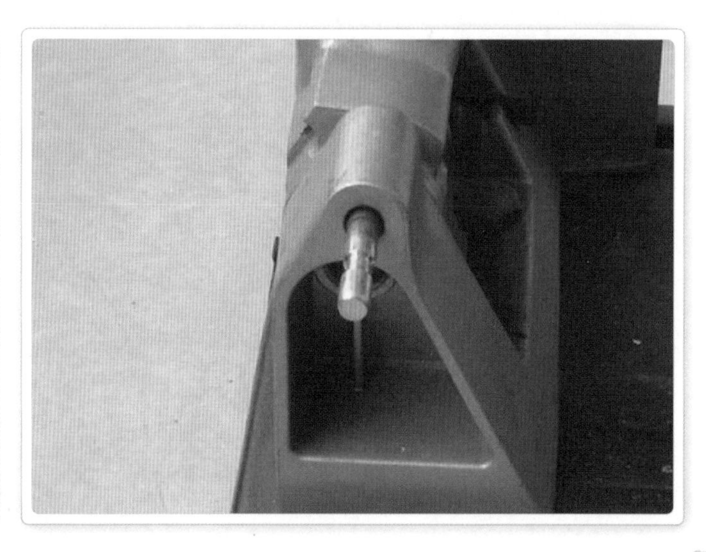

국산 스피드 커터용 날

빨리 작업하기 위해 손잡이를 너무 무리하게 누르면 가운데의 중심축이 망가지면서 날을 못 쓰게 된다.

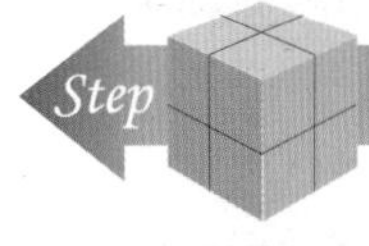

Step 20. 밴더

스틸 배관을 할 때 파이프를 구부리는 데 사용한다.

22mm 용 밴더

스틸 파이프를 밴더의 홈에 끼우고 손잡이를 눌러 구부리는 원리이다.

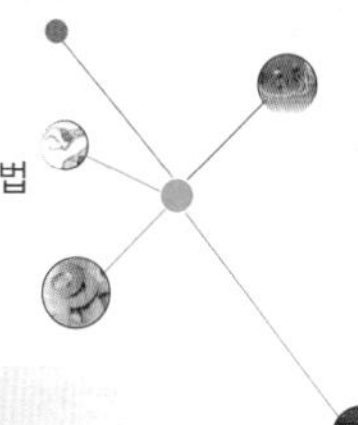

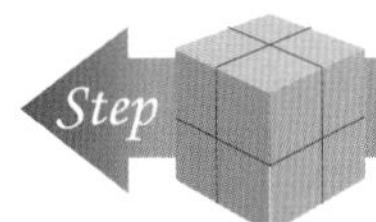

21. 미싱

스틸 파이프를 절단한 후 끝에 카플링을 끼울 수 있도록 나사(흔히 일본어로 '야마'라고 한다)를 내는 공구이다.

미싱
고마라는 틀을 미싱 몸체에 끼워 사용한다.

01 고마의 종류

(1) 인치 고마

비교적 가느다란 파이프인 16mm, 22mm, 28mm 등에 사용한다.

(2) 밀리 고마

36mm 이상 굵은 파이프나 설비에서 주로 사용한다.

02 파이프 구경에 따른 표시

레버가 있는 부위에 구경에 따른 사이즈가 인치로 적혀 있다.
16mm는 1/2인치, 22mm는 3/4인치, 28mm는 1과 1/2인치로 표시되어 있다.

고마

고마 틀에 4개의 날이 꽂혀 있다. 오른쪽 상단에 있는 레버를 움직여 원하는 사이즈를 맞춘다.

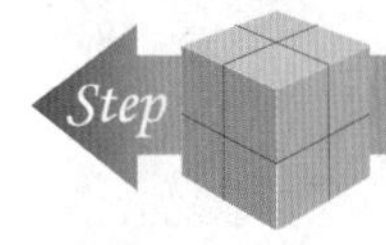

Step 22. 용접기

마루보나 케이블 트레이 등 금속을 서로 붙이고자 할 때 사용한다.

01 사용법

(1) 먼저 전기 코드를 꼽고 (+)극의 홀더에 용접을 물리고, (−)극의 홀더는 용접하고자 하는 금속에 물린다.

(2) 몸체 뒤쪽에 있는 차단기를 올리고 볼륨으로 출력을 조절한다.

(3) 용접면으로 얼굴을 가리고 용접봉이 물린 홀더를 용접하고자 하는 부위에 갖다대면 불꽃이 일며 용접이 된다.

02 사용 시 주의점

(1) 용접할 때 생기는 불꽃을 직접 보게 되면 시력에 큰 지장을 주기 때문에 직접 쳐다보는 일이 없도록 한다.

(2) 용접 부위 온도는 1,000℃ 이상의 고온이 발생하므로 화상에 주의해야 하며(용접 후 화상으로 얼굴의 허물이 벗겨지는 일이 흔하다), 금속이 녹으면서 튀는 불똥에 종종 화재가 발생하므로 반드시 방화포와 소화기를 준비해야 한다.

03 용접기의 구성 요소

본체, 홀더(+, −극), 용접봉(일반용, 서스용), 용접면, 용접 장갑, 방화포, 소화기 등

홀더가 꽂혀 있는 모습

용접봉을 물리는 (+)극의 홀더선은 길고, 어스 (-)극의 홀더선은 길이가 짧다.

일반용 용접봉

전기에서는 일반용 용접봉과 서스용으로 나눌 수 있다.

Step 23. 총

앙카 드릴로 구멍을 뚫지 않고 화약과 총알을 이용해 작업한다. 먼지가 거의 나지 않으며, 작업 속도가 훨씬 빠르다.

총을 사용할 때 주의할 점은 앙카 작업과 마찬가지로 총과 팔이 일직선이 되어야 한다는 것이다.

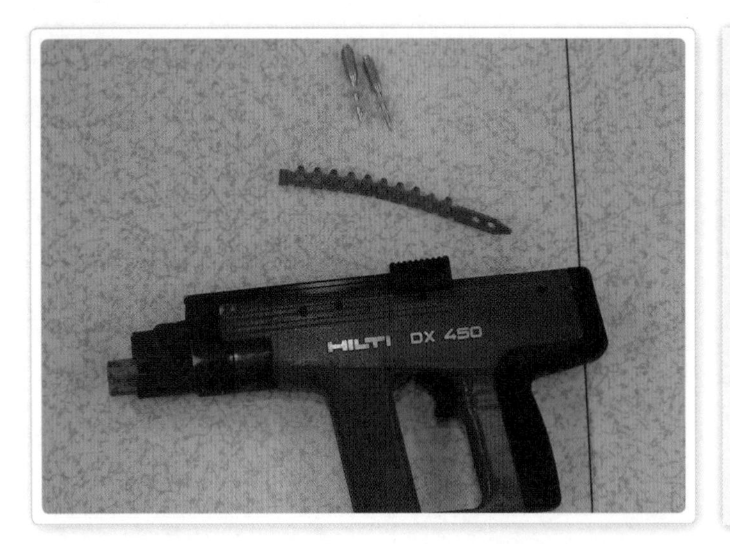

총의 구성

위로부터 삼부 나사가 나 있는 총알, 화약, 힐티 450 총

힐티 600 모습

중간 몸체를 열어 화약을 넣고 앞쪽 구멍에 총알을 넣은 뒤 목표 지점에 총알을 넣은 구멍 부분을 밀착시켜 누르고 방아쇠를 당긴다.

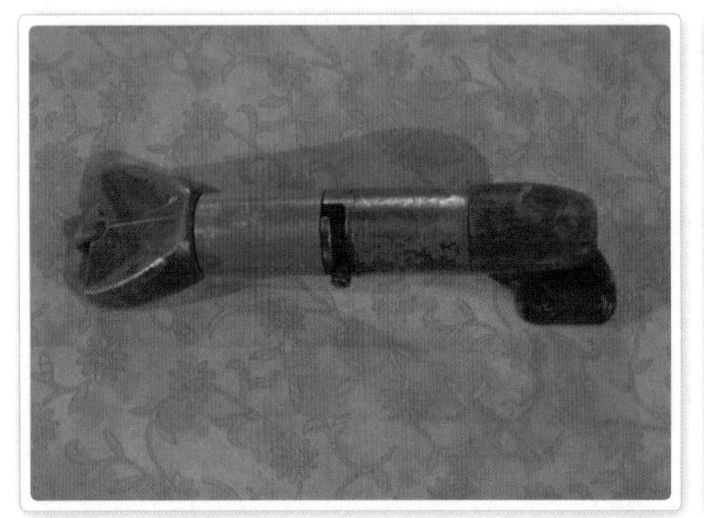

힐티 600을 위에서 본 모습

힐티 450보다 좀 더 강한 총이다.

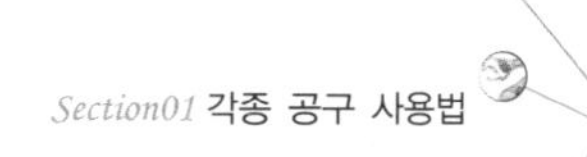

총을 구부린 모습
오래된 구형 총인데 화약을 넣기 위해서 총을 구부렸다.

화약을 넣는 부위
사진에 보이는 곳에 화약을 넣고 총알을 앞쪽 구멍에 넣는다.

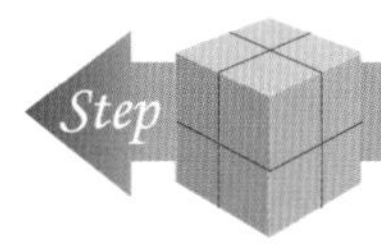

Step 24. 락카 펀치

01 락카 펀치의 이해

락카 펀치는 유압으로 작동하는 일종의 홀소우이다. 판넬에 구멍을 뚫을 때 사용하는데, 전기를 사용하는 드릴에 비해 이동이 편리하다. 또한 일반 홀소우를 사용하는 드릴보다 훨씬 넓은 구멍을 뚫을 수 있다.

락카 펀치

가운데 몸통 속에 기름이 들어 있다. 상단의 손잡이 앞쪽에 있는 원형 레버를 시계 방향으로 돌려 잠근 뒤 손잡이를 눌러주는 동작을 반복하여 작동하고, 구멍이 뚫리면 레버를 반시계 방향으로 돌려 풀어준다.

펀치에 끼우는 고마

왼쪽 원형 베이스를 먼저 끼우고, 날이 선 오른쪽 고마를 중심축의 나사에 돌려 끼우면 된다. 고마는 여러 가지 크기가 있다.

02 락카 펀치 사용 순서

펀치 받침대

사진에서 원형은 실제로 금속을 절단하는 것이 아니기 때문에 일종의 받침대라고 할 수 있다.

중심축을 구멍에 맞추기

나사가 있는 중심축이 들어갈 수 있어야 하므로 원하는 부위에 먼저 홀소우로 구멍을 뚫어야 한다.

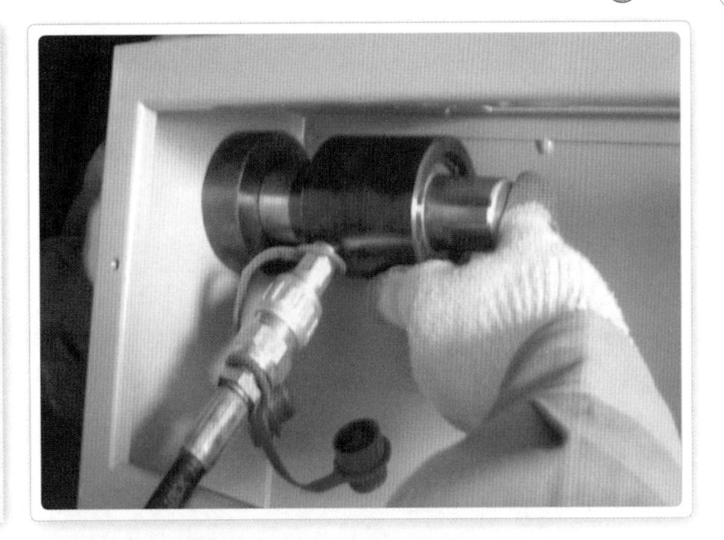

절단용 고마 끼우기

보조대를 끼운 중심축을 구멍에 넣고 실제 금속을 절단하는 고마를 중심축의 나사에 돌려 끼운다.

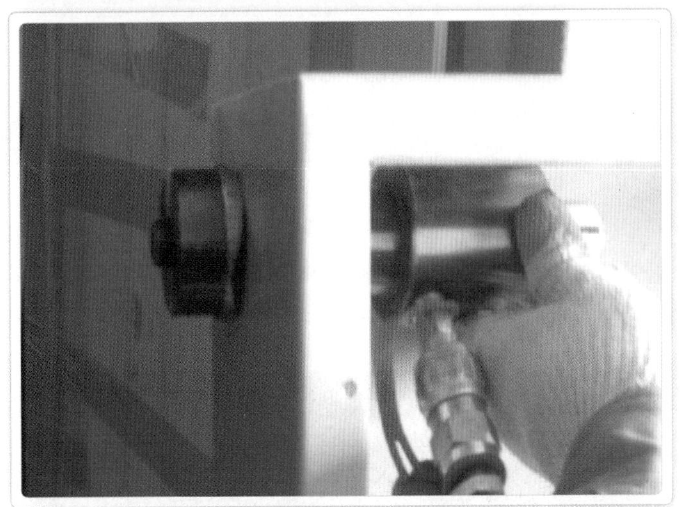

깨끗하게 뚫린 모습

락카 펀치를 사용하여 홈을 깨끗하게 뚫었다.

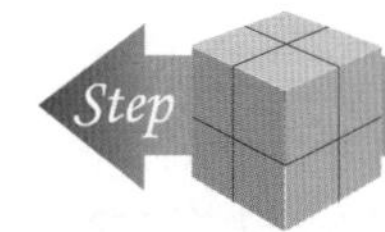

25. 수평기

액체가 들어 있는 유리관 속에 공기방울이 들어 있는데 이것을 이용해 수평과 수직을 맞춘다. 판넬 부착이나 트레이 설치 때 많이 사용된다.

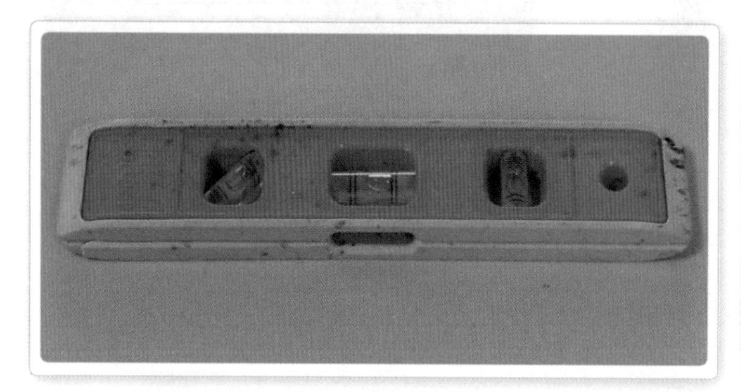

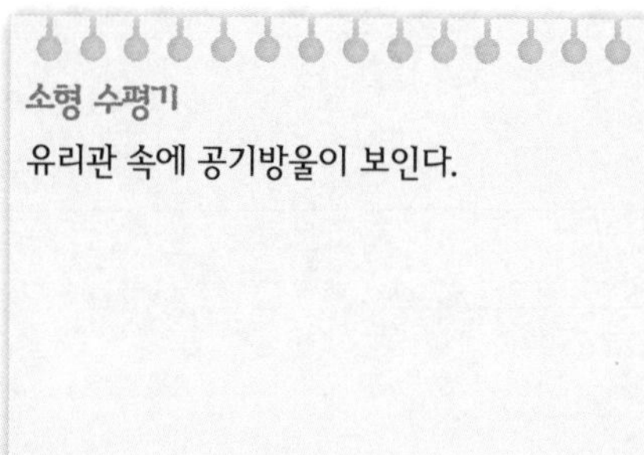

소형 수평기

유리관 속에 공기방울이 보인다.

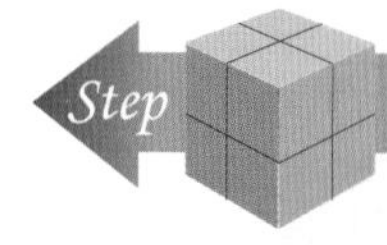

26. 렌치

일반적으로 조임용 볼트는 (+)나 (−)로 되어 있어 드라이버로 쉽게 조이거나 풀 수가 있다. 그러나 일반인이 함부로 만져서는 안 될 중요한 장비나 부품의 경우 육각 모양의 특수한 형태의 볼트를 사용하게 된다. 이때는 일반 드라이버는 안 되고 여기에 맞게 제작된 육각 렌치라 불리는 도구를 사용해야 한다.

렌치 세트

렌치의 종류에 따라 크기도 다양하다.

알아두면 편해요

① 자신만의 개인 공구를 만들어 두세요.
물론 회사에 여러 공구가 비치되어 있지만, 공구를 자신의 손에 익숙하고 또 본인만 사용할 수 있도록 하면 좋습니다. 보통 펜치, 줄자, 테스터기 정도는 전용으로 구비해 두어야 합니다.

② 공구는 사용하는 것 못지 않게 정돈도 중요합니다.
항상 있던 자리에 두어야 일의 효율성 및 안전의 제고율을 높일 수 있습니다.

SECTION 02 수·배전 기초

Q 전기 설계나 소방 전기, 기타 일반 전기공사를 하는데 수·배전과는 전혀 상관없는 것 같습니다. 수·배전은 손댈 일도 없고 하는 일도 그런 것 같은데 왜 배워야 하는 건가요?

A 시설에 종사하는 분들이 신축공사에 관심을 기울이지 않는 것 이상으로 현장에 직접 종사하는 분들 역시 수·배전을 낯설어하는 게 사실입니다. 늘 강조했듯이 모든 전기 분야의 흐름을 이해하고 있어야 합니다. 또한 수·배전은 우리가 흔히 접하게 되는 일반 전기의 첫 시작점이라고 생각해야 합니다.
이 장에서는 수·배전의 중요하면서도 기초적인 부분을 살펴보겠습니다.

Step 1. 변압기 결선

01 전주의 명칭

각각의 전주의 명칭에 대해 살펴보도록 하자.

전주의 명칭

① 강관 전주 ② 가공선 지지대
③ 완금 ④ 케이블 헤드 지지 금구
⑤ 전주용 입상관 ⑥ 조립식 반활관
⑦ 편출용 D형 렉 ⑧ 인입용 완금
⑨ 인입선 분기함 ⑩ 피뢰기 단자 커버
⑪ 피뢰기 ⑫ 각암 타이
⑬ 가스 절연 개폐기 ⑭ COS 상부 덮개
⑮ 컷 아웃 스위치 ⑯ COS 하부 덮개
⑰ 부싱 단자 커버 ⑱ 제어함

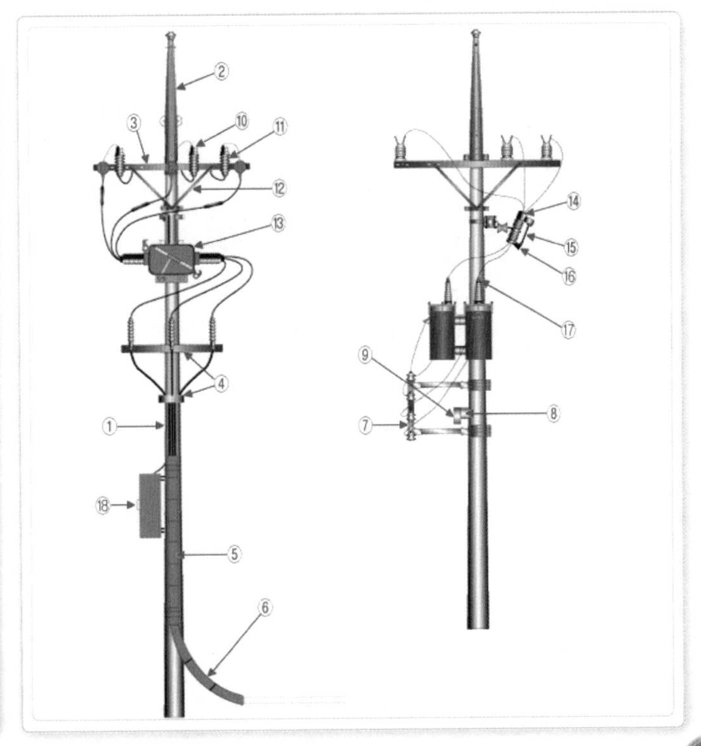

아래 그림은 한전에서 온 22.9kV 고압 라인(R, S, T상)이다. 이 고압 라인이 변압기를 통해 필요한 전압(220V, 380V 등)으로 낮춰져 일반 사무실이나 가정에서 사용된다.

전주와 부속물

- 가 : 고압선(acsr, 알루미늄 전선)
- 나 : 활선 고리 캡(속에 활선 고리가 있음)
- 다 : 고미리(선 명칭)
- 라 : COS 헤드캡
- 마 : COS 개 · 폐 고리
- 바 : COS 몸체
- 사 : 경완금(가벼워서 붙임, 경완금을 고정시킨 것은 완금 밴드임)
- 아 : 발판 볼트

위의 그림을 확대한 모습이다.

COS 살펴보기

- 가 : 고미리(선 명칭)
- 나 : COS 개 · 폐 고리
- 다 : COS 헤드캡
- 라 : COS 몸체
- 마 : COS 퓨즈 관

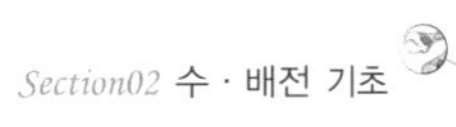

02 변압기 결선

01 변압기 결선도

1차측에 22.9kV를 받아 2차측에서는 3상 4선식(220V, 380V)로 낮추는 결선도를 그려보았다. 특이한 것은 변압기의 (-)와 배꼽 접지가 3개 모두 연결되어 N상에 연결되었다는 것이다. 또한 N상에 연결된 선전주를 타고 내려와 땅속에 묻어 접지를 하게 된다.

변압기 결선도

1차측에서 2차측으로 가면서 전압이 낮아진다.

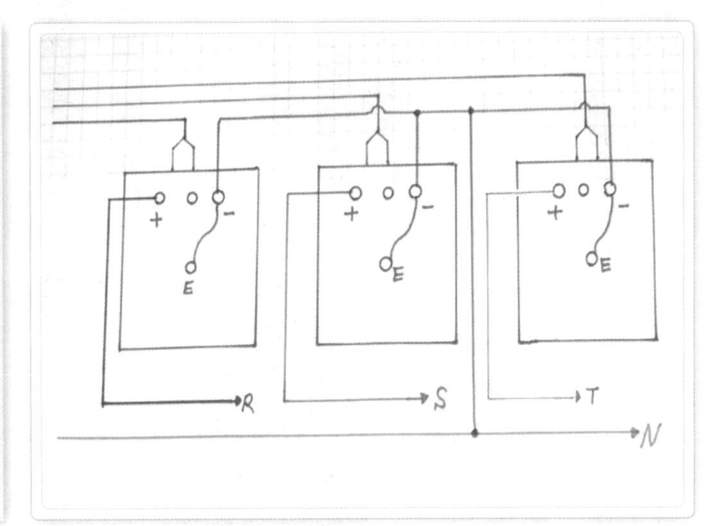

02 실제 변압기 모습

위에서 본 변압기

(+)에 하트상이 걸리고, (-)에 N상이 물린 다음 변압기 외함과 배꼽 단자에 연결된 뒤 전주의 가운데 빈 구멍을 통해 땅속으로 접지가 된다.

측면에서 본 변압기

변압기를 측면에서 바라보았다.

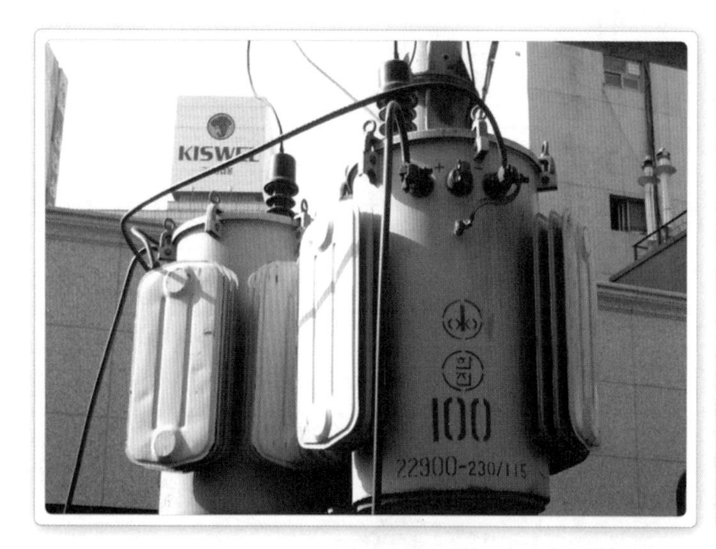

(-) 결선 모습

(-)와 배꼽 단자가 연결된 것을 볼 수 있다.

3상 변압기 결선된 모습

- 가 : (+)라고 표시되어 있고 변압기를 걸쳐 나온 2차 부하 측이다.
- 나 : (-)라고 써 있다. 변압기 3개가 서로 연결되고 한전에서 온 N상과 연결되어 3상 4선식이 된다.
- 다 : 흔히 배꼽 단자라고 한다.
- 마 : 한전에서 오는 1차측 라인이다. 변압기가 3대 달려 있다.

COS 퓨즈

COS 퓨즈 관 속에 들어 있는 퓨즈이다.

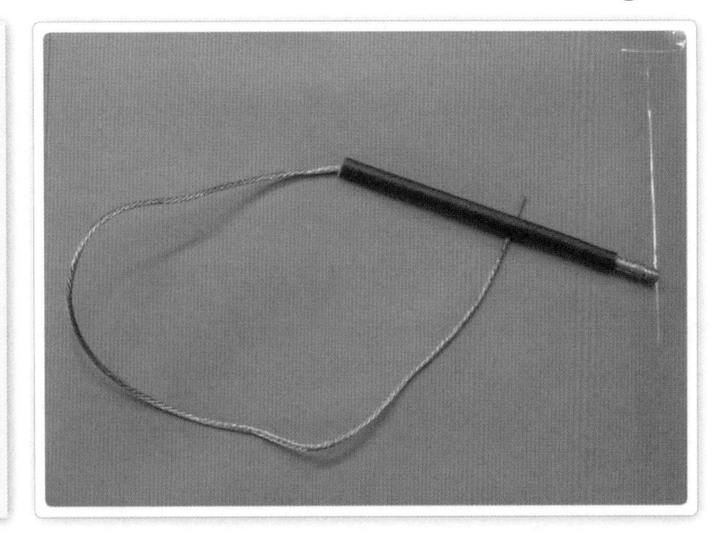

퓨즈관 고정 나사

오른쪽에 나사가 나 있는 부분을 끼워서 고정한다.

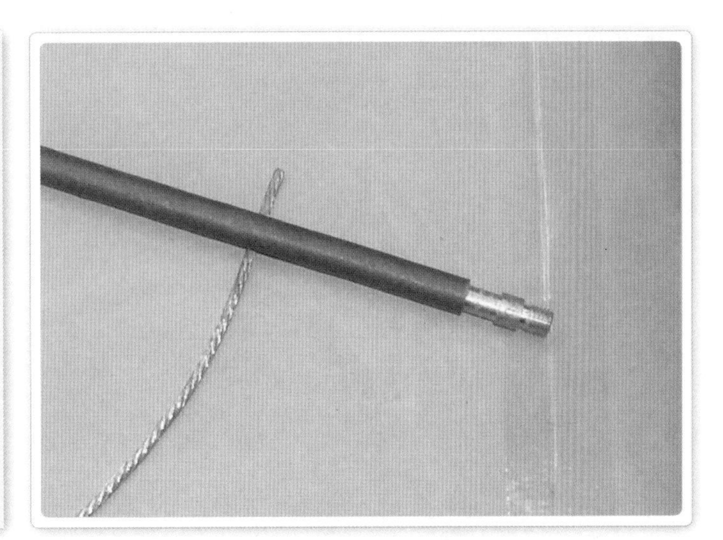

알아두면 편해요

변압기의 1차는 분명히 한전에서 22,900V를 받는데 왜 명판에 13,200V 라고 적혀 있는 건가요?

- 특고압으로 한전에서 22,900V가 오는 건 맞습니다. 이것을 선간전압이라 합니다. 22,900V가 중성선과 결합해 변압기 1차에는 13,200V가 되는 것입니다.
- 3상 4선식의 경우 흔히 3상 380V라 부르듯이(중성선과 결합할 경우 220V도 나옴) 여기서도 선간전압만 불러 22.9kV라고 편하게 부르는 것입니다.

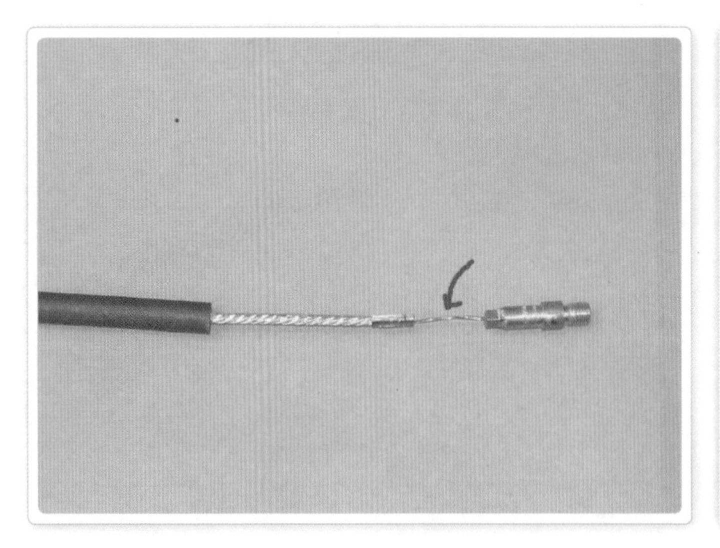

퓨즈관 내부

가느다란 통을 벗겼다. 화살표 부위가 퓨즈로, 그냥 일반 철사이다.

건물 인입 결선

변압기에서 나온 4가닥이 건물의 인입 케이블과 연결된 모습이다.

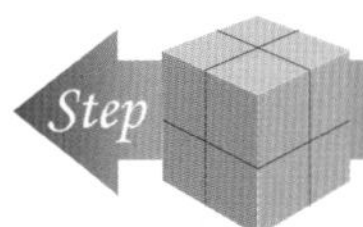

2. 수 · 배전 설비 계통도

01 수전설비 계통도

수전설비의 명칭

(1) 6kV 배전선 (옥외 고압 배전선)
(2) 건물 외부
(3) 인입선 (3상 3선, 6,000V)
(4) 내부 전기실
(5) PCT
(6) 적산 전력계
(7) DS단로기
(8) LA(피뢰기)
(9) CB차단기
(10) TC
(11) G (지락 전류계)
(12) 계기
(13) 고압 모선
(14) DS단로기
(15) CB차단기
(16) 진상 콘덴서
(17) 전등
(18) 동력
(19) 모터

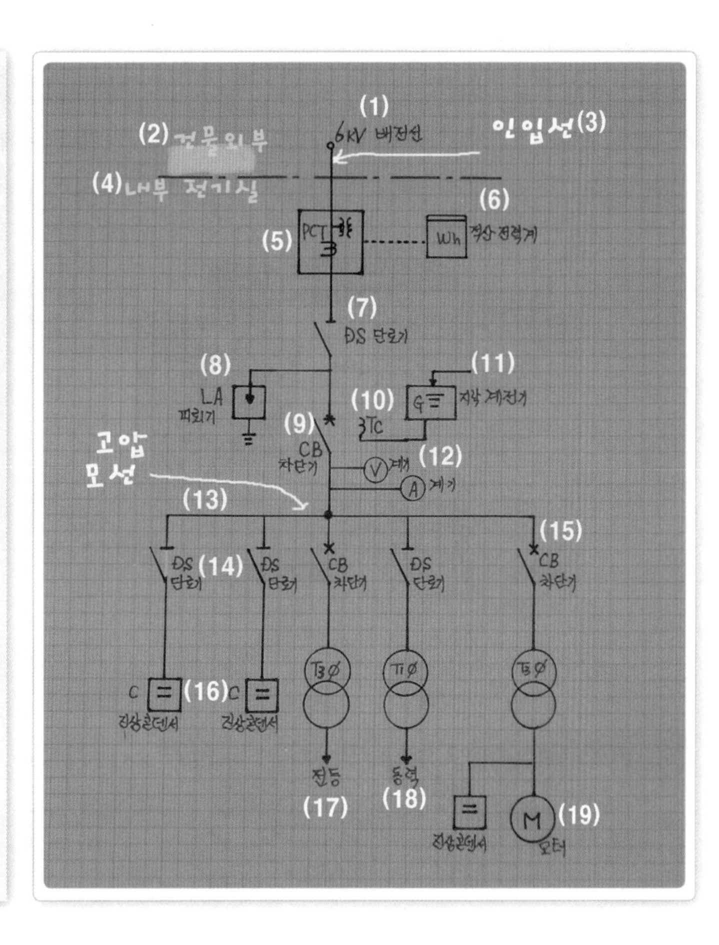

02 수전설비의 이해

01 ACB(Air Circuit Breaker : 기중 차단기)

(1) 전기 회로에서 접촉자 간의 개폐 동작이 공기 중에서 이상적으로 행해지는 차단기이다.

(2) 전류비를 고려해 적합한 적용(보통 200A 이상일 때는 ACB나 VCB를 설치)을 할 때 전류의 손실이 없도록 과전류를 미리 예측하여 자동적으로 회로를 개방하거나 수동적인 방법으로 회로를 개폐한다.

(3) 공기 차단기의 일종으로 교류 1,000V 이하의 주로 저압 회로에서 사용한다.

기중 차단기(ACB)
공기 중에서 접촉자 간의 개폐 동작이 이상적으로 행해진다.

02 VCB(Vacuum Circuit Breaker : 진공 차단기)

전로를 개폐하는 개폐 장치 기구로는 여러 종류가 있는데, 그 기능 및 성능에서 다음과 같이 분류할 수 있다.

(1) 단로기

① 단지 전로의 접속을 바꾸거나 그 접속을 차단하는 것을 목적으로 하고 반드시 무전류 혹은 그것에 가까운 상태에서 개폐하여야 안전하다.

② 변압기나 차단기 등의 보수 점검을 위해 설치하는 회로 분리용으로 사용한다.

(2) 부하 개폐기

① 상시 부하전류의 개폐는 가능하나 과부하 · 단락 등의 이상 시의 보호 기능은 없고 대개가 수동 조작이다.

② 개폐 빈도가 작은 부하 개폐용 스위치로 사용한다.

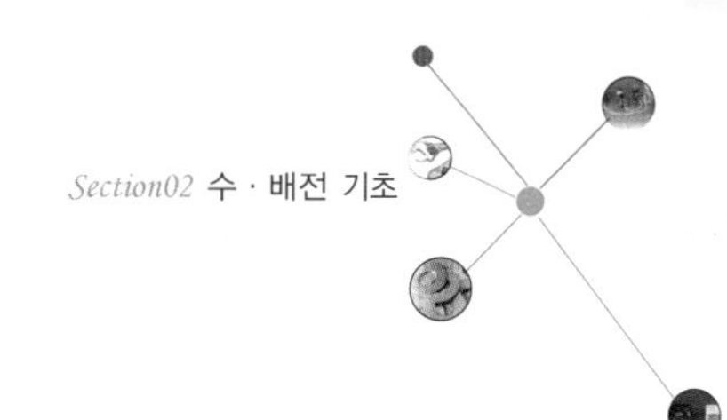

(3) 전자 접촉기

① 상시 부하전류 혹은 과부하 전류 정도까지는 안전하게 개폐할 수 있다. 부하의 개폐를 주목적으로 하고 많은 빈도의 개폐용으로 구성되어 있다.

② 주로 부하의 조작 및 제어용으로 사용한다.

(4) 차단기

① 상시 전류는 물론 단락전류와 같은 사고 시의 대전류도 지장 없이 개폐할 수 있다.

② 주로 회로 보호용으로 이용된다.

③ 차단 시간은 3사이클이며 보수점검은 차단기가 완전히 접속 위치까지 삽입 여부, 개폐 표시기의 표시 상태 · 조작, 제어 코일류의 소손, 냄새, 진공 밸브의 진공도 측정 등을 점검한다.

④ 진공 증착부의 변색 유 · 무를 확인하여 광택이 나면 양호한 것이고, 유백색 등으로 변색되었으면 교환하는 것이 좋다.

⑤ 주로 래치 타입(순시 여자 방식)으로 조작 시에만 전원이 들어가고, 그 후 전원이 끊어지더라도 계속 그 상태를 유지할 수 있다.

⑥ 절연저항은 500mΩ 이상이고, 교체 권장 기간은 20년 또는 10,000회 조작 시이다.

진공 차단기(VCB)
차단기의 투입 시 key를 사용하여 잠금 상태를 해제하여야 전기적 · 기계적으로 투입이 가능하게 되는 'Key Lock' 장치가 있는 것이 특징이다.

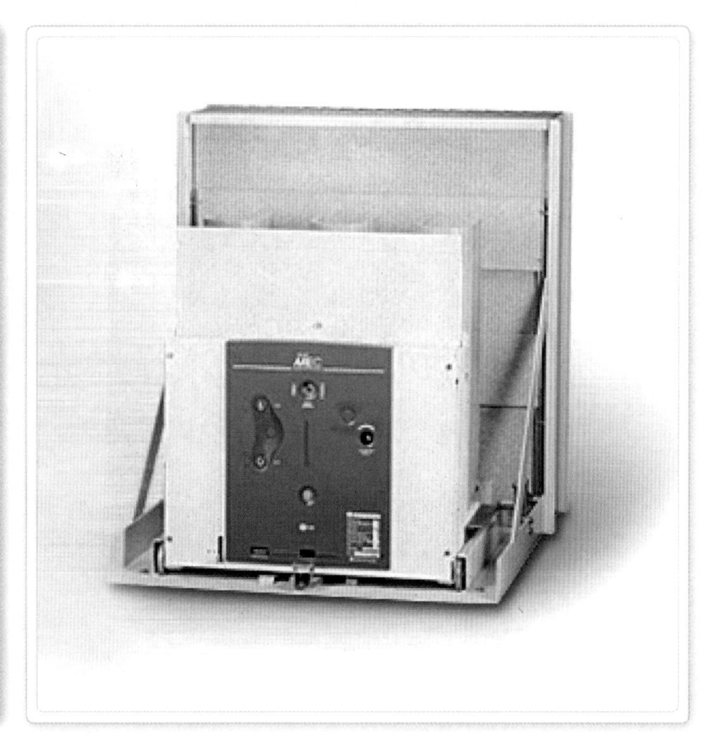

쥐나 고양이 등의 침입으로 인한 사고
정기 점검이 모든 재해의 가장 기초이다.

03 TR(Transformer : 변압기)

변압기는 유입식, 몰드식, 건식 등이 있는데, 그 중 몰드 변압기에 대해 살펴본다.

몰드 변압기(TR)
본체를 에폭시수지로 절연하여 몰드화한 것이다.

(1) 변압기 본체를 에폭시수지로 절연하여 몰드화한 변압기로, 크기가 작고 화재 위험이 적은 장점이 있으나 충격 전압에 약한 단점이 있다.

(2) TR은 유입 변압기와 달리 대전되고 있어 감전 사고의 위험이 있기 때문에 절대로 코일 표면에 접촉하지 않도록 주의해야 한다.

04 ALTS(Automatic Load Transfer Switch : 자동부하 절체 개폐기)

일반 개폐기는 평상시의 부하전류 개폐 및 과부하 전류 차단에 사용하는 것으로, 단락전류와 같은 대전류는 차단할 수 없다. 그러므로 이중 전원을 확보하여 주전원 정전 시 또는 전압이 기준치 이하로 떨어질 경우 예비 전원으로 자동 전환함으로써 수용가가 항상 일정한 전원을 공급받을 수 있도록 자동부하 절체 개폐기를 사용하여 이중 전원을 꼭 확보해 둘 필요가 있다.

자동 부하 절체 개폐기(ALTS)
ALTS를 사용하여 이중 전원을 확보해두어야 한다.

05 LBS(Load Breaker Switch : 부하 개폐기)

(1) 일정 전류를 투입 · 차단 및 통전하고 그 전로의 단락 상태에서의 이상 전류까지 투입할 수 있어 수 · 변전 설비의 인입구 개폐기로 많이 사용된다.

(2) 고장전류는 차단할 수 없어 전력 퓨즈를 사용하며 퓨즈가 끊어질 때 결상을 방지하는 목적으로 채용되고 있다.

(3) 차단기와 같이 단락전류와 같은 대전류의 차단 능력은 없지만, 부하전류의 차단을 할 수 있는 동시에 차단기의 기능을 가지고 있다.

(4) 동작은 전력 퓨즈가 내장된 동작 표시 장치(스트라이커)가 돌출하면서 트립 장치가 작동하여 스프링에 축적된 힘에 의하여 가동 부하접점을 자동 개방시키도록 되어 있다.

(5) 보수 점검은 접촉부의 이상 변형, 소모, 과열 변색, 퓨즈의 변색 유 · 무 등을 점검하고 절연저항은 100mΩ 이다.

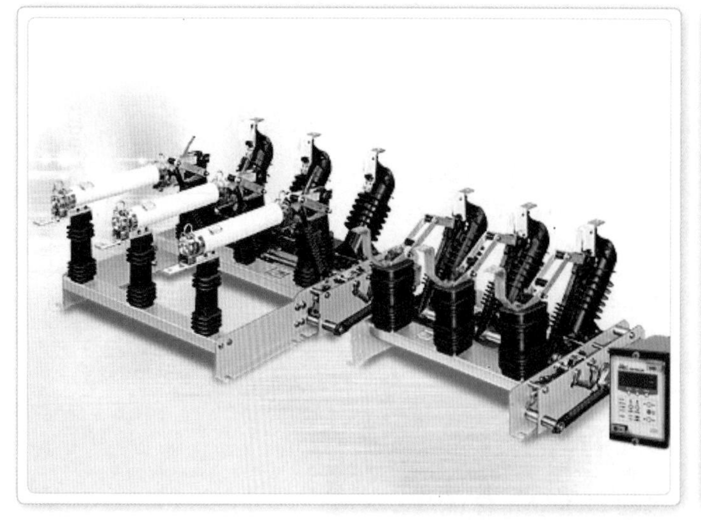

부하 개폐기(LBS)

부하전류를 차단할 수 있고 차단기 기능을 갖는다.

06 DPR(Digital Protection Relay : 보호 계전기)

수 · 변전 설비의 사고는 그 내부에서 제거하여 외부에 파급되지 않도록 해야만 한다. 그러기 위해서는 수 · 변전 설비 내에 발생한 고장이 확대되기 전에 필요한 보호 장치가 바르게 동작할 필요가 있다.

반드시 한전 측 배전용 차단기가 동작하기 전에 확실하게 차단되어야 하고 그렇지 않을 경우에는 다른 수용가의 수 · 변전 설비도 정전되어 사고가 확대된다.

보호 계전기(DPR)

배전용 차단기가 동작하기 전에 확실히 차단되어야 한다.

07 PF(Power Fuse : 전력 퓨즈)

고압 및 특별 고압 기기의 단락 보호용 퓨즈이고, 소호 방식에 따라 한류형과 비한류형으로 나뉜다.

(1) 한류형은 높은 아크 저항을 발생하여 사고전류를 강제적으로 한류 억제해서 차단하는 퓨즈로 현재 수 · 변전 설비에서 많이 사용된다.

(2) 전력 퓨즈는 과부하 전류나 과도전류의 보호는 기대하지 않는다. 전력 퓨즈는 과전류 가운데 단락 전류를 고속도 한류 차단하는 단락 보호용 퓨즈이다. 이는 차단기와는 달라서 자주 과부하를 차단할 필요가 있는 부분, 퓨즈 동작 후 재투입이 필요한 개소에는 사용하지 않도록 해야 한다(재투입이 불가능).

(3) 전력 퓨즈가 차단할 수 있는 단락전류의 최대 전류값을 정격차단전류(kA)라 한다.

(4) PF는 모양이 COS와 너무 흡사하여 이 기기에 익숙하지 않은 사람은 확실히 구분하는 데 어려움을 느끼는데 다음과 같은 차이점이 있다.

① 크기나 개 · 폐형 고리의 형태 및 상단 접촉부의 형태가 차이나는데 PF가 고리도 크고 전체 크기가 크다.

② PF는 고장전류를 안전하게 차단할 수 있는 반면, COS는 단락 사고나 접지 사고 때의 고장전류를 안전하게 차단할 수 없다.

③ 퓨즈가 끊어지면 퓨즈통이 상단 접촉부에서 빠져 거꾸로 매달리거나, 원통형 PF는 상단부 스트라이커(표시용으로 뾰족하게 튀어나온 부분)가 튀어 나오게 되어 퓨즈가 끊어진 여부를 알 수 있다.

④ PF는 퓨즈가 끊어지면 퓨즈 전체를 바꾸어야 하나 COS는 퓨즈만 바꾸면 된다.

전력 퓨즈(PF)
전력 퓨즈는 과부하 전류나 과도전류를 보호하지 않는다.

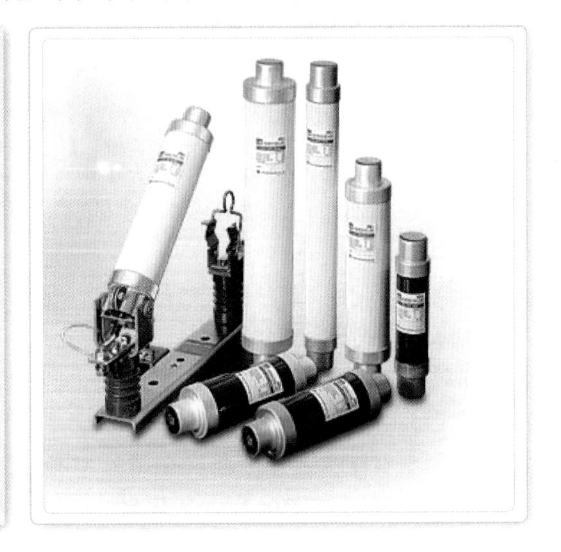

08 PT(Potential Transformer : 계기용 변압기)

고압회로의 전압을 저압으로 낮추어 전압계나 전력계 · 주파수계 · 역률계 및 각종 계전기, 표시등과 같이 각종 계기용으로 사용할 수 있는데, 이런 장치를 PT라고 한다. 1차측은 전압에 따라 다르지만 2차측의 정격전압은 무조건 110V로 통일되어 있다.

코일의 소손 등 고장전류를 차단하여 사고의 확대를 방지할 목적으로 1차측에 PT퓨즈를 시설하는데, 이 퓨즈는 PT를 보호하는 역할보다는 PT에 고장이 생겼을 때 PT퓨즈가 즉시 끊어져 PT를 고압회로로부터 분리하여 주는 역할을 한다.

계기용 변압기(PT)
고압회로의 전압을 저압으로 낮춰준다.

09 CT(Current Transformer : 계기용 변류기)

PT는 전압을 보거나 사용하기 위한 것이고 CT는 전류를 보거나 사용하기 위한 것이다.

즉, 고압회로의 대전류를 소전류로 낮추기 위해서 회로에 직렬로 접속하여 사용하는 장치로 배전반의 전류계, 전력계의 전류 코일 및 과전류 계전기의 트립 코일의 전원으로 사용된다.

※ 주의 : 만약 변류기 1차 코일에 전류가 흐르는 상태에서 2차측을 개방하면 2차 단자에 고압이 발생하여 손상 또는 감전 사고를 유발하므로 유의하여야 한다. 왜냐하면 CT 역시 하나의 변압기이어서 1차측에 발생하는 자속과 2차측 에 발생하는 자속이 서로 쇄교되어 더 이상 포화 상태로 되지 않지만, 2차측을 개방(떼어놓으면)해 놓으면 1차측 자 속이 2차측과 쇄교되지 않아 계속 맴돌이 자속이 되어 포화 상태가 일어나 나중에는 폭발 · 손상되어 버리기 때문 이다.

10 DS(Disconnecting Switch : 단로기)

기기의 점검을 위해 회로를 일시 전원에서 끊기 위한 개폐기로서 부하전류는 개폐할 수 없다. 즉, 전기가 흐르고 있는 상태에서는 절대로 끊어서는 안 된다.

그 이유는 소형 나이프 스위치를 개방할 때 스위치의 블레이드(날)와 클립 간에 작은 불꽃이 생기는 것을 경험하였을 텐데 고압회로에서는 이것이 불꽃 정도로 끝나지 않는다. 아크열로 그 부근의 공간이 전리돼 그 부근 일대가 이온과 전자의 바다와 같이 되어 도전성을 띠고 3상 단락으로 발전하는 결과가 되어버리기 때문이다.

따라서 올바른 조작법은 투입할 때는 훅봉으로 블레이드(칼날)의 훅구멍에 넣어 블레이드와 접촉자의 중심이 일치하도록 겨냥해서 조용히 투입하고, 열 때는 훅봉으로 블레이드를 조금 당겨서 일단 정지시킨 후 이상이 없으면 정규적인 개로 위치까지 조용히 연다(2단 조작).

단로기(DS)
전기가 흐르고 있는 상태에서는 전원에서 끊으면 안 된다.

알아두면 편해요

전기실에 처음 근무하게 될 경우 가장 먼저 익혀야 할 부분은 무엇일까요?

- 수 · 배전에 대한 전체적인 계통도를 알아야 합니다.
- 작업일지를 작성하는 요령도 중요합니다.

03 변압기 운전 관리 방법

01 변압기 월 점검 방법

(1) 단자 및 부스의 열화 상태 확인

(2) 큐비클 판넬 내 점검 등 점등 상태 확인

(3) 큐비클 내부 · 외부 문 시건상태 확인

(4) 영상전류의 동작값 확인

(5) 접지 단자의 취부 상태 확인

(6) 권선의 용도 확인

(7) 변압기 소음 측정 확인

02 변압기의 운전 관리 방법

(1) 권선의 용도 확인(정격부하 시의 온도 상승치 + 주위 온도 : 40℃ → 지침 setting)

(2) 소음 측정 확인(기준치 : 보증치 + 3dB 이내)

(3) 무전압 TAP 절환단자 확인

(4) 냉각판 동작 상태 확인

03 정전 시 조치 방법

발전기 가동 시 조치 방법(자동 투입 확인)은 다음과 같다.

(1) main 전원의 일반, 비상 차단기 OFF 확인

(2) 발전기반 고압 전원 투입 여부 확인

(3) 비상 line의 각 feeder 전원 투입 확인

(4) 저압 line 및 부하별 전원 투입 확인

(5) space 전력이 있을시 일반 line의 중요 부분 전원 투입

(6) 상기와 같이 투입이 불가능 할 때에는 수동 투입 또는 정전 시 조치 요령에 따라 조치

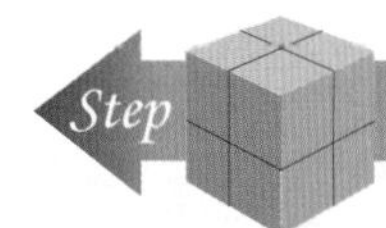

3. 고압 케이블 구조

01 케이블의 구조

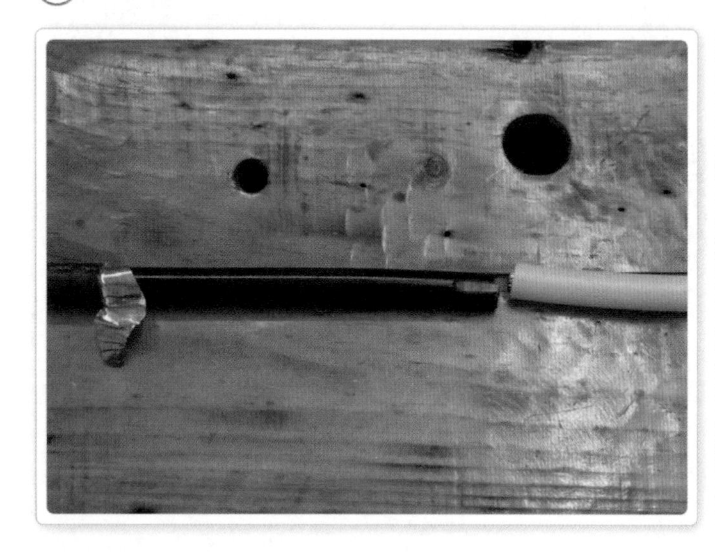

고압 케이블 피복 벗긴 모습

왼쪽은 겉피복과 동차폐층을 벗겨낸 모습이고 오른쪽은 전도층까지 벗겨낸 모습이다.

알아두면 편해요

피복을 벗길 경우 간혹 흠집이 날 때가 있습니다. 슬리브 작업이 끝나면 크리너로 닦아주는데, 심하지 않은 상처는 크리너에 의해 약하게 녹으면서 서로 달라붙습니다. 상처가 아무는 것입니다.

케이블의 구조
- 가 : 겉피복
- 나 : 동차폐층
- 다 : 전도층
- 라 : 절연층

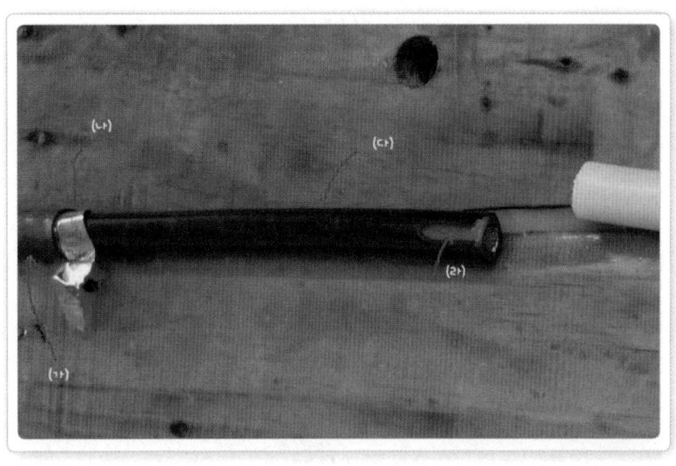

02 케이블 구조에서의 유의점

반드시 알아두어야 할 점은 전도층이 절연체가 아니라는 사실이다. 전도, 말 그대로 전기가 통하는 고무 재질이다. 때때로 무경험자가 슬리브 접속을 할 때 모르고 실수하는 경우가 있다.

03 슬리브 접속의 예

(라)의 속심 부위에 슬리브(마)를 찍었다.

(1) 먼저 고무 테이프로 슬리브 찍은 부위를 감아준다.

(2) 다음 일반 전기 테이프로 감아준다.

(3) 이제 이 부분이 중요하다. 전도 테이프로 (다), (라), (마) 부위를 감아주어야 한다. 그래야 (다)의 전도층이 서로 연결되기 때문이다.

슬리브 접속도
(다), (라), (마) 부위를 전도 테이프로 감아주는 것이 중요하다.

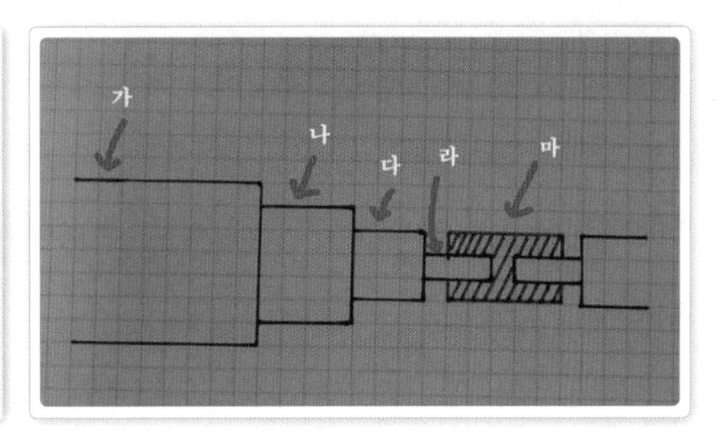

04 전도층의 테스터기 실험

일반 케이블의 전도층 절연 측정 모습

일반 케이블의 겉피복을 벗겨내고 절연층을 체크한 모습으로, 저항값이 전혀 체크되지 않는다. 절연이 완벽하다는 것을 의미한다.

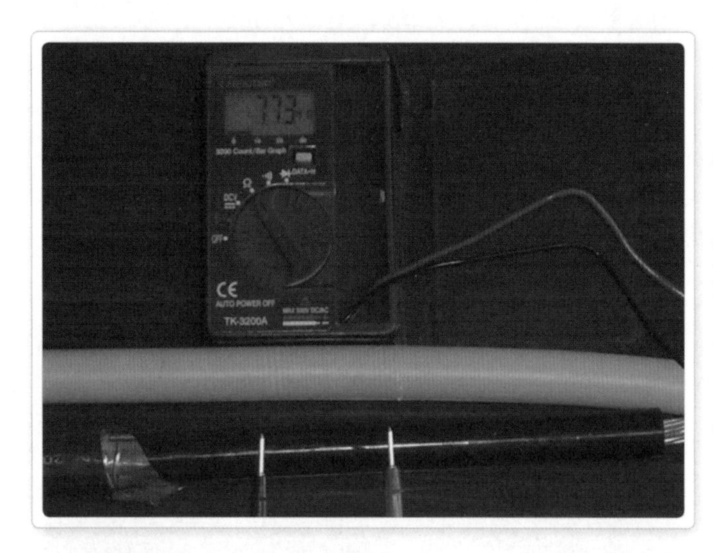

고압 케이블의 전도층 절연 측정 모습

고압 케이블의 전도층을 측정했는데 수치가 올라갔다. 절연이 아님을 뜻한다.

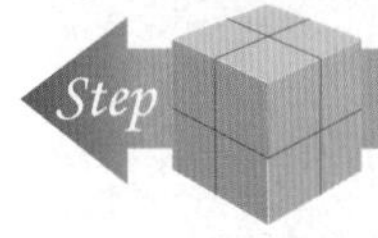

4. 각종 전기 설비의 영문 기호

01 각종 차단기 기호

(1) CB(Circuit Breakers : 차단기)

(2) OCB(Oil Circuit Breakers : 오일 차단기)

(3) VCB(Vacuum Circuit Breakers : 진공 차단기)

(4) LBS(AC Load Break Switches for 6.6kV : 고압 교류 부하 개폐기)

(5) LA(Lightning Arresters : 피뢰기)

(6) DS(Disconnecting Switches : 단로기)

(7) PF(Power Fuses : 전력 퓨즈)

(8) VS(Voltmeter Change – over Switches : 전압 변환 스위치)

(9) AS(Ammeter Change – over Switches : 전류 변환 스위치)

02 변압기 · 변성기 기호

(1) T(Transformers : 변압기)

(2) PT(Potential Transformers : 계기용 변압기)

(3) CT(Current Transformers : 변류기)

(4) PCT(Potential Current Transformers : 계기용 변류기)

(5) ZCT(Zero Phase – sequence Current Transformers : 영상 변류기)

(6) GPT(Grounding Potential Transformers : 접지형 계기용 변압기)

(7) GC(Grounding Capacitors : 접지용 콘덴서)

03 계기 기호

(1) V(Voltmeter : 전압계)

(2) A(Ammeter : 전류계)

(3) WH(Watt – Hour Meters : 전력량계)

04 기타 기호

(1) CH(Cable Heads : 케이블 헤드)

(2) TT(Testing Terminals : 시험 단자)

(3) TC(Tripping Coils : 트립 코일)

(4) C(High Voltage Power Capacitors : 고압 진상 콘덴서)

소방 기초

Q 전기와 소방은 분야가 다르지 않나요?

A 물론 다릅니다. 자격증도 따로 있습니다. 그러나 요즘에는 화재의 심각성 때문에 소방 전기의 비중이 무척 커지고 있는 추세입니다. 이와 맞물려 현장에서 전기를 하는 분들이 소방 업무까지 함께하는 경우가 다반사입니다.

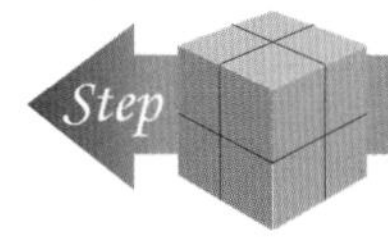

1. 여러 가지 소방 기호

01 자동 화재검지 설비 기호

명칭	그림 기호	적요
차동식 스폿형 감지기	(그림 기호)	필요에 따라 종별을 방기한다.
보상식 스폿형 감지기	(그림 기호)	필요에 따라 종별을 방기한다.
회로 시험기	(그림 기호)	
경보벨	Ⓑ	・방수용인 것은 (그림 기호)로 한다. ・방폭인 것은 Ex를 방기한다.
수신기	(그림 기호)	다른 설비의 기능을 갖는 경우는 필요에 따라 해당 설비의 그림 기호를 방기한다. 보기 : ・가스 누설 경보설비와 일체인 것 (그림 기호) ・가스 누설 경보설비 및 방배연 연동과 일체인 것 (그림 기호)
부수신기(표시기)	(그림 기호)	
중계기	(그림 기호)	
표시등	(그림 기호)	
표지판	(그림 기호)	

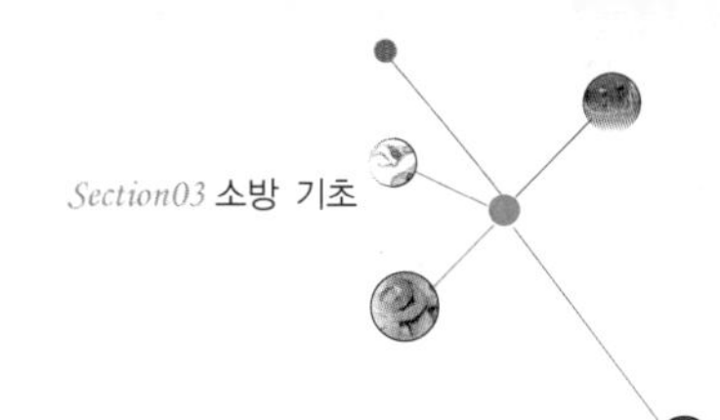

02 비상경보 설비 기호

명칭	그림 기호	적요
기동 장치	Ⓔ	• 방수용인 것은 Ⓕ로 한다. • 방폭인 것은 Ex를 방기한다.
비상 전화기	Ⓑ	필요에 따라 번호를 방기한다.
경보벨	ⒺⓉ	
경보 사이렌	∝	
경보구역 경계선	— - - —	자동 화재경보 설비의 경계구역 경계선의 적요를 준용한다.
경보구역 번호	△	△ 안에 경보구역 번호를 넣는다.

03 소화 설비 기호

명칭	그림 기호	적요
기동 버튼	Ⓔ	가스계 소화설비는 G, 수제 소화설비는 W를 방기한다.
경보 벨	Ⓑ	자동 화재경보 설비의 경보 벨 적요를 준용한다.
경보 버저	ⒷⓏ	자동 화재경보 설비의 경보 벨 적요를 준용한다.
사이렌	∝	자동 화재경보 설비의 경보 벨 적요를 준용한다.
제어반	⊠	
표시반	⊞	필요에 따라 창수를 방기한다. 보기 : ⊞3
표시등	◐	시동 표시등과 겸용인 것은 ◉로 한다.

04 방화댐퍼, 방화문 등의 제어기기 기호

명칭	그림 기호	적요
연기 감지기(전용인 것)	Ⓢ	• 필요에 따라 종별을 방기한다. • 매입인 것은 Ⓢ로 한다.
열 감지기(전용인 것)	⊖	필요에 따라 종류 · 종별을 방기한다.
자동 폐쇄 장치	ⒺⓇ	용도를 표시하는 경우는 다음 기호를 방기한다(방화문용 : D, 방화 셔터용 : S, 연기 방지 수직 벽용 : W, 방화 댐퍼용 : SD).
연동 제어기	⊟	조작부를 가진 것은 ⊟로 한다.
동작 구역 번호	◇	◇ 안에 동작 구역 번호를 넣는다.

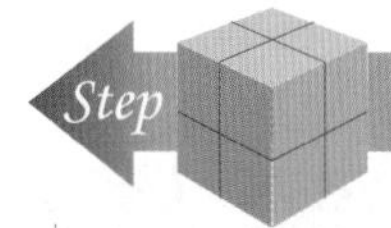

Step 2. 소화설비 일반

01 기초 소화설비

준공 건물의 천장

이제 막 완공된 건물의 천장이다. 스피커, 전등, 감지기, 스프링클러 헤드 등 여러 장치들이 보인다.

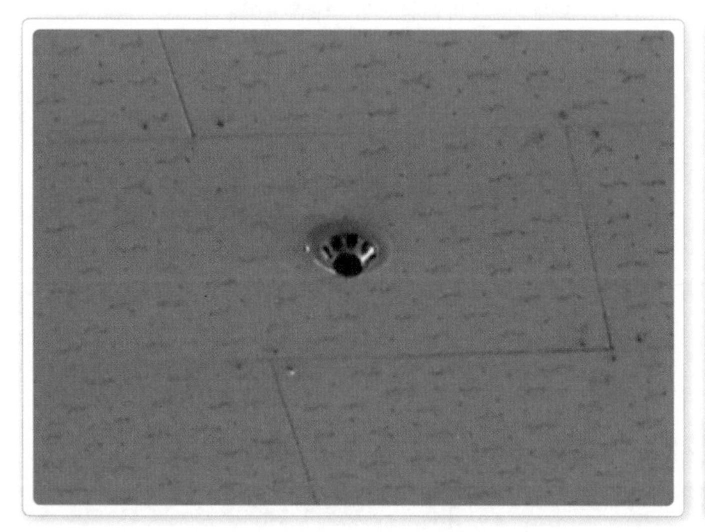

스프링클러 모습

화재 발생 시에 여기서 물이 나온다. 마치 우산을 펼치는 것처럼 물이 퍼진다. 평상시는 내부에 퓨즈가 들어 있는데 납으로 되어 있어서 밸브가 못 열리게 막고 있다.

스프링클러 확대

스프링클러를 가까이 확대하였다.

다른 형태의 스프링클러

설비 소화배관에 연결된 자바라 형식이라 위치 이동이 쉬운 장점이 있다.

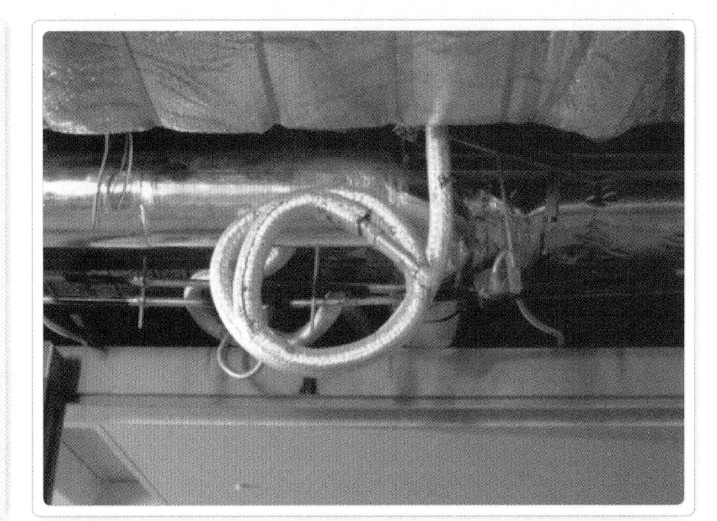

스프링클러 고정된 모습

자바라를 쭉 끌고 와서 원하는 지점에 브라켓으로 고정시키면 된다. 방법은 경량에서 천장을 치기 위한 뼈대 역할을 하는 엠바와 엠바 사이에 지지시키면 된다.

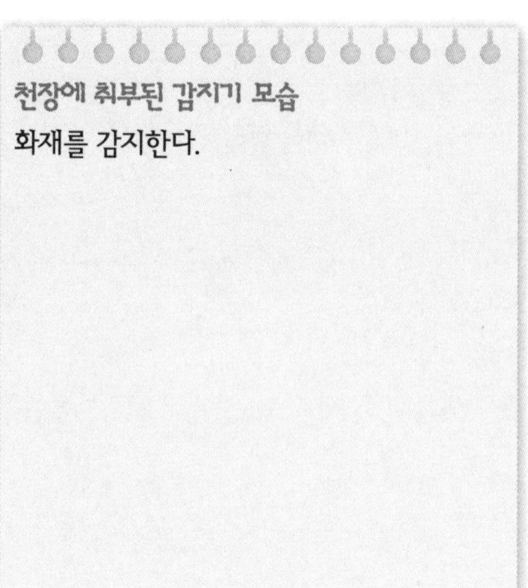

천장에 취부된 감지기 모습
화재를 감지한다.

02 소화설비의 종류

화재가 발생했을 때 물을 뿜어내는 스프링클러의 작동을 몇 가지 종류로 나눌 수가 있으나 여기서는 크게 2가지를 살펴보겠다.

01 습식

(1) 일반적으로 가장 많이 사용되는 방식이다. 우리 주변에 있는 건물의 스프링클러 대부분을 차지하고 있다. 사진에는 보이지 않지만 천장 속에 소화설비 배관이 있고, 그 배관에서 분기를 해 스프링클러 헤드 처리를 한 것이다. 바로 배관 속에 항상 물이 차 있는 방식이다.

(2) 작동
화재가 발생하면 자동으로 감지가 작동하거나 감지기가 작동하기 전에 사람이 먼저 발신기 세트의 버튼을 눌러 경보를 울린다.
불길이 번져 스프링클러 헤드에 있는 퓨즈가 열에 의해 녹으면 밸브가 열리면서 압력에 의해 물이 쏟아진다. 그러므로 헤드의 퓨즈가 녹지 않으면 불길이 번져도 물은 안 나온다.

(3) 습식의 장 · 단점
건식에 비해 구조도 간단(설치비가 적게 든다)하지만 물이 들어 있는 관계로 겨울에 얼 수가 있는 단점이 있다. 따라서 외부에는 적당하지 않은 타입이다.

02 건식

(1) 건식은 설비배관의 중간 부분에 밸브를 설치한다. 밸브로 파이프를 막았으므로 한쪽은 습식처럼 물이 차 있고, 반대(2차측, 움직이는 공간, 즉 현장의 천장 속)는 압축공기가 들어 있다. 압축공기는 기계적인 작동(컴프레션)으로 압축되어 있다.

(2) 작동은 습식과 같고 장점과 단점은 습식의 반대이다.

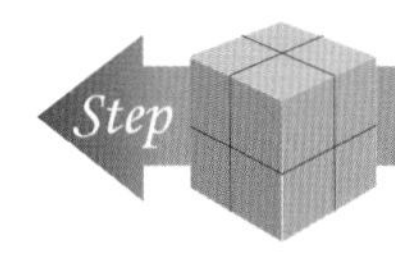

3. 소방 전기 일반

01 감지기의 용도 및 종류

감지기는 화재가 발생했을 때 자동으로 감지하여 방재실에 신호를 보내는 데 사용된다. 많은 종류의 감지기들이 있으나 일반 현장에서 흔히 사용되는 다음의 것들만 설명하도록 하겠다.

01 열감지기

(1) 차동식

공사 시에 사무실이나 강의실 같은 곳의 내부에 설치하며 갑작스런 온도 변화에 동작한다.

(2) 정온식

일정한 온도에 이르렀을 때 동작하며 주방 같은 곳에 사용한다.

02 연기 감지기

(1) 광전식

복도나 홀 같은 곳에 사용되며 빛을 이용한다.

(2) 이온화식

감지기 내부에 있는 방사능 물질을 이용한다.

※ 방화 셔터의 앞 · 뒤에는 각각 차동식과 광전식이 함께 사용된다.

감지기 선

(+)와 (-)선이 각각 2가닥이다.

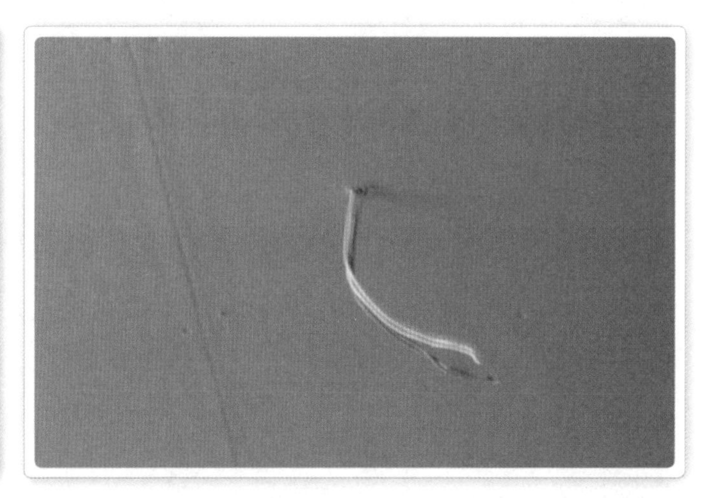

알아두면 편해요

연기 감지기는 화재를 감지하면 신호를 보내 경보만 울리는 데 그치지만, 열감지기는 경보와 함께 스프링클러도 작동합니다.

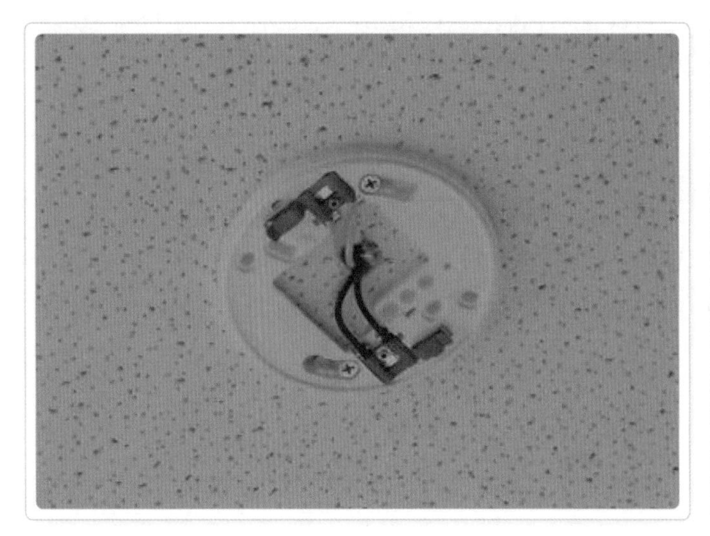

단자대에 선이 물린 모습

베이스 단자에 물린 선을 보면 흑색 2가닥, 백색 2가닥이 각각 직렬형태로 연결되었다. DC 24V를 수신반에서 흘려보내는데, 극성은 구별하지 않는다. 즉, (+), (-)가 어느 단자에 물려도 상관없다.

이온화식 감지기

화재를 감지하는 방법에 있어 방사능 물질을 이용한다.

차동식 감지기

종류에 따라 베이스의 밑면이 각각 다름을 알 수 있다.

광전식 감지기

광전식으로 빛을 반사하여 연기에 의해 빛이 차단되면 작동한다.

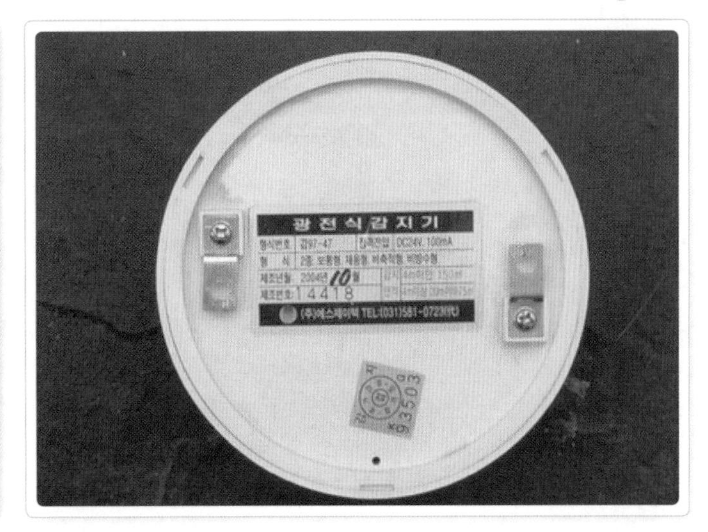

주소형 감지기

특수 감지기 일종인 주소형(Adress) 감지기의 모습이다. 감지기 내부에 내장된 마이크로 프로세서를 통해 해당 감지기의 고유번호를 전송받는다.

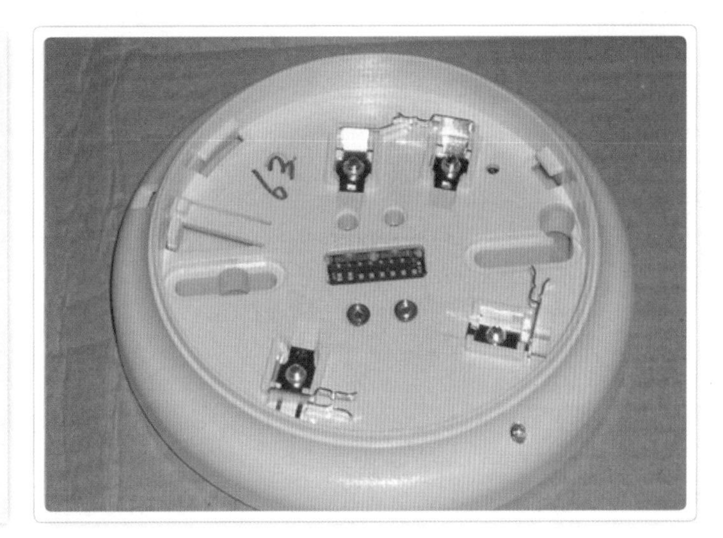

주소를 입력한 부위

63이라고 유성펜으로 적힌 숫자가 이 감지기의 고유번호이다. 번호는 소방도면에 표시가 되어 있다. 가운데 보이는 검은 칩처럼 생긴 곳의 흰색 부분을 가느다란 핀으로 좌우로 움직여 63의 숫자를 만들면 된다.

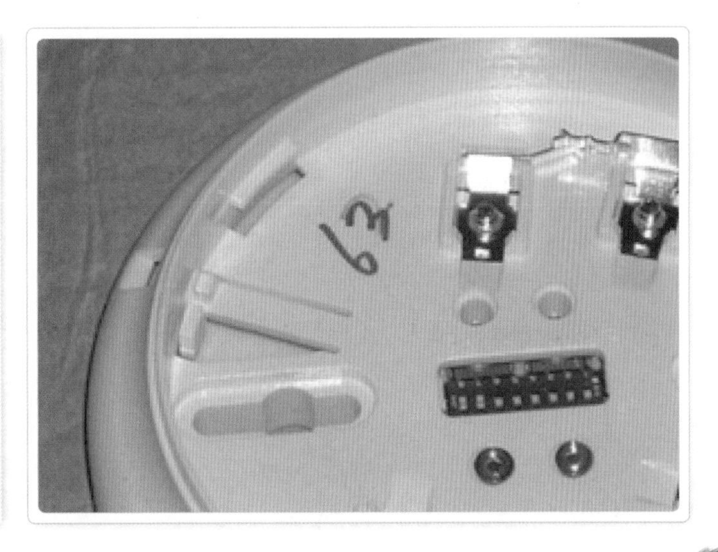

경종

방재실에 설치되는 주경종은 수신기의 위에, 현장에 설치되는 지구경종은 발신기 세트 안에 취부한다.

비상조명

정전이 되었을 때 축전지를 전원으로 사용하여 불을 밝힌다.

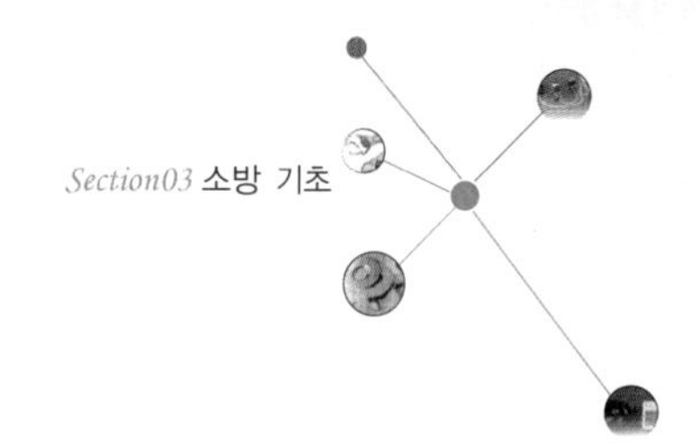

02 감지기 결선

감지기를 결선하는 방법을 놓고 직접 현장에서 일하는 기사분들 사이에 논쟁이 일어나는 경우를 종종 볼 수 있다.

즉, 감지기의 결선법이 과연 직렬이냐 병렬이냐 하는 것으로 논쟁을 벌이는 것이다.

어떤 이는 직렬연결이라고 하고, 또 다른 이는 (+)와 (−)극이 서로 병렬연결되었다고 하며 논쟁한다.

감지기 결선법을 부르는 명칭은 아주 독특하다. 흔히 송 · 배전 방식 혹은 루프 형식이라고 한다. 이를 해석하면 주고받기, 즉 처음 DC 24V를 흘려 보내 감지기를 거쳐 한 바퀴 원을 그리듯 다시 처음으로 돌아오는 것이 된다.

현장의 기사분들은 이런 낯선 용어를 잘 사용하지 않고 무조건 직렬연결이라고 한다. 여기에 간혹 다른 의견의 분들이 '아니다, 병렬연결이다' 라며 논쟁이 일어나게 되는 것이다.

사실 이 부분에 대해 명확한 결론을 내리기가 쉽지 않으므로 여기선 확실한 명칭인 송 · 배전(루프 형식) 방식을 제외한 직렬과 병렬에 대한 개인적인 견해를 소개하겠다.

물론 100% 확실한 결론을 도출하는 것이 우선이지만 현장에서 확실한 답이 없는 경우도 종종 있는 법이다.

01 1차 견해(기존의 그릇되었던 견해)

이 견해는 그 동안 개인적으로 판단하고 있던 내용으로서, 그릇되었던 견해에 대해서 거론하는 까닭은 다른 분들이 감지기 결선을 이해하는 데 도움이 될 것이기 때문이다.

감지기 결선도

감지기 5개를 연결한 것을 그린 결선도이다. 그 사이에 감지기 2개를 신설하였다.

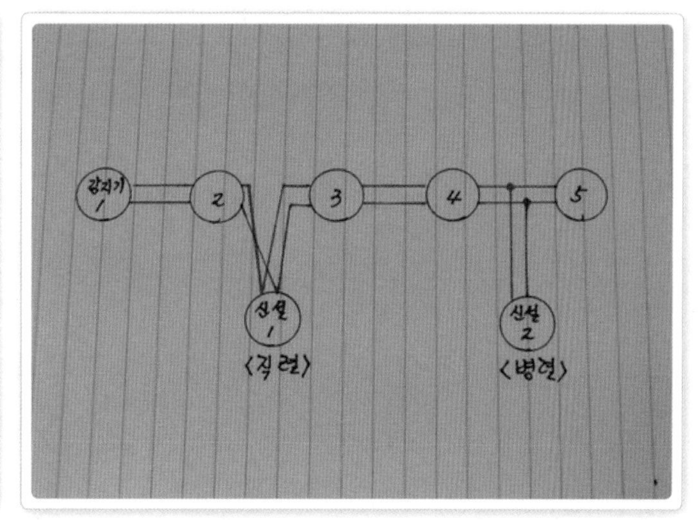

(1) 신설된 1번 감지기는 2번과 3번 사이에 직렬로 연결하였고, 신설된 2번은 4번과 5번 사이에 병렬로 연결했다. 직렬과 병렬 회로로 보는데 있어 이견은 없을 것이다.

(2) 여기서 잘못된 것은 신설된 2번 감지기이다. 그 이유는 다음과 같다.
기존 5개와 신설 1번은 직렬이기 때문에 이 중 1개만이라도 단선(선이 끊어짐)이나 단락(합선)이 되어도 수신반에서 바로 알 수가 있다.
하지만 신설 2번은 단락이 되었을 때는 알 수가 있으나 단선일 경우에는 전체 라인은 그대로 돌기 때문에 전혀 알 수가 없다.

(3) **감지기 선의 결선 방법**
논쟁의 핵심 키워드를 위해 건전지를 생각해보자.
건전지를 직렬로 연결하려면 (+)에서 (−)로 쭉 연결한다. 여기서도 문제의 핵심은 (+)와 (−)가 어떻게 연결되느냐 하는 것이다.
그래서 필자는 (+)와 (−)선을 동시에 보지 말고 따로따로 분리해서 보자는 제인을 하겠다.
(+)선 1가닥이 과연 어떻게 연결되었으며, (−)선 1가닥은 어떻게 연결되었는지, 그리고 그 2가닥에 연결되는 감지기는 어떤 형태로 연결되었는지 다음에서 살펴보도록 하자.

① 감지기 결선

㉠ 감지기의 단자에 (+)선을 연결했다. 감지기 본체는 끼우지 않았다. 아직은 그냥 단자대라고 볼 수가 있다. 좌측에서 우측 끝지점까지는 선 1가닥이 일직선으로 지나간 상태일 뿐이다. 이 모양을 병렬이라고 봐야 할 것인지 아니면 직렬이라고 봐야 할 것인지 계속 살펴보자.

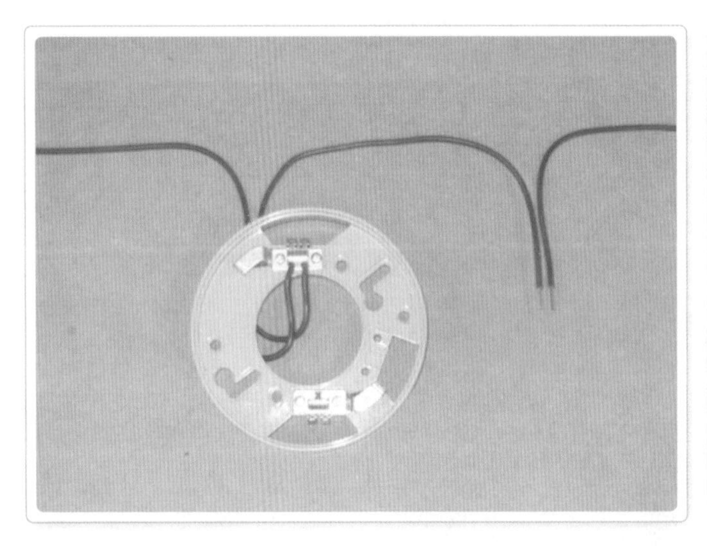

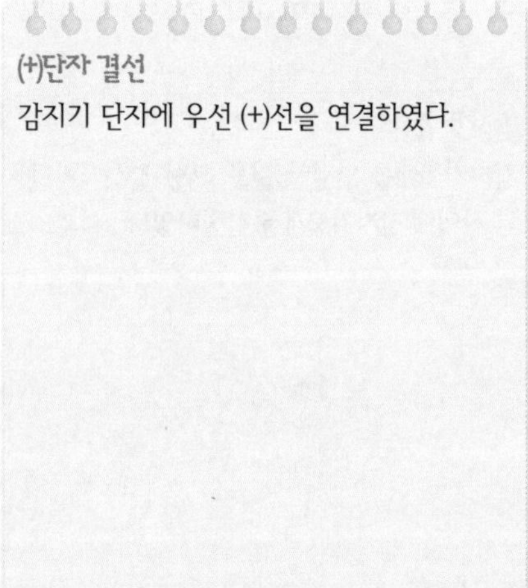

(+)단자 결선
감지기 단자에 우선 (+)선을 연결하였다.

㉡ 이번에는 밑에다 (−)선을 같은 방법으로 연결했다. 역시 감지기 본체는 없다. 위와 같이 단자대라고 생각하면 된다.
단자대에 일직선으로 물려 있다.

(−)단자 결선
(+)단자와 마찬가지로 감지기 본체가 없다.

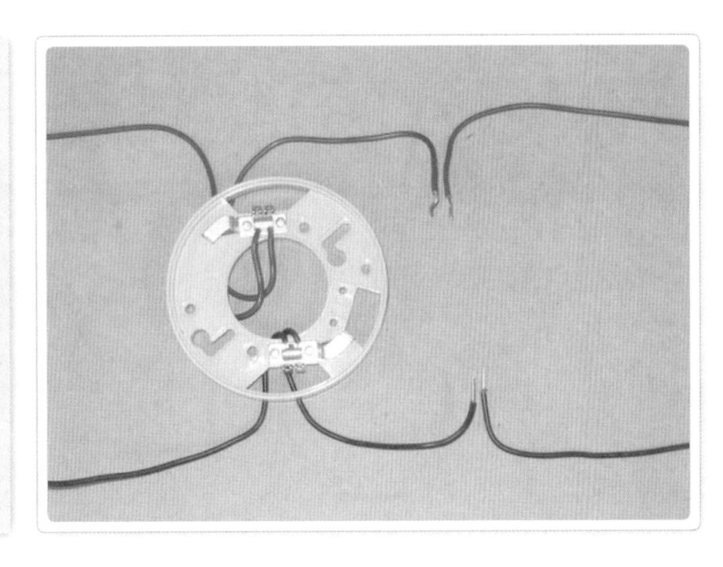

㉢ 다음으로 (+)의 선 중간을 따서 1가닥을 내렸다. 연결해서 내린 1가닥과 기존의 지나가는 선과의 관계는 병렬이 된다.

(+)선 중간에 연결된 모습
기존 선과 내린 선과는 병렬이다.

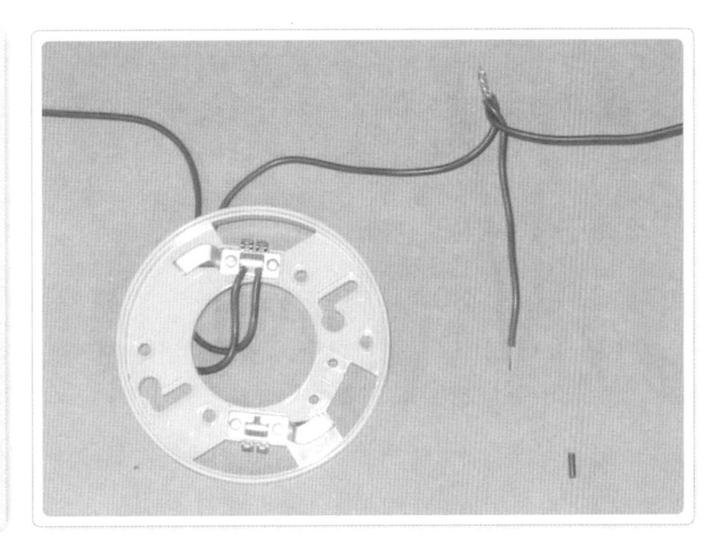

ㄹ (−)선도 역시 기존 선에서 가지고 왔다. 이제 비교를 해 보자.
왼쪽의 단자대에 물려 있는 선은 직렬관계이고, 오른쪽에 연결해서 내린 선은 병렬관계이다. 당연히 감지기 선을 결선할 때는 왼쪽처럼 해야 한다.

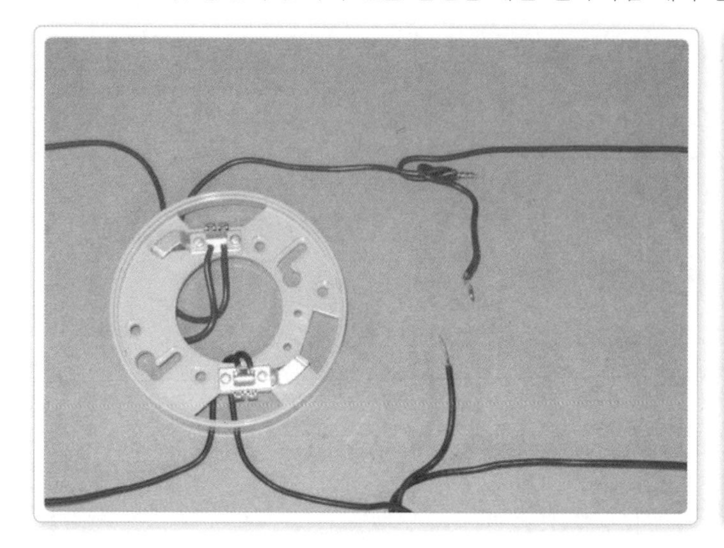

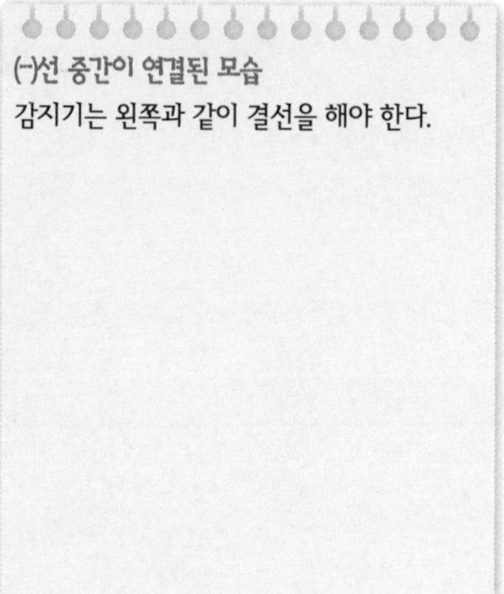

② 결론

필자가 제시하는 결론은 다음과 같다.

㉠ 감지기 선의 결선은 각 상끼리, 즉 (+)는 (+), (−)는 (−)끼리 직렬로 결선한다.

㉡ 감지기의 취부는 (+)와 (−)에 병렬로 취부한다.

㉢ 이런 독특한 감지기 배선 상태를 흔히 송 · 배선 방식(루프 형식)이라 하고 앞으로의 기술은 편의상 직렬연결이라고 하겠다.

02 2차 견해(수정된 견해)

(1) 감지기의 회로 구성이 병렬인 결선도를 보자.

① 일반적으로 병렬회로를 구성할 때 결선(연결)은 단자에 직접 2가닥이 물리는 직접접속 방법도 있고, 중간에서 가져오는 분기접속 방법도 있다.

② 직접접속은 일직선 형태로서 어느 한 곳에서 단선될 경우 그 뒤로 모두 전원이 끊어진다.

③ 분기접속은 가지치기 형태로써 분기된 어느 한 곳이 단선되어도 다른 곳은 영향을 받지 않는다.

④ 만약 기구(감지기, 전등, 릴레이 등)의 단자에 직접 물리지 않고 복스에서 연결하게 될 경우 직접접속은 일자 형태이기 때문에 반드시 2가닥씩 연결해야 한다. 이에 반해 분기접속은 같은 극(상)끼리 한꺼번에 연결된다.

감지기 결선도
직렬회로는 직접접속이고 병렬회로는 분기접속이다.

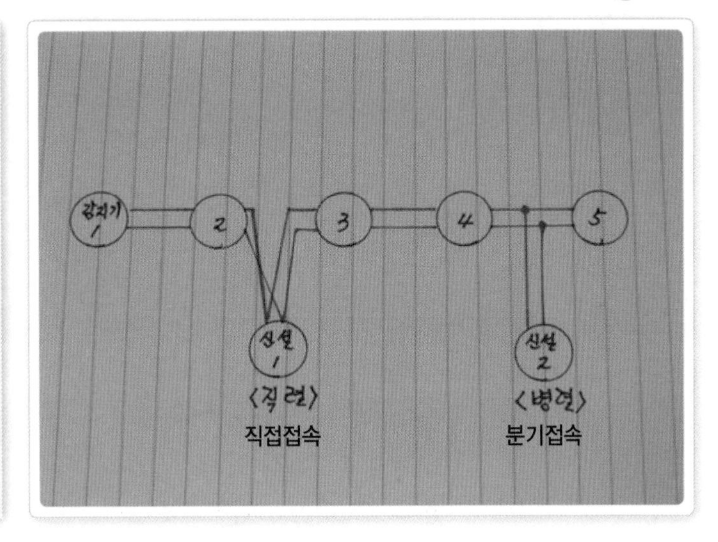

(2) 수정된 결론 I

직접접속으로 연결된 감지기 단자대와 분기접속으로 연결된 전선
감지기 결선은 직접접속만 이용한다.

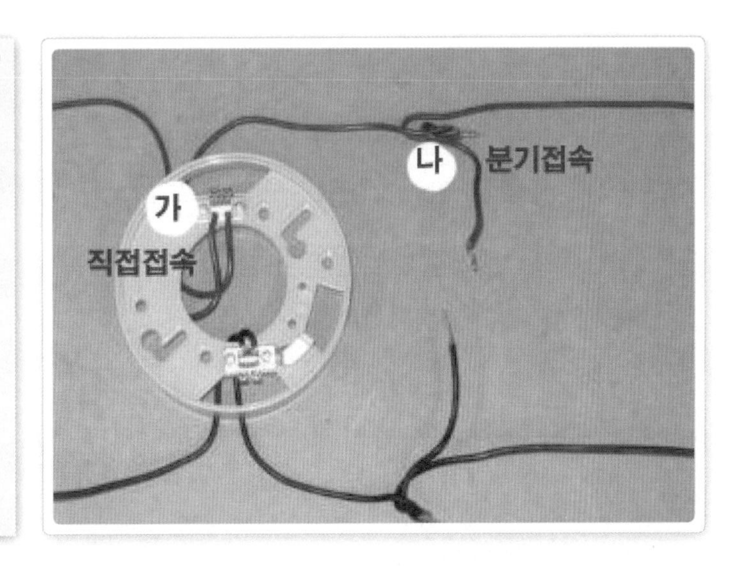

① 감지기의 결선은 이 중 직접접속 방식만을 이용하며, 이를 송·배전 방식(루프 방식)이라고 한다.

② 직접방식이 일렬, 혹은 일자로 결선하기 때문에 마치 직렬결선처럼 보이는데 현장에서는 용어가 불편한 것을 해소하기 위해 흔히 직렬결선이라고 한다.

이 같은 수정된 결론을 내리기까지 고민이 있었다. 이 결론 또한 오류가 있을 수도 있고, 현장에 있는 다수의 기사 분들이 수긍하려 들지 않을 수도 있다.

그래서 감지기가 아닌 다른 종류의 사진으로 직렬과 병렬을 설명해 보기로 하겠다.

(3) 수정된 결론 II

① 병렬결선

직류가 아닌 교류를 가지고 설명하도록 하겠다.

㉠ 병렬 회로도이다. 교류는 병렬을 사용하므로 하트(R)상과 N상이 병렬로 결선되는 회로도이다.

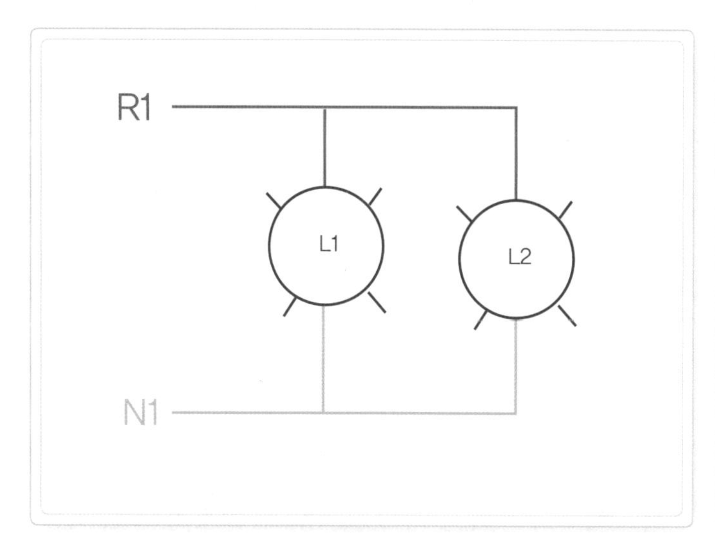

전등의 병렬 회로도
R상과 N상이 병렬로 결선된다.

㉡ 위의 회로도를 실제 결선한 모습으로 전등 L1과 L2를 병렬로 결선하였다.

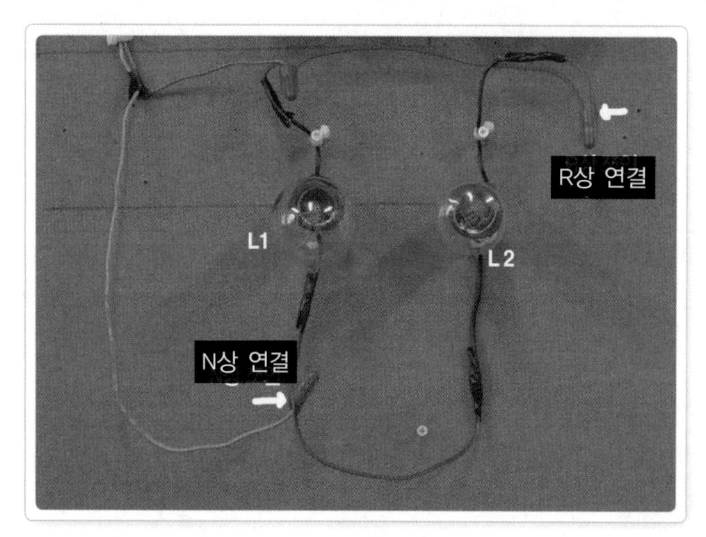

전등의 병렬결선
전등 L1과 L2가 병렬로 연결되었다.

㉢ 결선 후 실제 전원을 투입했다. 병렬이기 때문에 램프의 밝기가 정상이다. 만약 직렬로 연결한다면 밝기가 반으로 줄어든다.

병렬 전원 테스트

전원을 흘려보내니 램프의 밝기가 정상이다.

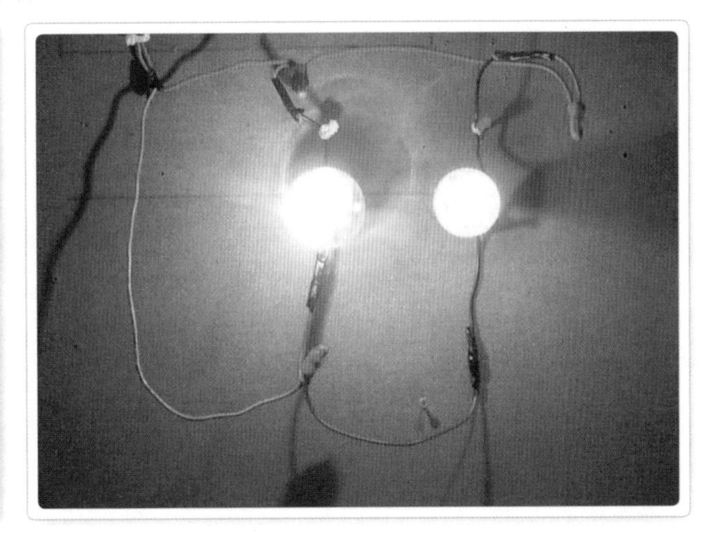

㉣ 병렬회로의 마지막 끝(L2)에서 다시 R1으로 왔다. N상도 마찬가지이다. 이렇게 했다고 해서 직렬회로로 변한 것은 아니다. 여기에 전등 대신 감지기를 넣고 220V대신 DC 24V를 투입해도 역시 병렬회로이다.

병렬 루프 형식

병렬회로 R1에서 L2로, 다시 R2로 돌아 왔다.

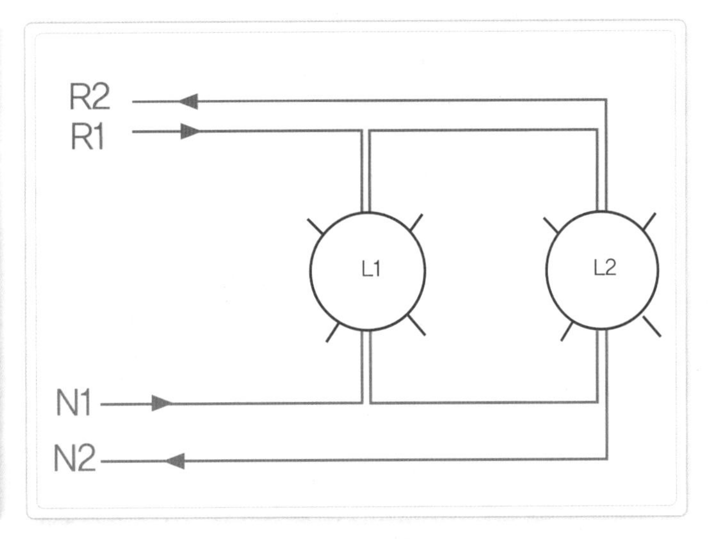

② 직렬결선

㉠ 교류를 직렬로 그린 회로도이다.

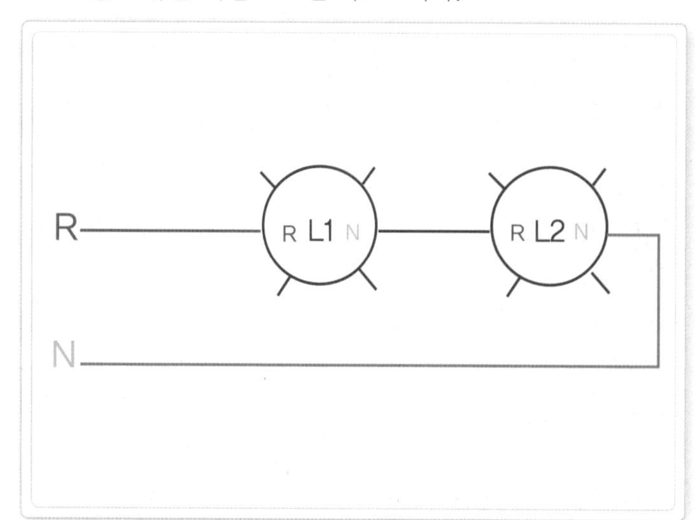

전등의 직렬 회로도

R상과 N상이 직렬로 결선된다.

㉡ 위 회로도처럼 실제 결선을 한 모습으로, 하트(R상)가 출발해 L1과 L2를 지나 N상으로 한 바퀴 돌아 온 셈이 된다.

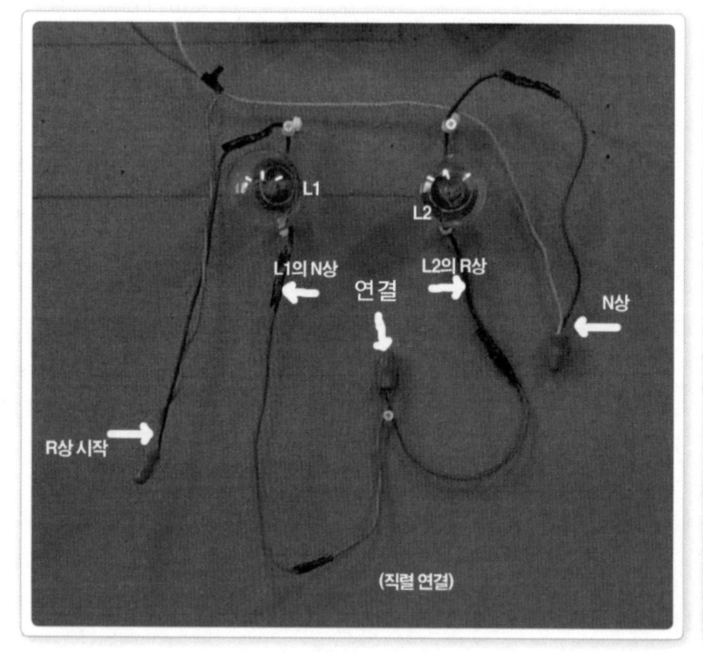

(직렬 연결)

전등의 직렬결선

하트인 R에서 출발해 중성선(N)으로 나오기까지 다른 곳으로 새어나가지 않고 오직 한 길만 따라온 것을 알 수가 있다.

㉢ 전원을 투입했을 때 반불이 들어온다는 사실은 이미 알고 있는 사실이다.
이로써 감지기 결선이 직렬이 아니라는 것과 병렬연결에서 분기접속(연결)을 하면 안 된다는 것이 분명해졌다고 하겠다.

직렬 전원 테스트
왼쪽의 희미한 램프가 100W이고 오른쪽의 더 밝은 램프가 60W이다.

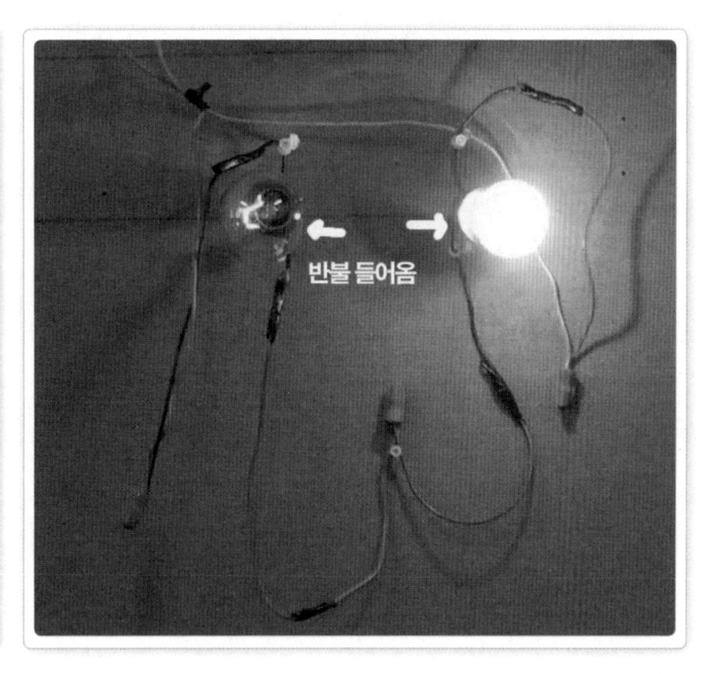

03 자동 화재 탐지의 전체적인 계통도

01 소방 계통도

화재가 났을 때 어떤 경로를 통해 경보가 울리는지 다음 그림을 보면서 설명하도록 하겠다.

(1) 현장에 감지기와 발신기(이하 속보라고 함) 세트가 있고, 관리실에는 수신반이 있다.

(2) 수신반에서 DC 24V가 회로(+)와 공통(−)을 통해 속보의 단자대까지 와서 두 군데로 나누어지게 된다.

① 먼저 발신기의 회로와 공통 단자로 간다(그림 가).

② 다른 한 군데는 바로 천장에 있는 감지기로 가서 루프 형식으로 연결된 뒤, 다시 속보의 단자대로 와서 말단 저항 처리한다(그림 나).

③ 두 군데로 나누어졌다는 것은 감지기와 발신기가 병렬연결되었다는 것을 뜻한다. 즉, 둘 중에 어떤 것이 먼저 동작해도 관리실의 수신반이 작동하게 된다.

(3) 만약 2개를 직렬로 연결하면 어떻게 될지 생각해보자. 어떤 건물에 화재가 발생했다고 가정했을 때 아직 감지기가 동작을 안 하고 있다. 그보다 앞서 건물 안에 있던 최초 목격자가 화재를 발견하고 속보에 부착되어 있는 발신기 버튼을 눌러 관리실에 알린다.

여기서 만약 연결된 감지기들 중 어느 1개라도 불량이거나 평소에 감지기를 교체하지 않았다면 발신기의 버튼을 눌러도 신호가 가지 않는 문제가 발생할 수 있다. 그래서 병렬로 연결을 해 주어야 한다. 화재 발생 신호가 방재실의 수신반으로 오면 내부 출력이 동작해서 주경종과 지구경종이 울리게 된다.

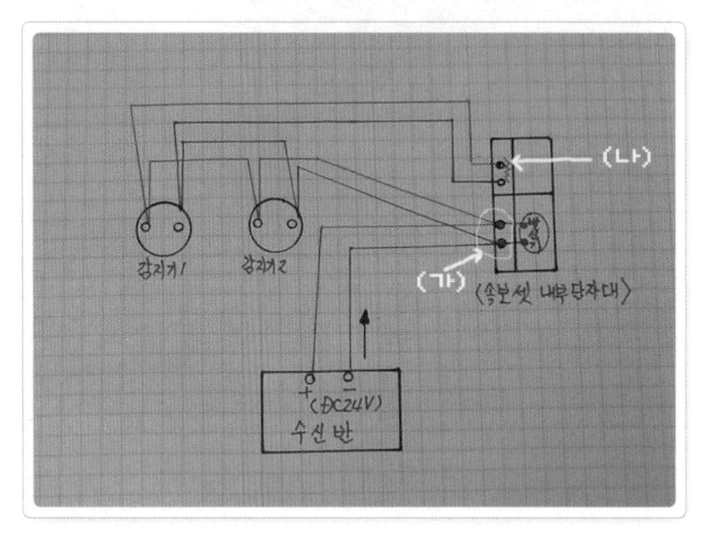

감지기, 속보 세트, 수신반의 관계도

위에서 설명한 내용을 그린 것이다.

- 가 : 단자대 부위가 발신기의 회로와 공통, 감지기의 2가닥이 만나는 부분이다.
- 나 : 단자대에서 저항 처리되는 부분이다.

알아두면 편해요

① 방재실은 대부분 건물의 지하에 있고, 방재실이 없는 작은 건물은 수신기가 경비실에 있습니다.
② 수신반으로 돌아온 감지기 선의 말단에 종단저항을 물려줌으로써 전체 감지기 라인의 단선 유무를 수신반에서 확인할 수가 있습니다.

P형 1급 복합 수신반 외부 모습

건물의 규모에 따라서 수신반의 크기도 달라진다.

P형 1급 복합 수신반 내부 모습

주경종이 보이고, 현장에 있는 속보 세트와 통화할 수 있도록 전화기도 비치되어 있다. 주경종은 수신반 내부나 바로 위에 설치된다.

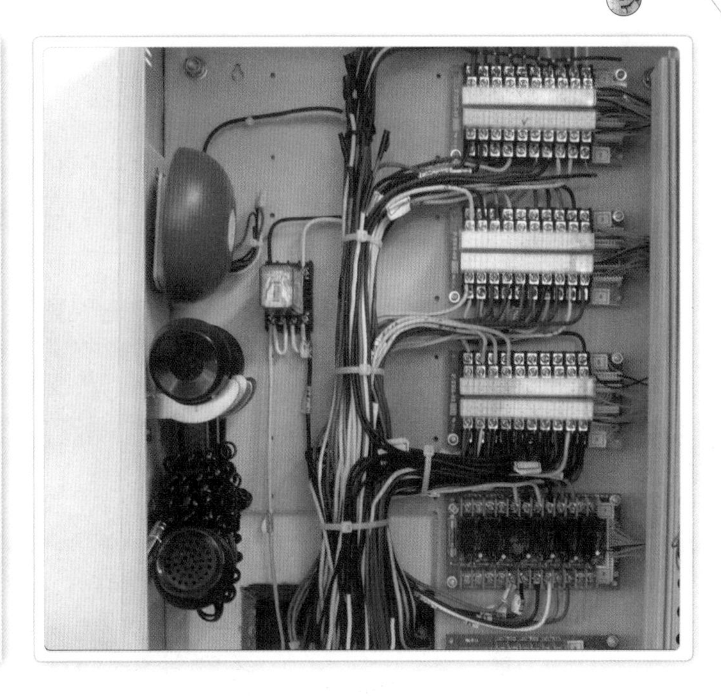

02 발신기(속보) 세트

최초로 화재를 발견한 사람이 최대한 빨리 화재 사실을 알리기 위한 목적으로 건물의 일정 구역에 설치해 둔 시설이다.

(1) 발신기(속보 세트) 세트의 구조

속보 세트를 구성하고 있는 부품들

속보 세트함, 벨, 표시등, 발신기 등으로 이루어진다. 최근에는 청각 장애인을 위해 시각 경보기도 부착된다.

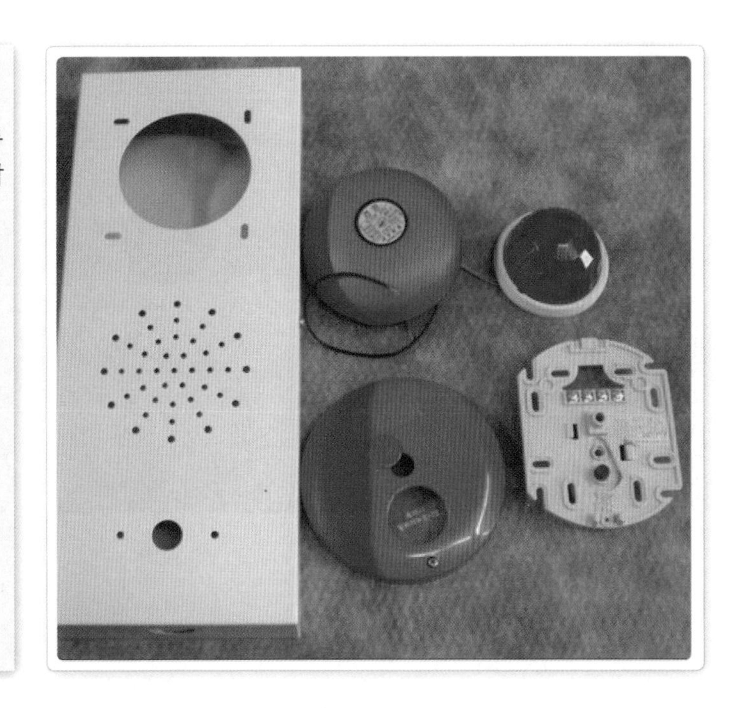

속보 세트를 결선할 때 자신도 모르게 누름 버튼을 누르는 경우가 있습니다. 그런 상태에서 만약 무심코 감지기 선을 회로에 물리면 벨이 울립니다.
경험이 부족한 분들은 당황(라인이 잘못된 줄 알고)하기 쉬운데, 응답 표시등에 불이 들어오니 금방 알 수가 있습니다. 이때에는 눌러져 있는 버튼을 빼 주기만 하면 됩니다.

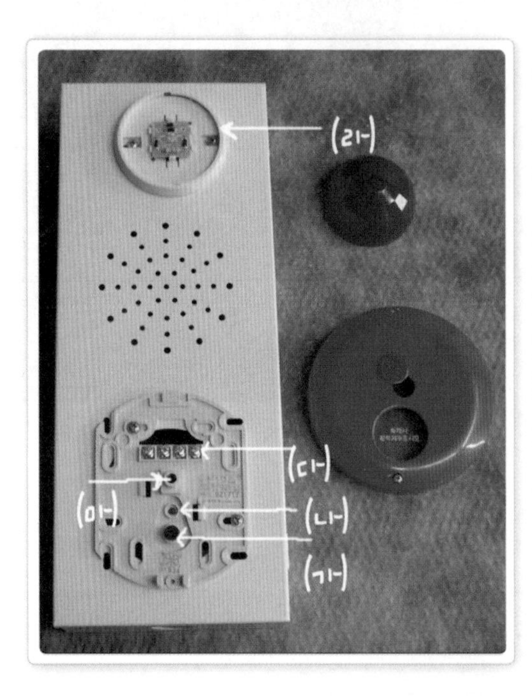

세트에 취부된 표시등과 발신기

- 발신기의
  (가) 누름 버튼
  (나) 응답 표시등
  (다) 단자대
  (마) 전화 잭
- (라) 표시등

소화전에 달린 속보 세트

별도의 속보 세트가 단독으로 취부되지 않고, 이처럼 소화전과 함께 구성되기도 한다.

속보 세트가 설치된 모습
노출도 취부된 속보 세트로 경종(벨)은 내부에 고정된다.

(2) 발신기

① 구성

누름 버튼 스위치(단자대), 전화 잭, 응답 표시등으로 이루어졌다. 속보 세트의 앞에 부착되어 있으며 최초 화재 발견자가 누름 버튼을 누르면 신호가 수신반으로 전달된다.

② 설치 높이

바닥으로부터 약 800 ~ 1,500mm 높이에 설치한다.

발신기 내부
단자대의 회로(+)와 공통(−)에 저항(10kΩ)이 물려 있다.

알아두면 편해요

① 현장감을 살리기 위해 간혹 감지기 결선을 직렬연결이라고 기술했습니다.
② 감지기 선의 가닥수는 기본적으로 2가닥(+, –)입니다. 이 2가닥이 수신반에서 출발해 감지기를 거쳐 다시 수신반(혹은 속보 세트)으로 돌아와야(이를 루프 형식이라 함)하기 때문에 4가닥(+ 2가닥, – 2가닥)이 됩니다.

(3) 표시등(PL)

DC 24V가 상시 들어왔음을 나타내고 속보 세트 위치를 나타내기도 한다.

(4) 경종(LB)

감지기 및 발신기에 화재 신호가 잡히면 수신반에서 DC 24V를 보내 경종이 울리게 된다.

(5) 전화(TEL) 잭

① 화새 진압 시 소화선 ↔ 소화선, 소화전 ↔ 수신반과의 통신을 위한 목적으로 사용된다.

② 수화기를 꽂는 단자가 발신기 가운데 달려 있다. 현장에서 수화기를 꽂으면 수신반에 부저가 울리게 된다.

(6) 회로(LN)

감지기에 연결되는 지구선(+)이다.

(7) 공통(COM)

자탐(자동 화재 탐지)에서는 기본적으로 2가닥이며 다른 모든 회로의 공통(–)선이 된다.

03 발신기(속보) 세트 결선

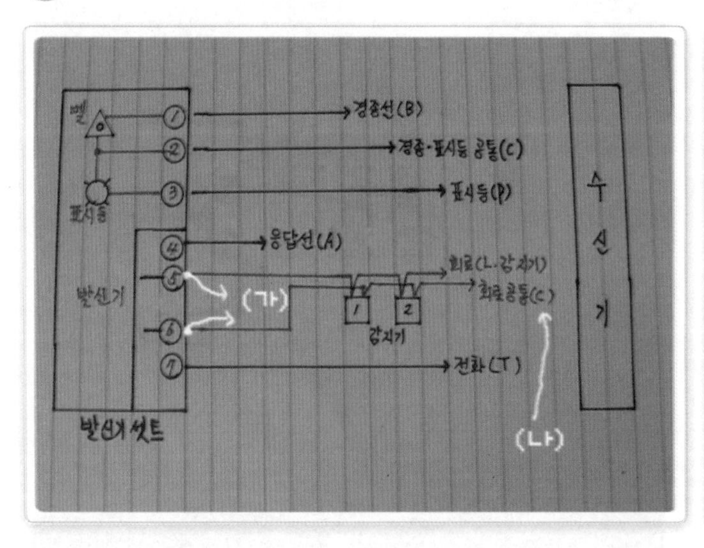

발신기 세트 결선

속보 세트와 가운데 감지기, 수신기(오른쪽)와의 결선도이다.

(1) (가)는 수신기에서 오는 DC24V의 선과 만나는 부분이다.

(2) (나)는 속보 세트의 빈 단자대에 물려 저항 처리될 선이다.

(3) 발신기에서 모두 7가닥이 수신반으로 가고 있다.

(4) 벨(①)과 표시등(③)이 각각 1가닥씩이고, 공통이 1가닥이다. 벨과 표시등의 공통선과 감지기의 공통선은 같은 DC 24V의 (-)이지만, 반드시 구분해 주어야 한다. 현장에서는 가끔 전선을 아끼기 위해 공통을 함께 사용하는데 이는 편법이다.

(5) 발신기에서 나오는 선을 보면 응답선(④)과 전화 잭이 각각 1가닥씩 가고, ⑤번과 ⑥번에서 감지기에서 온 2가닥과 서로 병렬연결(단자에서 더블 연결)된 후 수신반으로 간다. 다른 2가닥은 그냥 옆 단자에서 말단 저항 처리를 한다. 그래서 모두 7가닥이 된다.

(6) 예전에는 발신기에서 감지기로 가는데 2가닥이면 충분하였다. 2가닥이 계속 루프로 연결된 뒤 감지기의 말단(종단) 저항 처리를 현장에 있는 마지막 감지기 단자에서 했다. 그런데 이렇게 하면 공사가 끝나고 나중에 시간이 흘렀을 때 저항 처리된 종단 감지기가 어디에 있는지 알 수가 없는 문제가 발생하여 어려움이 많았다.
그래서 요즘은 모두 속보 세트까지 끌고 와서 저항 처리를 하는 것이다.

04 수신반

(1) 감지기나 속보 세트의 발신기로부터 전달된 신호를 받으면 화재 발생 사실을 관리인에게 램프 표시와 음향으로 알리는 시설이다.

(2) 종류

P형과 R형이 있으며 여기서는 P형 1급 수신반에 대해 간단하게 살펴보기로 한다.

① 수신반의 전원은 AC 220V와 DC 24V이다(트랜스와 내부 브리지 회로를 이용해 DC 24V를 만든다).

② 주경종은 수신반의 위쪽(대형일 경우 내부)에 설치한다.

③ 설치 높이는 바닥으로부터 0.8~1.5m 사이로 설치한다.

기본 5회로의 수신반(구형) 외부 모습
- 상단 화재 : 현장에 발생한 화재를 감지했을 때 램프가 들어온다.
- 1~5번 표시 : 해당 구역의 명칭을 적는다(예 : 1층, 2층, 3층, 4층, 5층).

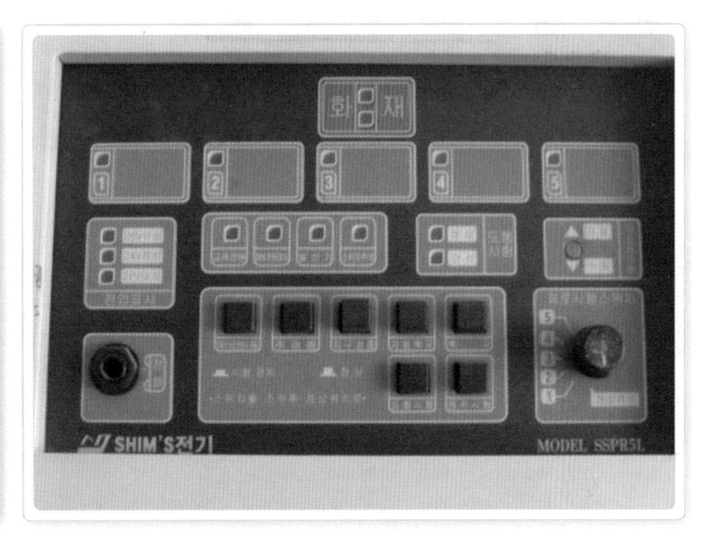

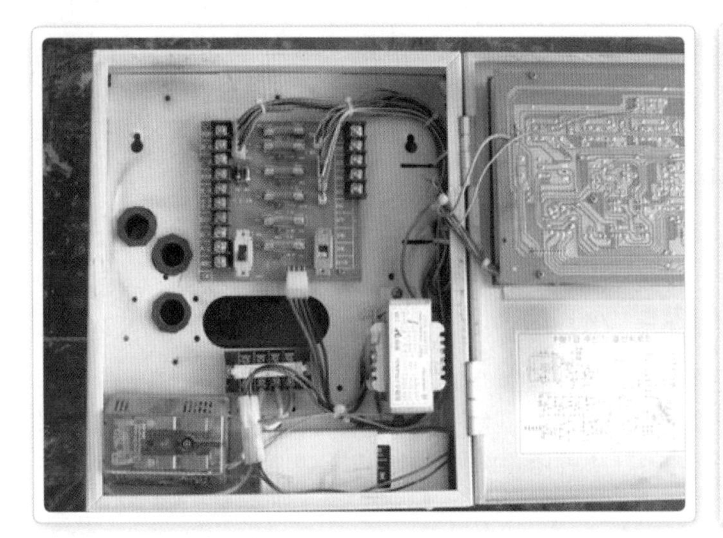

수신반 내부 모습

전압을 낮추는 Tr(트랜스)과 전원이 차단되었을 때를 대비한 충전용 배터리 등이 보인다.

수신반 내부 확대

속보 세트에서 오는 선들이 물릴 단자에 표시가 되어 있다.

알아두면 편해요

① 기본 5회로라 함은 소방법규에 의해 정해진 1개의 경계구역을 1회로라 하고 최소 5개 회로를 감시한다는 뜻입니다.

② 1개의 회로에 무한대의 감지기를 설치할 수 없습니다. 수신기에서 DC 24V를 보냈을 때 배선저항에 따른 전압이 점차 떨어지는데, 최저 약 17~18V 이하로 되지 않도록 해야 합니다.

③ 종단저항은 10kΩ 의 저항을 설치합니다.

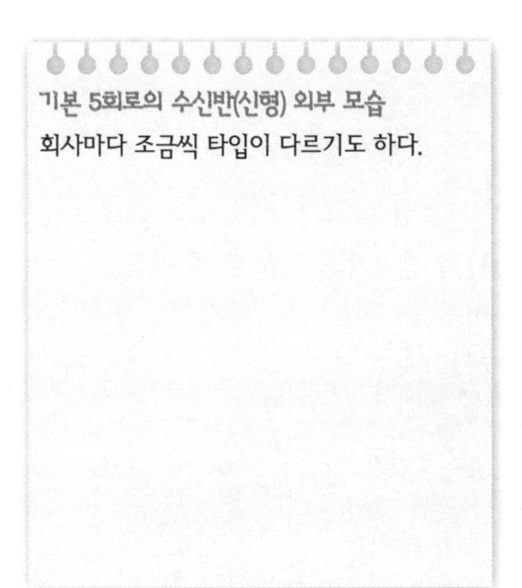

기본 5회로의 수신반(신형) 외부 모습
회사마다 조금씩 타입이 다르기도 하다.

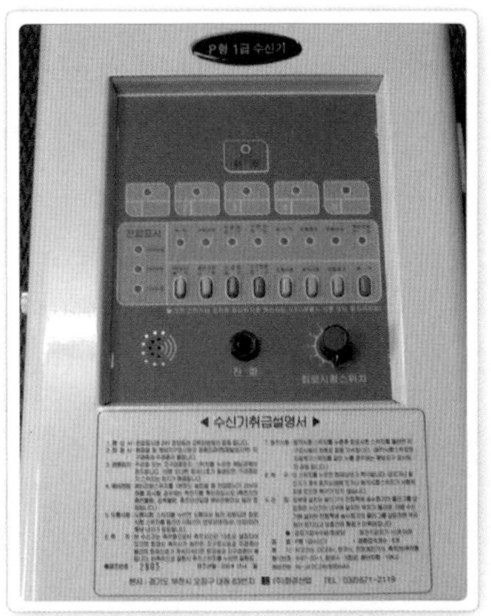

05 감지기와 속보 세트의 실제 결선

이제 속보 세트와 짝을 이루는 부속품들과 감지기의 실제 결선을 해보기로 하겠다.

(1) 경종과 표시등 결선

적색은 경종이고 황색은 표시등이다. 그리고 흑색은 2개의 공통선을 연결해서 내린 것이다. 경종은 화재 등 이상이 발생했을 때 울리고, 표시등은 DC 24V가 정상으로 들어오고 있다는 뜻으로 평상시에 램프가 켜져 있다.

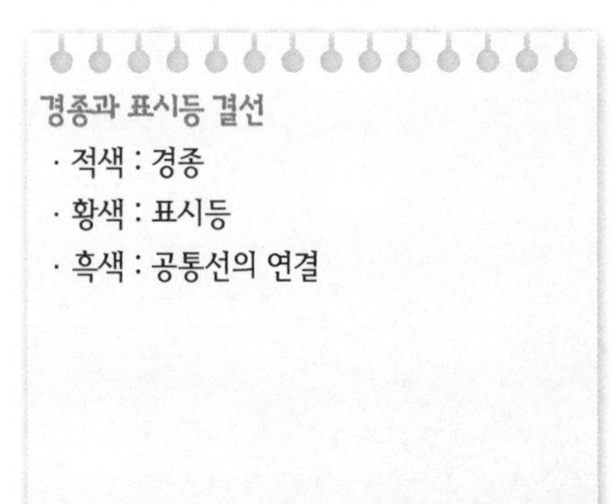

경종과 표시등 결선
- 적색 : 경종
- 황색 : 표시등
- 흑색 : 공통선의 연결

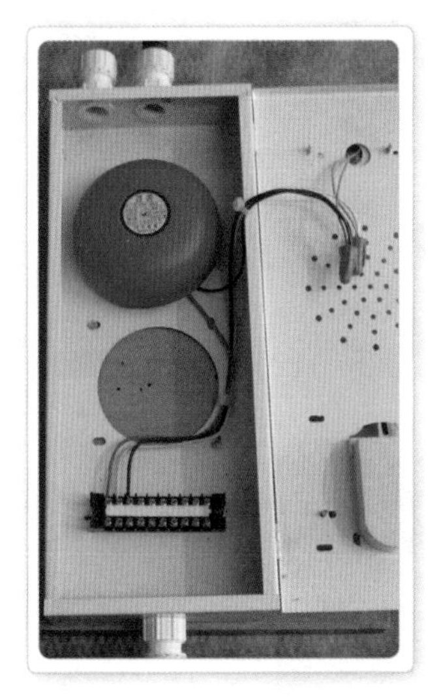

(2) 발신기 결선

① 전부 4가닥이다. 적색은 응답, 황색은 회로, 흑색은 회로 공통, 녹색은 전화이다. 회로와 회로 공통은 감지기에서 온 2가닥과 상부 단자대에서 연결(더블로, 즉 병렬로 물림)된다.

② 이렇게 되면 결국 감지기와 발신기(회로, 공통)가 서로 병렬연결된 뒤 수신기로 가는 셈이 된다. 이는 현장에서 화재가 발생했을 때 감지기가 먼저 동작해서 수신기가 작동하게 하거나, 사람이 먼저 발신기를 눌러도 수신기가 작동하게 하기 위함이다. 하부 단자대에서는 수신기로 간다. 다음 그림에서 발신기의 앞쪽 단자에 전선이 물린 것을 보여준다.

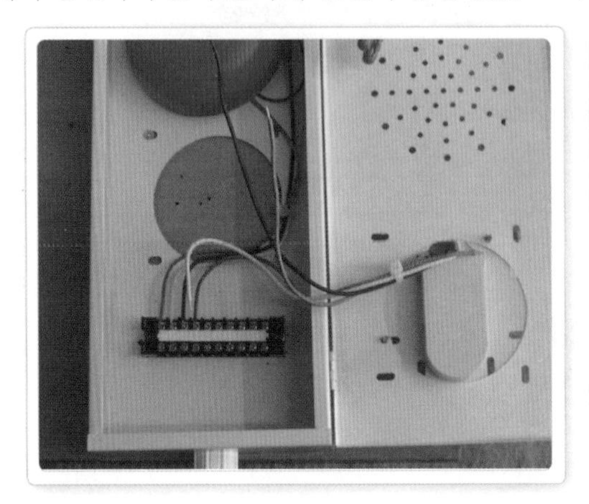

발신기 결선

- 적색 : 응답
- 황색 : 회로
- 흑색 : 회로 공통
- 녹색 : 전화

발신기의 앞쪽 모습

왼쪽 단자부터 응답, 회로, 공통, 전화이다.

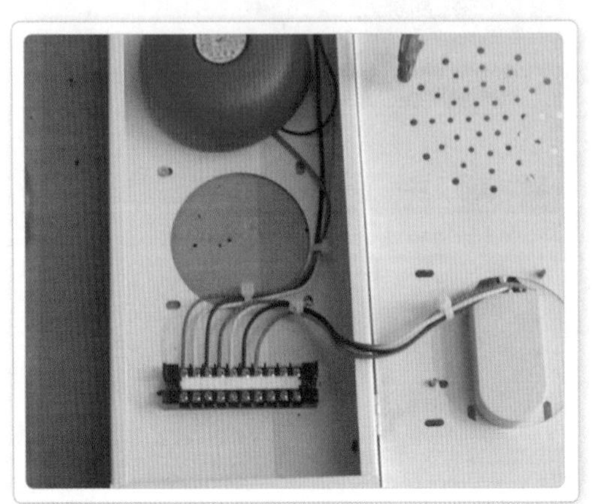

벨, 표시등, 발신기의 결선 확대 모습

발신기에서 온 4가닥을 모두 물렸다. 왼쪽부터 벨(B), 표시등(P), 벨과 표시등용 공통(C), 응답(A), 회로, 감지기용 공통, 전화(T) 총 7가닥이다.

(3) 현장에 있는 감지기 2개를 직렬연결해서 끌고 오겠다. 이미 물려 있는 (가)(황색, 흑색)와 (나)(황색, 흑색)의 4가닥이다. 먼저 발신기의 회로와 공통이 물린 단자대(가)에 2가닥이 물려 있고 반대편 2가닥이 밑의 배관을 통해 수신반으로 간다. 옆 단자 2개(나)는 비어 있는데 바로 저항을 연결할 것이다. 단자대의 하단에 물린 선들은 수신반으로 가는 선들이다. 따라서 기본 7가닥이 된다.

감지기 선 결선
- 가 : 회로와 공통이 물림
- 나 : 저항 연결

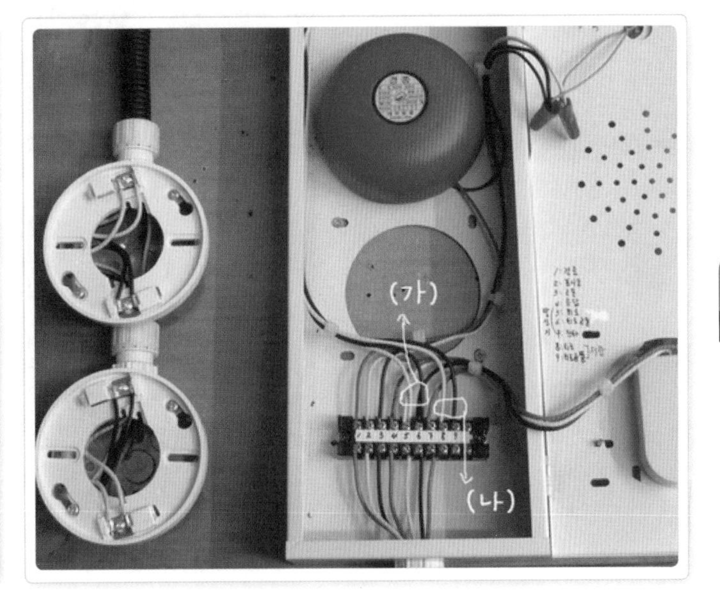

(4) 감지기의 병렬연결 상태이다. (가)의 2가닥이 말단으로 단자대에서 종단저항 처리된다. (나)의 2가닥은 수신반에서 온 것으로 단자대에서 병렬로 발신기로 연결된다. 나중에 공사를 하다 보면 (가)와 (나)의 복스 아무 곳에서나 연결 작업할 때가 있는데 바로 감지기를 추가로 달 때이다.
만약 (나)복스라면 어느 게 수신반으로 가는 선인지 알 수가 없게 된다. 이미 언급했듯 어떤 선을 잘라도 상관없고, 직렬로만 연결해 주면 어떻게 되는지 다음 사진을 보면 알 수 있다.

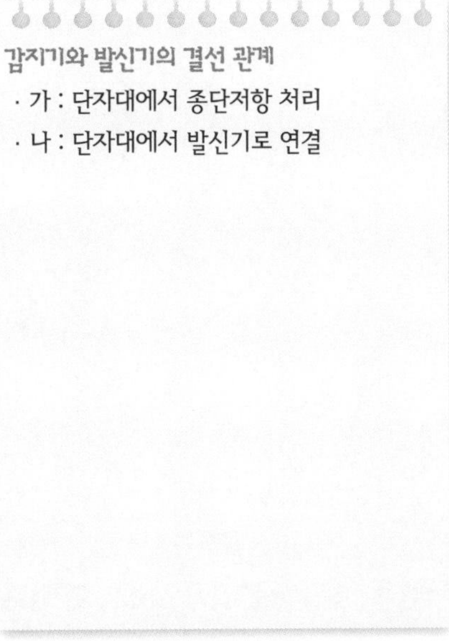

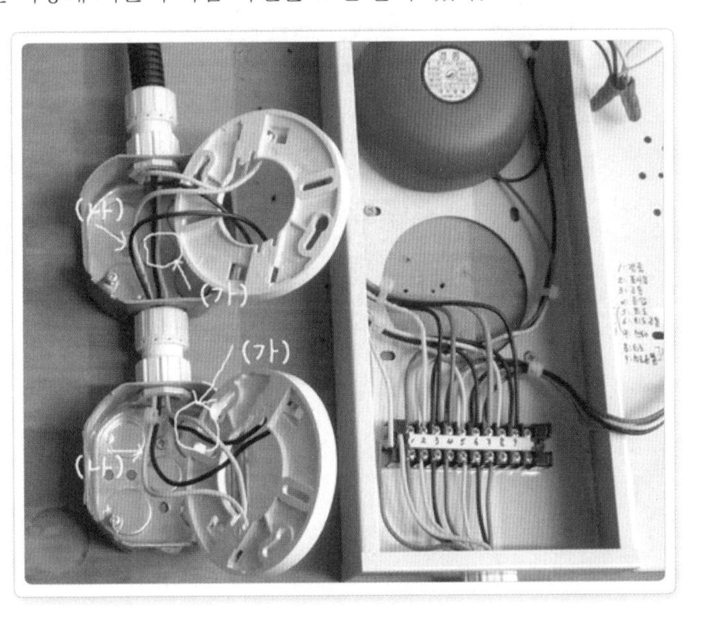

단자대에 물린 베이스 모습

단자대에 물린 상태이다. 단자 1개에 2가닥이 함께 물려 있다. 즉, 복스에서 바뀌어도 결국 단자에서 연결되므로 마찬가지가 된다.

(5) 위 층 간선연결 상태 확대 모습이다. 단자대에 물린 5가닥(나)은 속보 세트끼리 병렬연결된 모습이다. 그냥 내려간 2가닥(가) 중에서 적색이 경종, 황색이 회로(+)이다. 단자대를 거쳐야 하는데 단자가 부족해서 바로 연결할 것이다.

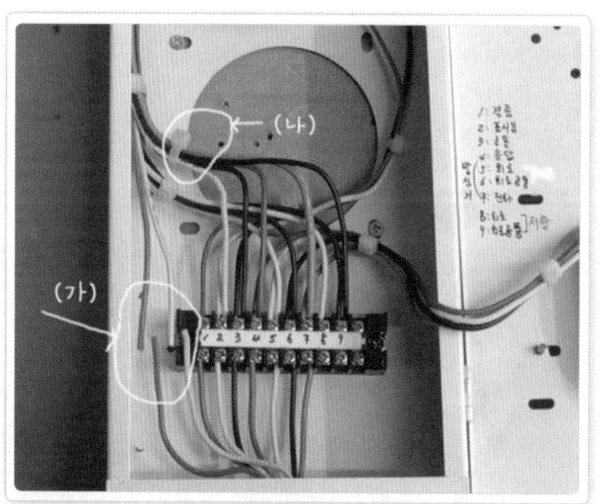

결선 완료 모습

기본 7가닥(1~7번)에 감지기의 종단 처리(8, 9번) 모습이다.

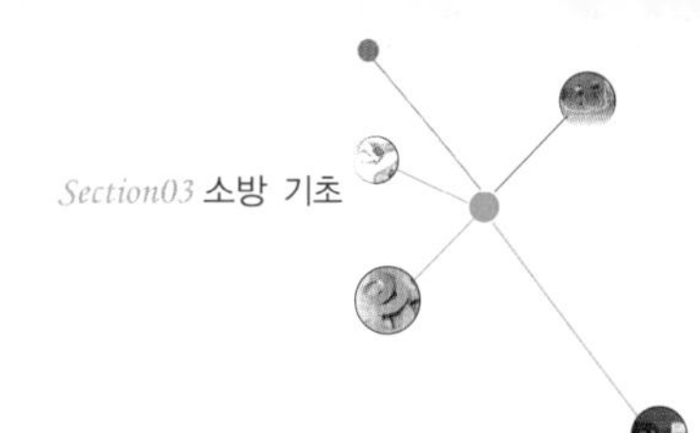

06 감지기, 속보 세트, 수신기의 결선

감지기, 발신기, 수신반의 전체 결선을 하도록 하겠다. 기본 5회로의 수신반이다.

(1) 수신기

기본 5회로의 P형 1급 수신기

회사마다 외관의 모습만 다소 차이가 날 뿐 기본 5회로의 작동법은 같다.

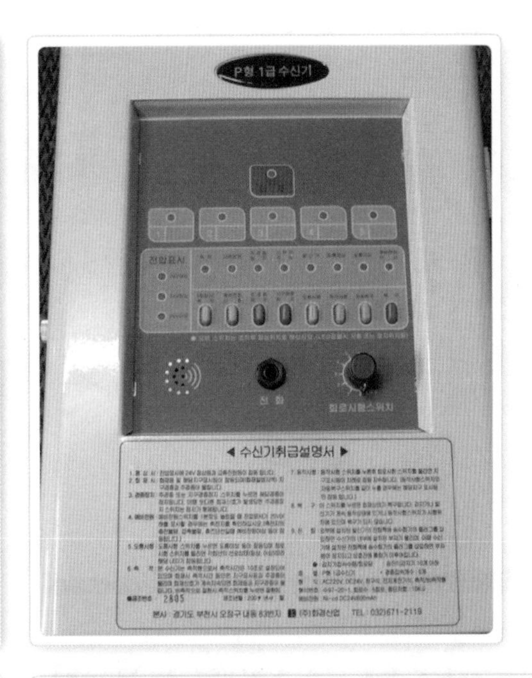

수신기 확대 모습

전원을 연결한 수신기의 모습이다.

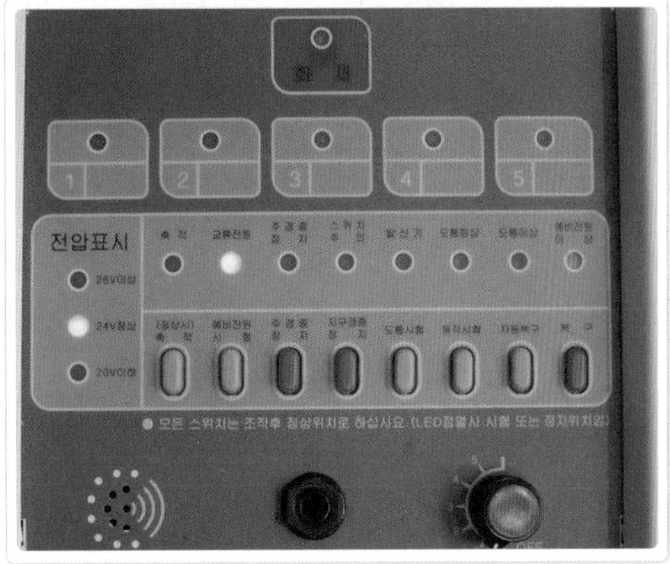

① 위 사진은 전원을 투입한 상태이다.

② 가장 상단 적색의 '화재' 는 현장에서 감지기나 속보 세트의 발신기를 눌러 화재 신호가 오면 램프가 반짝인다.

③ 밑으로 1~5까지는 회로를 나타내는 것으로, 회로의 기본이 최소 5인 제품이 나온다.

④ 그 아래로 여러 가지 버튼들이 있는데, 교류전원과 DC 24V는 정상으로 나오고 있다. 그런데 예비전원 이상이라고 적색 램프가 들어와 있다. 사진에서는 보이지 않지만 속에 있는 예비용 배터리의 잭이 꽂혀 있지 않아서 그러는 것이다. 잭을 꽂아 놓아야 평상시에 예비용 배터리에 충전이 되었다가 정전이 됐을 때 일정 시간 동안 작동할 수 있다.

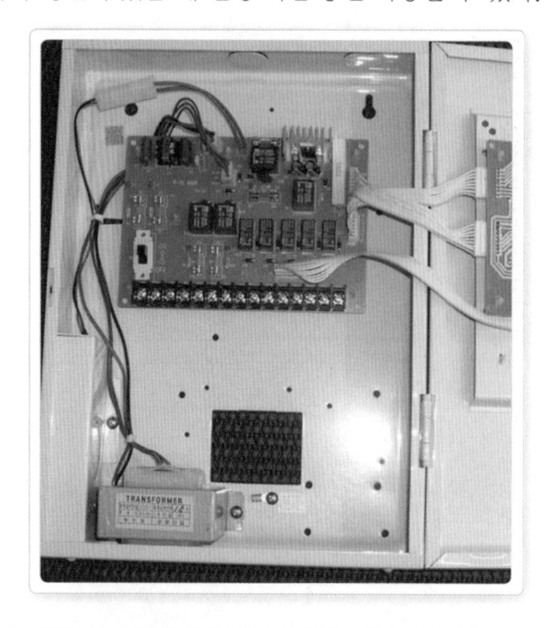

수신기 내부 모습

좌측 상단에 보이는 잭이 배터리 충전을 위한 것이다.
현장의 속보 세트와 연결될 단자대가 보인다.

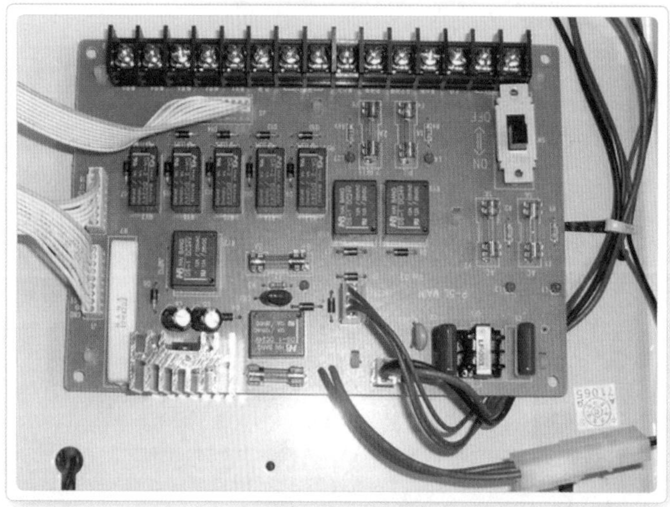

단자대 부분의 확대 모습

충전용 배터리의 연결 커넥터를 반드시 꽂아 주어야 한다.

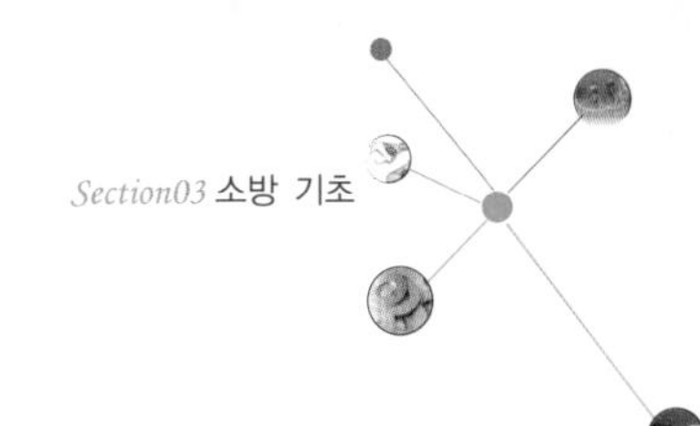

⑤ 단자대에 쓰여지는 명칭에 대해 알아보자.

<table>
<tr><td>O</td><td>O</td><td>O</td><td>O</td><td>O</td><td>O</td><td>O</td><td>O</td><td>O</td><td>O</td><td>O</td><td>O</td><td>O</td><td>O</td><td>O</td></tr>
<tr><td colspan="2">AC 220V</td><td>EG
정지</td><td>표시등</td><td>지구
경종</td><td>주경종</td><td>발신기</td><td colspan="2">공통
(−)</td><td>전화</td><td>1</td><td>2</td><td>3
회로(+)</td><td>4</td><td>5</td></tr>
</table>

㉠ 왼쪽부터 수신기 전원 220V이다.

㉡ EG는 접지를 나타낸 것이다.

㉢ 표시등이다.

㉣ 지구경종은 현장에 있는 속보 세트에 취부된 경종이다.

㉤ 주경종은 수신기가 있는 곳에 있다. 수신기의 바로 위에 취부되는데 여기서는 생략했다. 현장에서 화재가 발생하고 지구경종이 울리면 동시에 수신기가 있는 관리실의 주경종도 울린다.

㉥ 발신기로, 즉 속보 세트의 발신(응답) 회로선이다. 이것을 통해 어느 곳의 발신기가 작동하는지 알 수 있다.

㉦ 공통은 일반(경종, 표시등) 공통과 감지기 회로 공통이다. 현장에서는 같은 DC 24V로 동작해서 공통을 함께 사용해 전선을 아끼는 경우가 있는데 이는 편법이다.

㉧ 발신기에 있는 전화이다.

㉨ 회로는 기본 5회로이기 때문에 단자가 5개이고, 여기서는 기본 1회로만 결선할 것이다.

(2) 속보 세트와 수신기의 결선

① 다음 그림의 속보 세트를 수신기와 연결할 것이다.

단자대 2차측 결선 모습

단자대 밑에서 속보 세트 밖으로 내려간 선들이 수신기로 가게 된다.

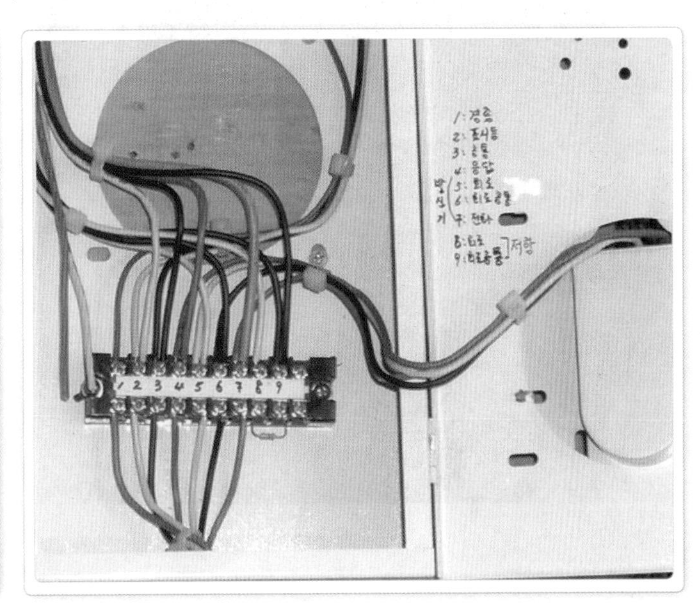

② 속보 세트에서 온 선을 결선한 모습이다.

㉠ 1, 2번 : 교류전압으로 220V가 흐르는 것을 메가테스터기로 측정한 것이다.

수신반 단자대 결선 모습

교류 220V가 Tr(트렌스)과 브리지 회로를 거쳐 DC 24V로 출력된다.

㉡ 8, 11번 : 공통과 회로 1번이다. 현재 DC 21.6V가 나타나고 있다.

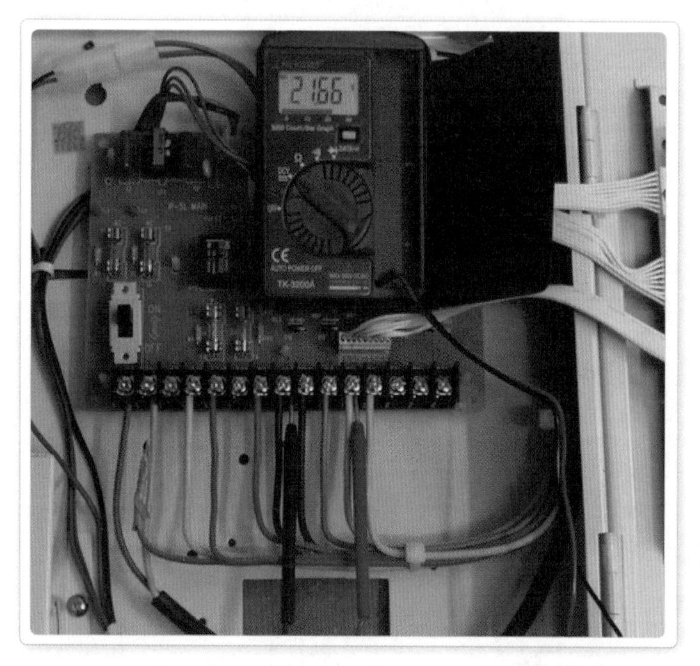

감지기 회로와 공통 결선

DC 24V가 아닌 약 21V가 나타나는 점을 기억해두자.

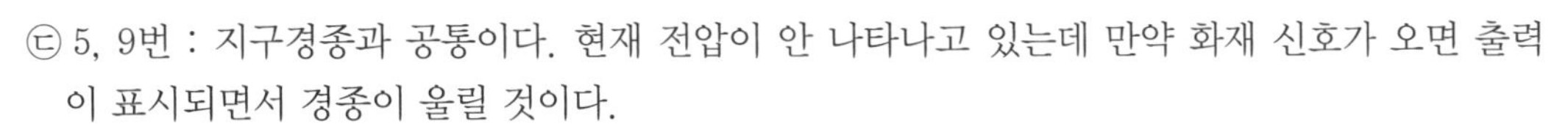

ⓒ 5, 9번 : 지구경종과 공통이다. 현재 전압이 안 나타나고 있는데 만약 화재 신호가 오면 출력이 표시되면서 경종이 울릴 것이다.

지구경종과 공통의 결선
현재는 출력이 표시되지 않고 있다.

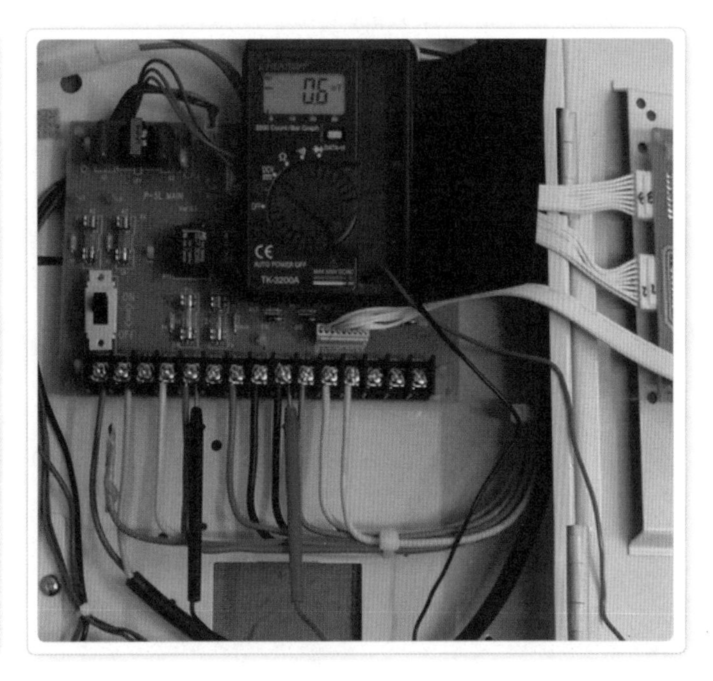

ⓓ 4, 9번 : 표시등과 공통이다. DC 24V가 나타나 있는데, 뚜껑에 취부된 표시등이 켜져 있는 상태이다. 또한 -24V인 것은 테스터기의 잭(홀더)을 반대로 접촉했기 때문이다. 적색과 흑색을 서로 바꾸어주면 해결된다. 여기서 흑색의 황색선이 (-), 적색의 흑색선이 (+)인 것을 알 수 있다. 엄밀히 결선을 하기 위해서는 흑색과 황색을 단자대에 적힌 대로 서로 바꿔주어야 한다.

표시등과 공통의 결선
디지털 테스터기로 측정할 때 리드선의 적색이 (+), 흑색 리드선이 (-)이다.

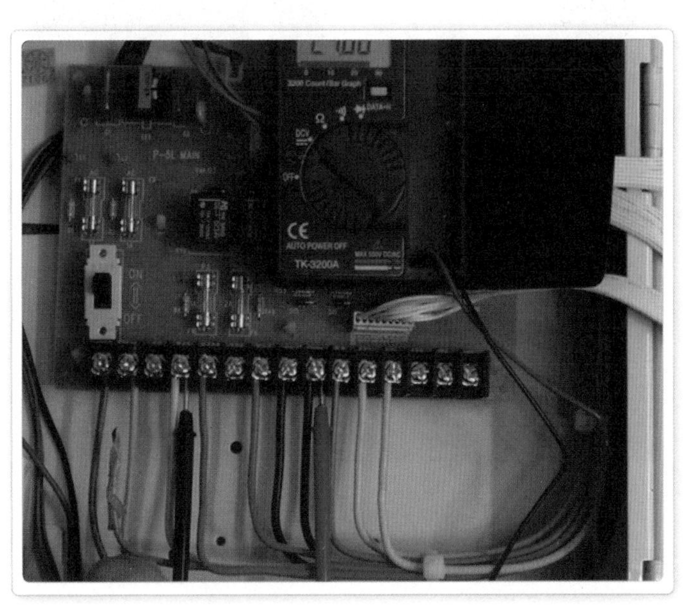

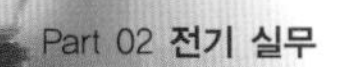

③ 다음 사진에서 상단의 감지기에 램프가 켜졌는데 이상이 있다는 뜻으로 화재 신호이다. 처음 소방을 잘 모를 때는 램프가 켜져야 정상인 줄로 착각할 수 있으니 주의해야 한다. 겨울철에 라이터나 히터 같은 곳에 가까이 대면 열에 의해 내부의 바이메탈이 붙으면서 램프가 켜진다. 히터에서 떼면 잠시 후에 다시 원상복구된다.

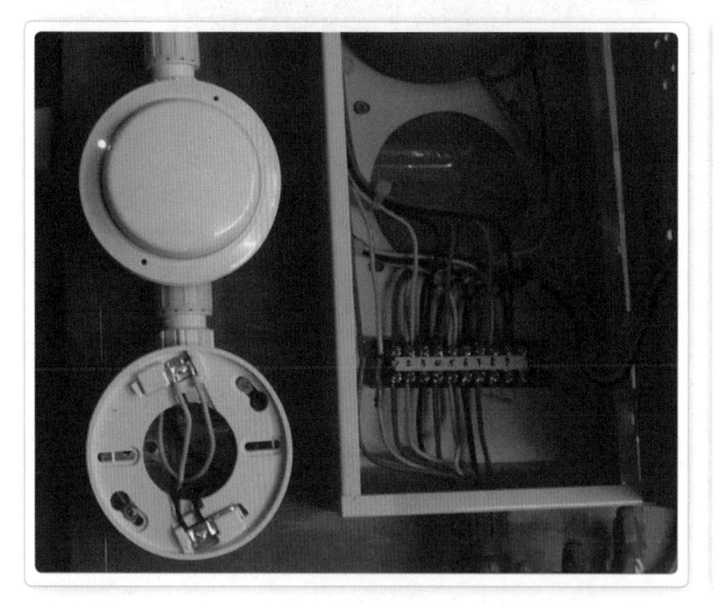

감지기 작동

화재가 발생했을 때 램프가 작동한다.

감지기 정상

감지기의 정상적인 모습이다.
회사마다 몸체와 베이스의 형식이 다르므로 구별해서 사용해야 한다.

(3) 전체 결선

전체 결선 모습

감지기, 속보 세트, 수신기의 전체 결선을 보여준다.

발신기에서의 주의할 점은 특히 누름 버튼 스위치가 밖으로 나와 있어야 한다는 것이다.

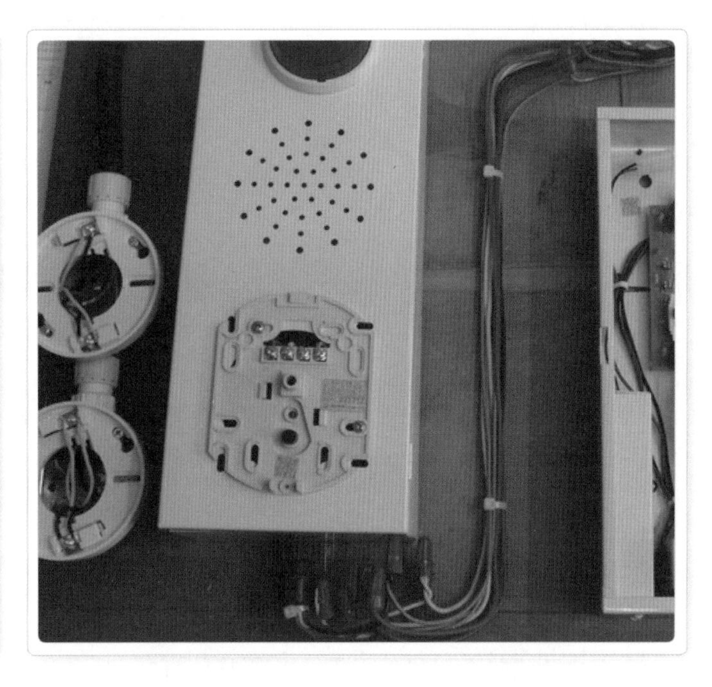

기본 5회로 수신반

처음의 외관 모습이다. 가운데 전화 잭과 우측 하단의 회로 시험 스위치가 보인다. 회로 시험 스위치는 레버를 돌려 1~5까지 각 회로를 시험하기 위한 것이다.

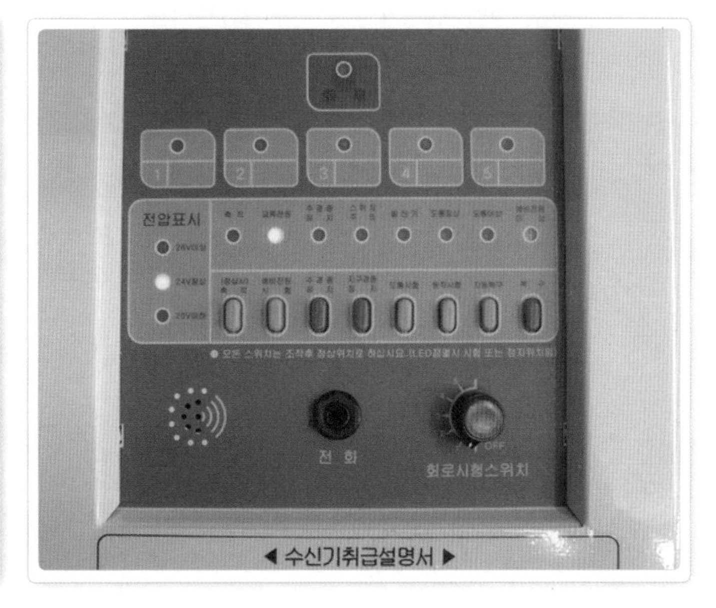

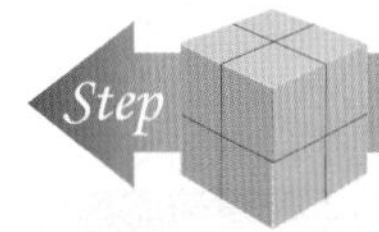

Step 4. 방화문과 도어 릴리스

01 방화문

01 방화문의 이해

방화문은 화재 발생 시 연기가 계단으로 들어오는 것을 막아 피난하는 데 도움을 주기 위한 문이다.

02 방화문의 작동

평상시에는 자동 방화문(전실의 큰 출입문과 피난 계단 출입문)을 열어 놓았다가 화재가 발생하면 감지기가 작동하여 연동으로 문을 닫아 연기가 들어오지 못하도록 한다.

02 도어 릴리스(Door Release)

평소에는 방화문이 닫히지 않도록 붙잡고 있다가 화재가 발생했을 때 수신반과 연동되어 몸체 속에 들어 있는 솔레노이드 밸브가 작동하여 방화문이 닫히게 된다. 이것 역시 회사마다 다양한 종류의 제품이 있다.

도어 릴리스의 매입

도어 릴리스가 벽에 매입되어 있다.

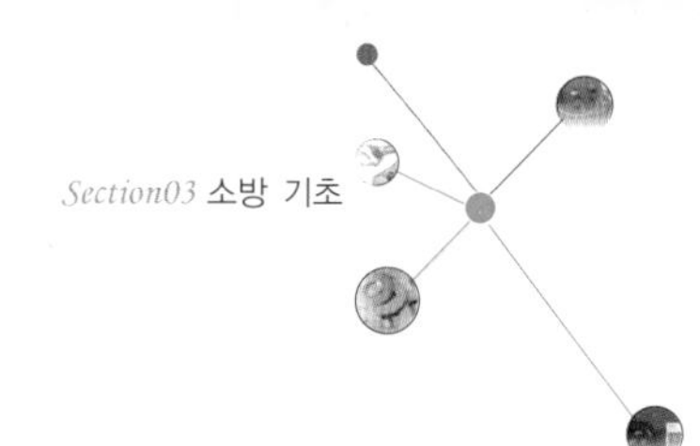

01 도어 릴리스 결선 방법

(1) 감지기는 수신반에 직접 연결하고 종단저항 처리는 도어 릴리스가 매입되는 복스에서 처리하면 된다.

감지기, 도어 릴리스, 수신반의 관계도

감지기는 현장의 천장에 설치된다. 2가닥은 수신반으로 가고 나머지 2가닥은 도어 릴리스의 매입 복스로 가서 종단저항 처리된다.

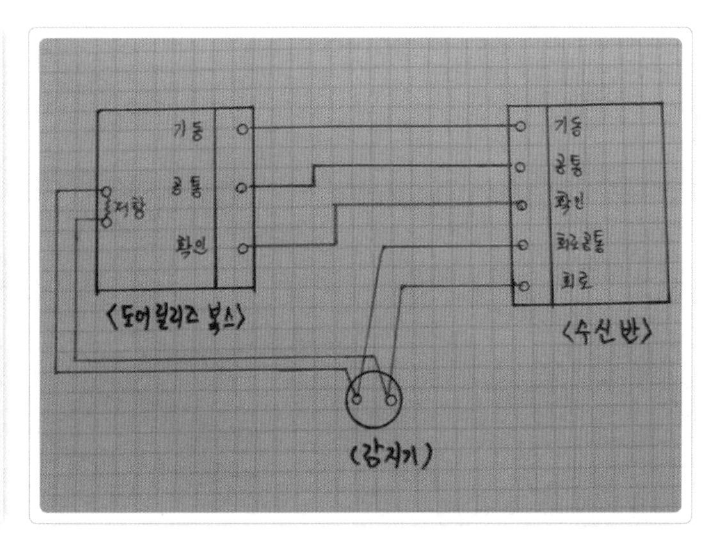

도어 릴리스 배선도

공통인 흑색과 황색 2가닥 중 아무거나 묶어 1가닥으로 사용한다.

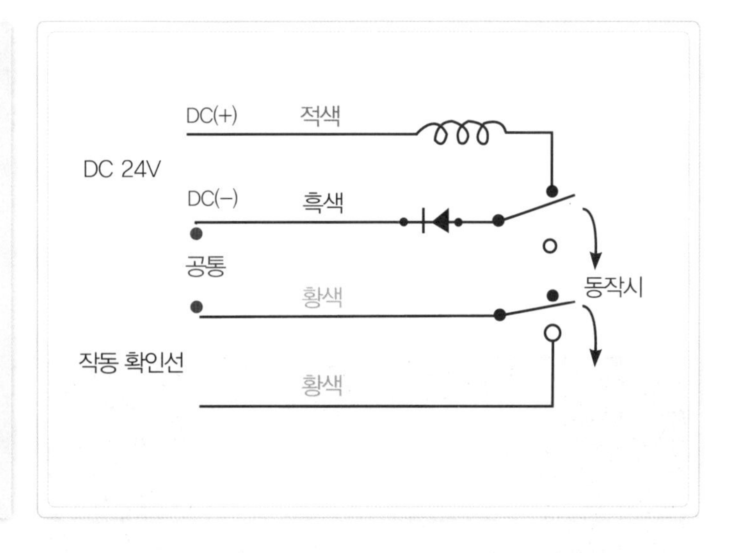

(2) 계단에 설치된 방화문의 도어 릴리스를 살펴보자.

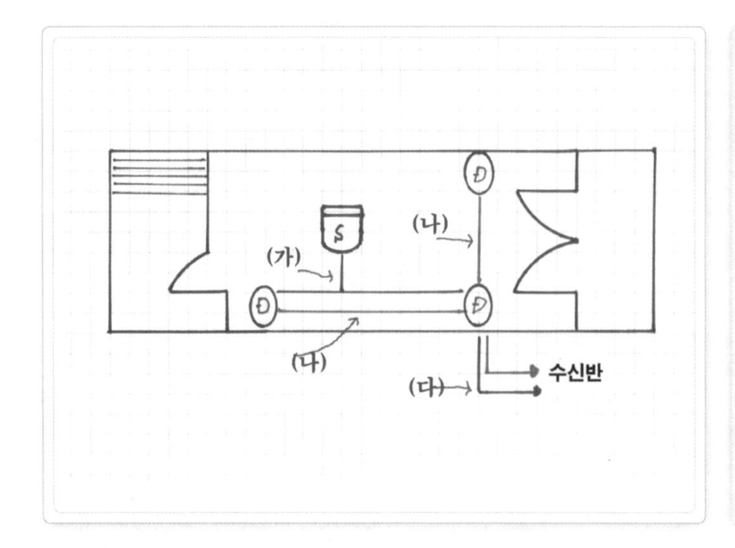

방화문의 도어 릴리스 계통도
계단에 설치된 도어 릴리스를 계통도로 나타내었다.

① (가)는 청색 부분인데 감지기와 도어 릴리스 사이의 배선으로, 감지기 선이 4가닥이다.

② (나)는 적색 부분으로, 도어 릴리스와 도어 릴리스의 연결이다. 전선의 가닥 수는 3가닥(기동, 공통, 확인)이다.

③ (다)는 청색과 적색 부분으로, 도어 릴리스와 수신반의 연결이다.
전선의 가닥수는 9가닥(감지기 4, 기동, 공통, 확인 3)이다. 확인이 3가닥인 것은 그림에서 도어 릴리스가 3개이기 때문이다. 또 감지기의 종단을 도어 릴리스의 복스 안에서 처리하면 2가닥이 된다.

02 도어 릴리스의 분해

도어 릴리스
마그네틱 릴리스의 외형을 보여준다.

도어 릴리스 설명서

도어 릴리스의 설명서를 보여준다.

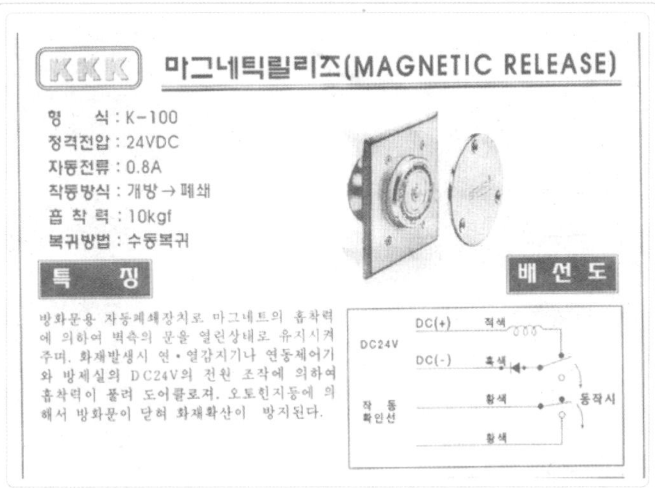

KKK 마그네틱릴리즈(MAGNETIC RELEASE)

형 식 : K-100
정격전압 : 24VDC
자동전류 : 0.8A
작동방식 : 개방 → 폐쇄
흡 착 력 : 10kgf
복귀방법 : 수동복귀

특 징

방화문용 자동폐쇄장치로 마그네트의 흡착력에 의하여 벽측의 문을 열린상태로 유지시켜주며. 화재발생시 연·열감지기나 연동제어기와 방제실의 DC24V의 전원 조작에 의하여 흡착력이 풀려 도어클로저. 오토힌지등에 의해서 방화문이 닫혀 화재확산이 방지된다.

배 선 도

도어 릴리스 밑면

- 기동 : 적색
- 공통 : 흑색, 황색
- 확인 : 황색

옆으로 놓고 본 모습

몸통이 원형이지만 취부를 위해 일반 사각 복스보다 조금 더 큰 사각 복스를 매입한다.

밑부분의 커버를 벗겨낸 모습

가운데에 스프링이 보이는데 전원이 투입되면 문을 잡고 있던 고리가 풀리면서 스프링의 힘에 의해 문이 밀려나게 된다.

내부 확대 모습

전원 및 작동 확인선이 연결된 내부 모습이다.

03 도어 릴리스 오결선 사례

앞서 회로도를 보았듯이 해당 층(4층)의 감지기가 작동하면 방화문이 닫히게 되고 수신반에서는 감지기가 작동되는 램프가 점멸된다.

그런데 문제는 그와 동시에 연동되는 방화문은 작동되는데 램프는 점등되지 않는다는 것이다.

그 이유가 무엇일까?

시퀀스 회로를 이해하고 있다면 어느 정도 감을 잡을 수 있을 것이다.

벽에 취부된 도어 릴리스

평상시에 방화문을 붙잡고 있다가 감지기가 작동하면 붙잡고 있던 방화문을 놓아주게 된다.

방화문에 부착된 원형판

이 원형판이 벽에 부착된 도어 릴리스(자석)와 부착된다. 수신반에서 오는 기동은 되는데(즉, 작동은 됨), 도어 릴리스에서 수신반으로 보내는 확인을 잘못 연결한 것이다.

자동제어의 기초를 확실히 이해하면 해결할 수 있는 문제이다.

도어 릴리스 본체의 연결 모습

잘못 연결된 모습이다.

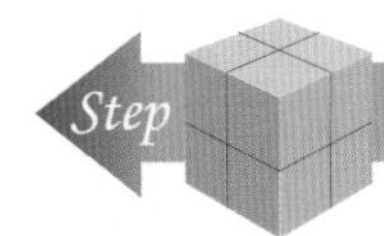

Step 5. 연동 제어기 및 방화 셔터

01 연동 제어기

01 연동 제어기의 역할

연동 제어기는 화재 발생 시 연감지기나 열감지기에 의해 수신반과 연동으로 동작하여 방화 셔터를 작동시키는 역할을 한다.

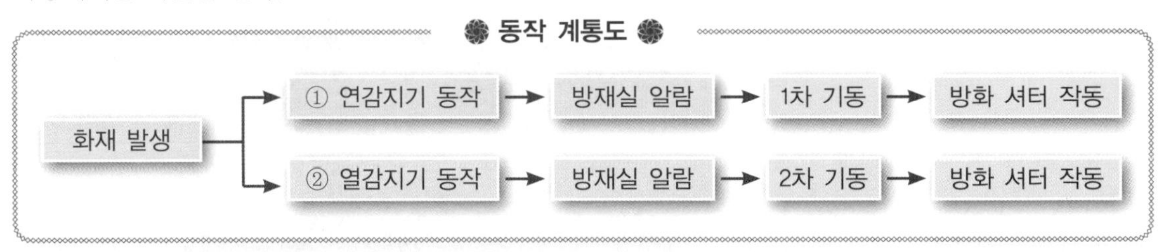

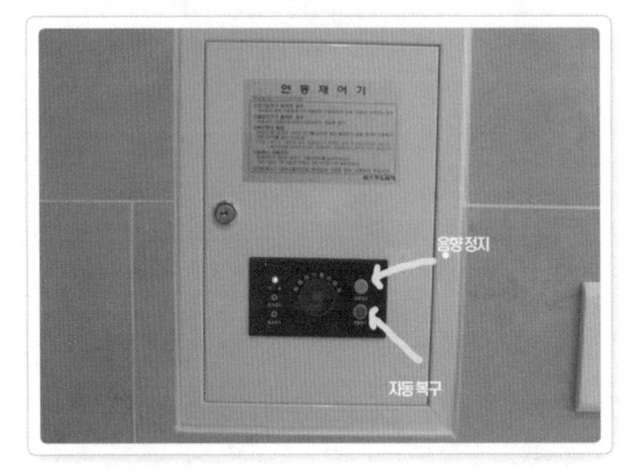

연동 제어기 설치 모습

이상이 발생하면 경보음이 울리면서 방화 셔터가 내려온다. 경보음을 정지시킬 때는 음향 정지 버튼을 사용하면 된다.

02 연동 제어기의 내부 단자대

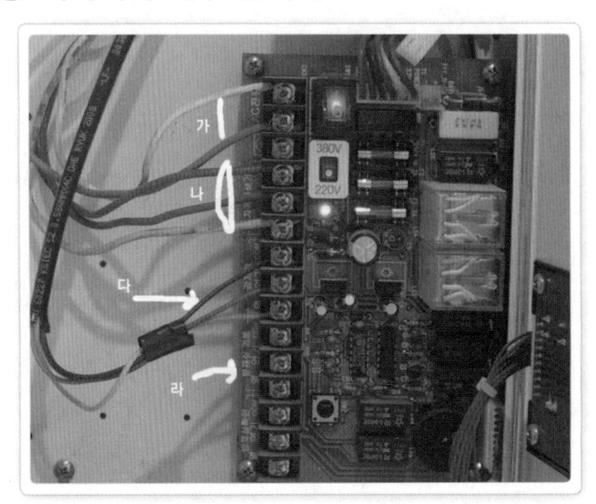

연동 제어기의 내부 결선

- 가 : 전원(백색, 녹색)
- 나 : 자동 폐쇄기(적색, 청색, 황색)
- 다 : 연감지기, 열감지기 선으로 공통을 함께 사용했다.

(1) 위 사진은 현장에서 실제 결선한 모습으로, 선 색이 현장 여건에 따라 다르게 입선되었다. 또 (라)의 기동 및 확인은 아직 입선이 안 된 상태이다.

(2) **전원** : AC 220V

(3) **자동 폐쇄(셔터) 작동** : 3가닥(적색, 청색, 황색)

(4) **셔터 상 · 하 조작선** : 4가닥(상 2, 하 2)

(5) **수신반** : 기동 1, 기동 2, 확인 1, 확인 2, 감지기 1, 감지기 2
감지기는 수신반 공통선과 직접 연결하고 종단저항 처리를 한다.

알아두면 편해요

① 종단저항은 10kΩ을 사용합니다.
② 연동제어기의 복구 방법은 열감지기의 열을 완전히 제거한 후에 자동 복구 버튼을 눌러주어야 합니다.
③ 동작은 연감지기가 동작하면 자동 폐쇄기가 작동하여 1차 정지 위치에서 정지하고 열감지기가 동작하면 방화 셔터의 1차 정지 지점부터 바닥까지 내려온 뒤 정지합니다.

02 방화 셔터

01 방화 셔터의 역할

방화 셔터는 백화점 같은 넓은 공간에서 화재가 발생했을 경우 이처럼 넓은 공간에서 화재가 확산되는 것을 방지하기 위해 설치한다.

02 방화 셔터의 계통도

(1) 고정된 벽을 설치하기 곤란한, 즉 유동인구가 많은 층과 층 사이에, 또 구역별로 방화 구획을 설정 · 경계하기 위해 설치된다.

(2) 평상시에는 셔터가 위로 올라가 있다가 화재 시 감지기 또는 인위적인 기동 스위치 조작에 의해 셔터가 내려와 방화구역을 형성하게 된다.

(3) 방화용 감지기는 일반 라인과 별도로 회로가 형성된다.

(4) 셔터를 중심으로 앞 · 뒤로 감지기를 설치한다.

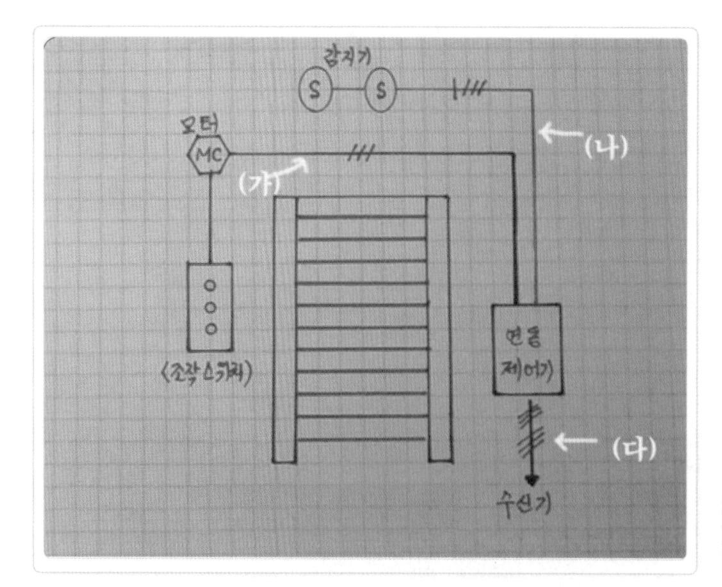

방화 셔터와 주변 제어기기들의 결선도

- 가 : 조작 스위치(폐쇄 장치)와 연동 제어기 간 결선으로, 3가닥(기동, 공통, 확인)이 들어간다.
- 나 : 감지기와 연동 제어기 간 결선으로, 4가닥(감지기 선)이 들어간다.
- 다 : 연동 제어기와 수신반 간의 결선으로, 총 6가닥(감지기 2가닥, 기동 2가닥, 확인 2가닥)이 들어간다.

방화 셔터가 내려온 모습

왼쪽 상단에 모터가 설치되어 있다.

알아두면 편해요

① 도어 릴리스, 연동 제어기, 방화문의 결선은 제품과 현장의 기사분들에 따라 조금씩 방법이 다를 수도 있습니다.
② 방화 셔터가 완전히 바닥에 내려왔을 때 연동 제어기의 자동 복구 스위치를 눌러주어야 합니다.
③ 수동으로 셔터를 움직이고자 할 때에는 모터에 부착된 체인을 이용합니다.

방화 셔터 스위치

평상시 수동으로 작동할 때 가운데 적색인 정지 버튼을 기준으로 상 · 하 버튼이다.

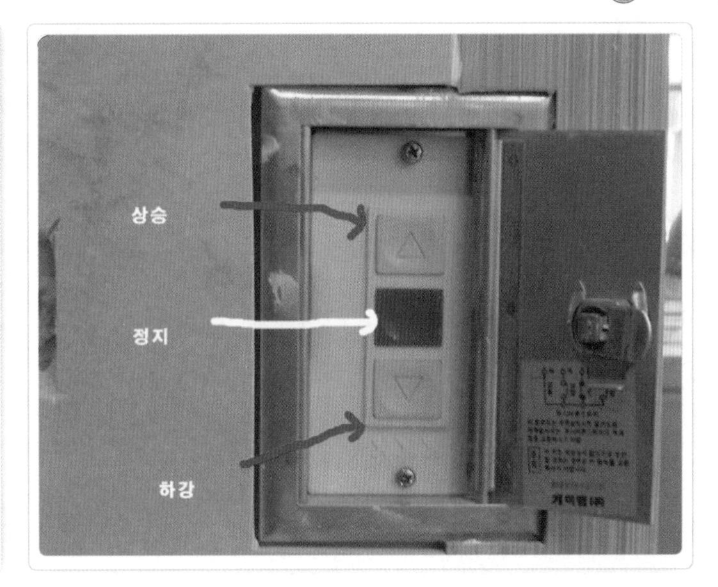

모터를 확대한 모습

연동 제어기에서 온 선들이 모터 및 감지기 선과 연결된다.

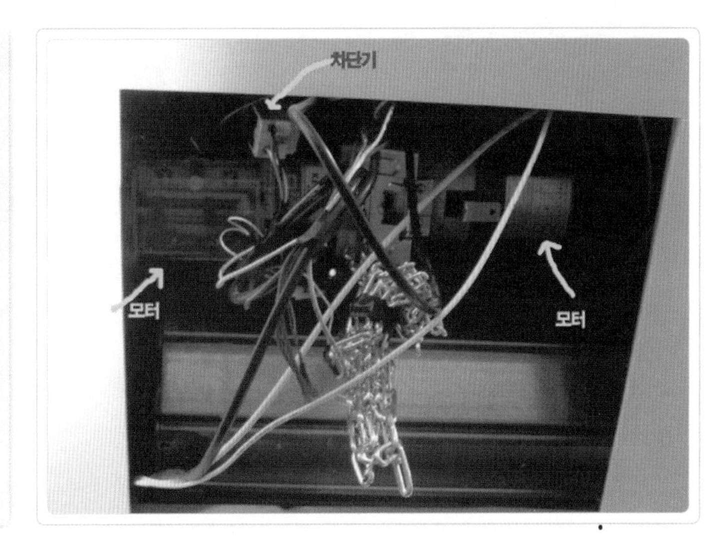

04 SECTION 신축 일반

Q 사무실이나 변전실에서 근무하는데 굳이 신축을 알아야 하는지 모르겠습니다.

A 물론 직접적인 관련은 없을 것입니다. 그러나 전기 분야에 종사하는 분들이라면 최소한 어떤 계통을 거쳐 건물이 완성되는지 정도는 반드시 알고 있어야 합니다. 이 단원에서 건물이 지어질 때 전기는 어떻게 작업을 하는 지 살펴볼 것입니다.

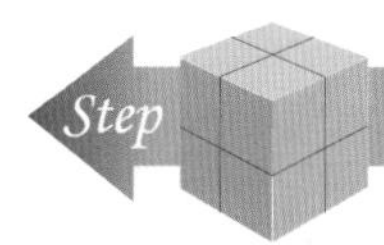

Step 1. 신축 공사의 개요

신축 공사의 개요도

바닥 터 닦기 → 1층 벽체(월(wall)이라고 하고 지하가 없다는 가정) → 1층 천장(슬러브) → 두 번째와 세 번째 과정의 반복 → 옥탑층 슬러브를 타면서 마무리

현장에서 흔히 '슬러브탄다' 혹은 '월 탄다' 라는 말은 위의 과정을 말하는 것이다.

※ 바닥 터 닦기 : 터 닦기 때 하게 되는 전기 작업으로서, 바닥 접지, 전력간선이나 통신 같은 맨홀 묻기, 기타 피뢰침 같은 외부와 연결되는 작업을 의미한다.

01 CD파이프 공사

작은 신축 현장 모습

주택을 짓고 있는 신축 현장이다.

바닥이 끝난 상태의 모습

철근을 타고 올라온 CD파이프들은 나중에 벽체를 세울 때 도면에 나오는 사이즈를 보고 기구를 부착하게 된다.

벽체를 세운 모습

분전함, TV, 통신 단자함을 정해진 높이대로 고정시킨 다음 콘크리트가 들어가지 못하게 청테이프로 붙인다. 이후 목수들이 앞쪽에도 판넬로 막고 그 사이로 콘크리트를 붓는다.
사진에서 파이프의 색상이 여러 가지인데 콘크리트를 치고 나면 어떤 게 전력인지, 통신이나 소방인지 알 수가 없기 때문에 각 분야별로 색깔을 달리하는 것이다. 물론 부족할 때는 이것저것 쓰는 경우도 있다.

기둥 옆에 달리게 될 스위치 복스를 고정시킨 모습

역시 앞 · 뒤로 목수들이 판넬로 막고 콘크리트를 붓는다.

바닥에 콘크리트를 친 모습

천장 슬러브 타고 콘크리트 치는 모습들이다.

CD배관 고정 모습

스위치 배관을 CD파이프 철근에 묶은 가느다란 철사가 보이는데 결속선이라고 한다.

아쉬운 점은 벽체 속으로 꺾어져 내려간 부위를 묶어줬으면 좋았을 텐데 그렇게 하지 않았다는 것이다. 왜냐하면 콘크리트를 채울 때 바이브레이터로 치면 옆으로 휘어질 염려가 있고, 그럼 나중에 입선할 때 무척 고생하기 때문이다.

카플링으로 파이프를 연결한 모습

카플링의 한쪽만 결속선으로 묶었는데 반대편도 묶어줘야 빠질 염려가 없다. 특히 사진처럼 밑에 공간이 있는 부위는 더욱 조심해야 한다. 만약 힘을 못 견디고 빠져버리면 나중에 함마 드릴로 벽을 뚫어야 하는 문제가 발생하기 때문이다.

화장실 설비에서 슬리브를 박아놓은 모습

화장실처럼 원통이나 스티로폼이 있는 곳은 콘크리트가 채워지지 않고, 나중에 폼을 뜯어내면 그 부위는 비어 있게 된다. 그 공간으로 설계상 필요한 배관들이 지나가게 된다.

사각 복스 고정

사각 복스에 배관을 하고 콘크리트가 들어가지 못하도록 청테이프로 붙였다.

2인 1조로 콘크리트 치는 모습

왼쪽에서 콘크리트가 나오고, 오른쪽의 바이브레이터로 콘크리트가 구석구석 잘 채워지도록 진동을 준다.

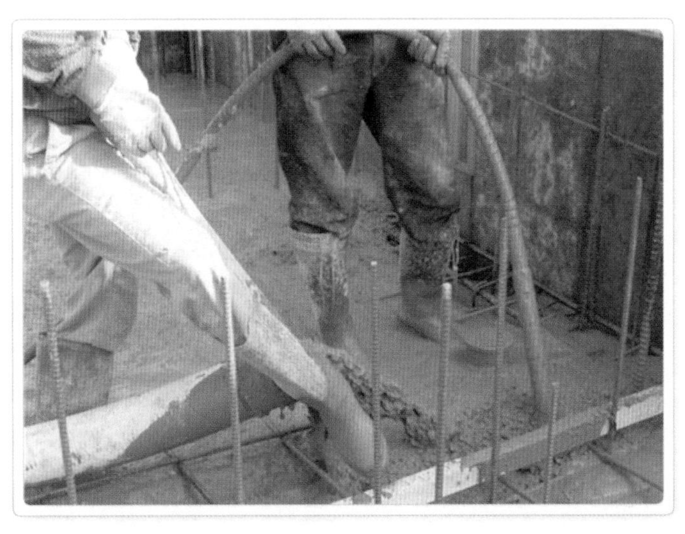

천장면 슬러브

바닥에 보이는 나무 판을 콘크리트가 굳은 후에 뜯어내면 밑에 층의 천장이 된다.

각종 배선 기구 배관

나중에 벽체를 세울 때 벽에 고정될 콘센트, TV, 전화 등의 배관이다. 근데 몇 개는 제자리에서 올라오지 않고 너무 떨어진 곳에서 왔다. 이러면 나중에 입선이 힘들어진다. 따라서 멀어지지 않도록 하고, 너무 직각으로 구부리지 말고 적당히 하도록 한다.

2인 1조 콘크리트 붓기 작업

콘크리트를 붓는 사람들이 전기 파이프를 다치지 않게 잘 해줘야 하는데, 흔히 신축 공사에서 전기기사들이 가장 힘이 없다고 생각하는 경우가 있어서 현장에서 사이가 안 좋을 경우 일부러 바이브레이터로 전기 파이프를 칠 수도 있다.

결속선으로 배관 고정한 모습

결속선으로 좀 더 잘 묶어줘야 한다. 그래야 나중에 콘크리트 속으로 매입된 뒤 입선을 하게 될 경우 작업이 수월하게 될 수 있다.

배관 마무리 모습

왼쪽 빨간 파이프는 끝에 테이프로 막지도 않았다. 저렇게 되면 이물질이 들어가서 구멍이 막히게 되고 벽을 뚫어야 하는 번거로움이 생긴다. 그런 상황이 빈번하게 발생하면 인건비가 과다하게 들어가는 공사가 되고 만다.

벽체를 형성하고 있는 폼

외장 목수들이 작업을 한다.

밑에서 올려다 본 천장 슬러브

이번에는 천장이다. 3~4일 뒤 목수들이 판을 뜯어내 판에 고정시켰던 복스가 나타나면 그 곳에 입선을 하면 된다.

틀을 짠 계단에 콘크리트를 채운 모습

계단에도 배관이 들어갈까? 당연하다. 계단마다 센서등이 들어가기 때문이다.

알아두면 편해요

① 전기 공사를 하는 데 있어 어떤 재질을 선택하느냐에 따라 크게 CD파이프 공사, 하이 파이프 공사, 스틸 파이프 공사로 나눌 수 있습니다.
② CD파이프 공사가 가장 흔하고 나머지는 주로 관공서나 백화점, 은행 등 규모가 큰 곳에서 합니다.
③ 신축 공사의 경우 나중에 결로현상 방지를 위해 겨울철 공사를 하지 못하게 되어 있으나 지켜지지 않는게 대부분입니다.
④ CD파이프의 경우 철근에 깔려 파이프가 찌그러지는 수도 있으므로 콘크리트 작업 시 함께 따라다니며 배관 상태를 살펴주어야 합니다.
⑤ CD파이프의 경우 연결 카플링 사용을 되도록 자제해야 하는데, 왜냐하면 이음새 속으로 물이 들어가게 되고 겨울일 경우 물이 얼어 입선을 하지 못하기 때문입니다.

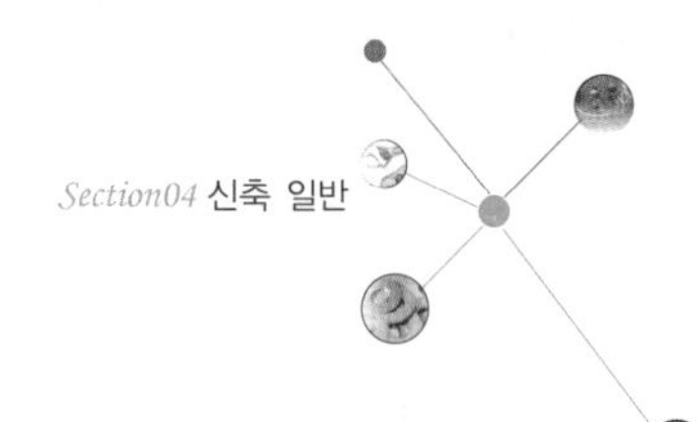

02 하이 파이프 공사

바닥 슬러브를 탄 모습

원래 추운 겨울에는 슬러브를 타는 게 아니나 공정이 길다 보니 지켜지는 현장이 없다시피 한다.

CD파이프는 그냥 주욱 끌면 되지만 하이 파이프는 토치로 구워야 한다.

1층 바닥이 끝난 상태

이제 철근 작업자와 외장 목수들이 벽체를 세울 것이고, 전기 작업자는 벽체에 들어가는 배선 기구(콘센트, 전화, TV, 스위치 등)를 배관하게 된다.

계단 주변에 들어가는 기구들의 배관 모습

계단 주변에 계량기함, 통신 단자함, TV단자함 등이 들어가기 때문에 배관이 복잡해진다.

통신용 및 TV용 배관

슬러브를 탄 왼쪽의 파이프들이 보인다.
대부분 계단 옆으로는 통신함이나 TV함이 자리 잡는다.

천장 슬러브를 받치고 있는 받침대

콘크리트가 완전히 굳을 때(양생)까지 안전을 위해 받쳐준다.
겨울철에는 양생 기간이 무척 길어진다.

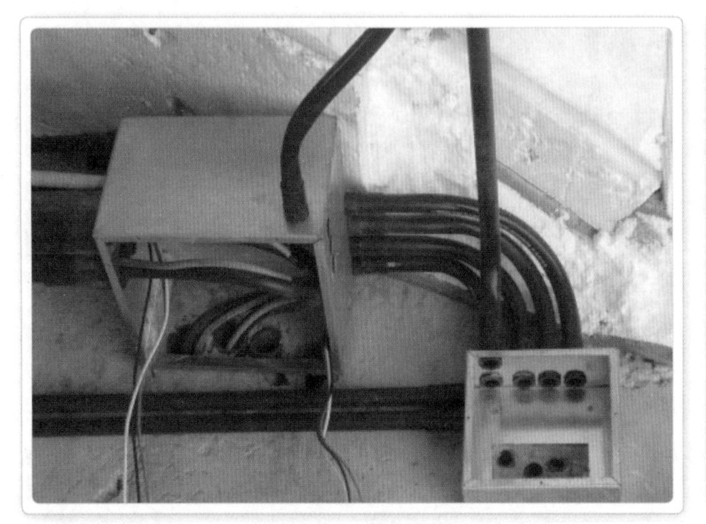

건물이 모두 올라간 후 내부 배관 모습

사진에 보이는 벽 속에 매입된 파이프는 슬러브 탈 때 매입된 것들이다.

하이 파이프 전등 배관 모습 I

슬러브를 다 타고 본격적으로 내부 배관 및 입선 작업이 시작된다. 콘크리트 속에 매입된 배관들을 도면에 따라 서로 연결해서 입선을 하는 것이다.

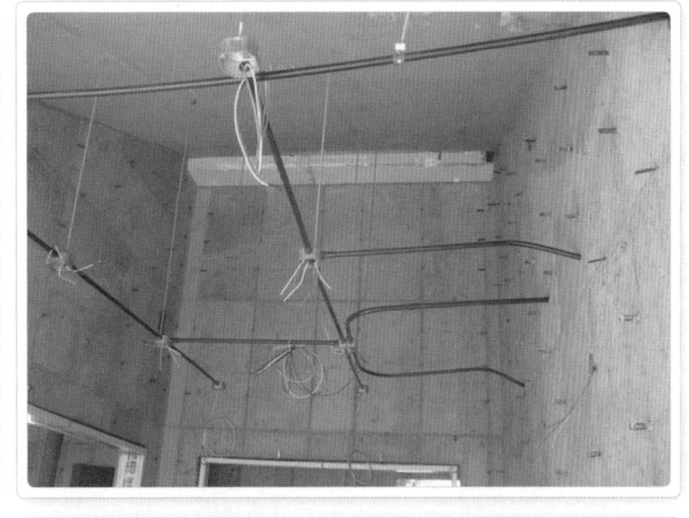

하이 파이프 전등 배관 모습 II

하이 파이프 전등 배관을 확대해 보았다.

Step 2. 여러 가지 타 공정 작업

터 파기

건물을 지을 때 가장 먼저 시작하는 공정이다. 가장 기초이면서 가장 중요한 부분이라 할 수 있다.

터 파기 후 기초 철근 작업

철근공들이 바닥에 철근을 깐다.

터 파기 후 콘크리트 작업

터 파기가 끝난 후 바닥에 콘크리트를 치는 작업을 한다.

각목을 이용해 틀을 만든 모습

목수들이 먹을 놓아 외벽틀을 만든다.

상단 타이와 아래 핀

틀을 짤 때 사용되는 폼을 고정시키거나 서로 연결할 때 사용한다.

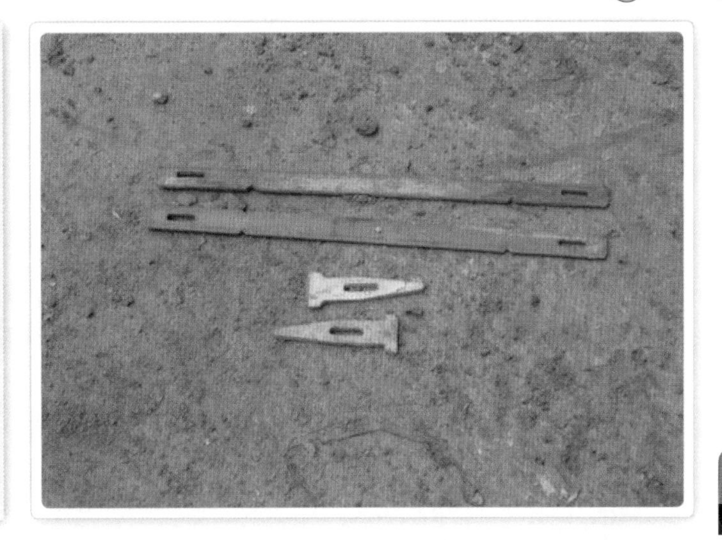

지하층으로 내려오는 폼

벽체를 세울 폼을 옮기고 있다.

폼과 폼 사이의 타이

폼과 폼 사이에 박은 타이가 보인다.

스페셔

철근이 바닥에 완전하게 밀착되지 않도록 해 준다.

핀으로 폼과 폼을 연결한 모습

폼을 단단히 고정시켜 주어야 콘크리트가 새거나 하지 않는다.

결속선

철근끼리 묶어줄 때, 전기 배관을 고정시킬 때 사용한다.

철근 작업자들이 결속선으로 철근을 엮는 모습

결속선으로 철근을 엮어 주어야 틀이 휘어지지 않는다.

결속선으로 철근을 엮은 모습 확대

여름에 작업할 때 반팔을 입는 경우 자칫하면 결속선 끝에 상처를 입을 수 있다.

폼을 고정시킨 철사의 돌출

폼을 고정시킨 철사의 끝에 작업자가 찔릴 위험이 있다.

폼 고정 작업하는 모습

현장에서는 특히 안전에 주의를 기울여야 한다. 자신 뿐만 아니라 사진처럼 타 공정에 의한 사고도 많이 발생하기 때문이다.

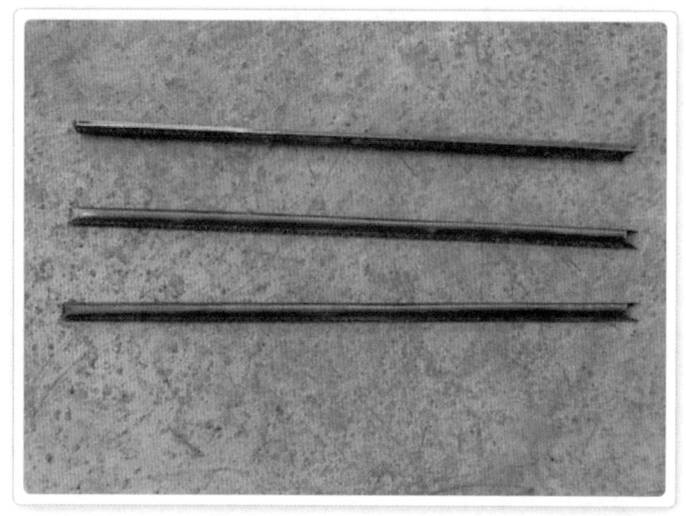

도바리 모습

목공에서 사용하는 것으로 타이를 사용할 수 없는 곳에 쓰인다.

도바리(조깃대)를 댄 모습

기존의 땅과 폼 사이에 간격을 두고 콘크리트를 부어준다.

목공과 철근 팀에서 완료한 모습

폼과 폼 사이로 콘크리트를 채우게 된다.

벽체 배관을 한 전기 파이프

콘크리트를 붓기 전에 벽체 배관을 한 전기 파이프(흑색 CD)가 보인다.

콘크리트를 채운 모습

벽체에 들어가는 철근은 천장보다 더 굵은 것을 많이 사용한다.

인테리어 공사 및 케이블 트레이 공사

Q 자격증은 있는데 현장 경험이 하나도 없습니다. 무엇부터 시작하고 배워야 할지 모르겠어요.

A 현장에서 직접 일을 해야 하는 조공이 처음 현장에 갔을 때 내심 걱정을 많이 할 것입니다. 그러나 너무 걱정하거나 주눅이 들 필요는 없습니다. 업체에서는 조공에게 전공이 할 수 있는 전문 기술을 요구하지 않기 때문입니다. 그저 기본적인 지식을 갖추고 능동적인 자세를 보여주는 것과 나아가 그때그때 현상 정리정돈만 잘 해도 벌써 절반은 성공했다고 보면 됩니다. 거기다 이 교재를 통해 익힌 기초 지식만 잊지 않고 있다면 별 어려움이 없을 것입니다.

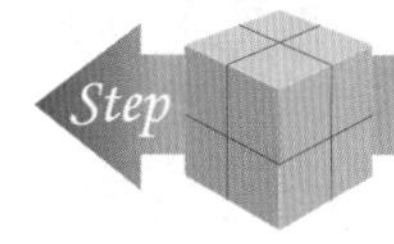

1. 인테리어(리모델링) 공사

01 인테리어 공사의 기초

보통 신축 공사의 반대 개념으로 이해하면 빠를 것이다. 어떤 상가에 업종이 바뀌었을 때 기존 가게를 꾸몄던 실내 장식(인테리어)을 철거하고 새로 들어서는 업종에 맞는 인테리어를 하게 되는데, 이때 필요한 각종 전기 공사를 인테리어 전기 공사라 한다.

01 인테리어 공사의 분류

인테리어 공사는 쓰이는 자재의 재질에 따라 CD배관 공사, 하이 배관(Hi-pipe) 공사, 스틸 배관(Still-pipe) 공사로 나눌 수 있는데, 일종의 품질 및 안정성의 차이라고 볼 수 있다.

02 인테리어 공정

신축 공사와는 큰 차이를 보인다.

(1) 철거와 동시에 전기팀이 들어가 기존 전기 시설을 철거하면서 임시등과 임시 분전함을 설치해준다.

(2) 경량팀이나 목공팀이 들어와 천장 및 벽체를 세운다. 조금 지나서 필요에 따라 금속팀이 들어와 등박스 등을 제작한다.

(3) 전기팀이 도면에 따라 천장 배관과 벽체 배관을 한다.

(4) 페인트팀이 들어와 칠을 한다.

(5) 도배팀이 벽체 같은 곳에 도배를 한다.

(6) 전기팀이 등기구와 배선 기구를 취부한다.

(7) 준공 청소를 한다.

철거 현장 모습
늘어진 전기 리드선이 살아 있을지도 모르기 때문에 자를 때 반드시 1가닥씩 잘라야 한다.

임시 분전함
왼쪽 바깥 것이 노출 콘센트이고, 속에 차단기가 들어 있다.

누전 차단기
임시 분전함에 들어 있는 누전 차단기이다.

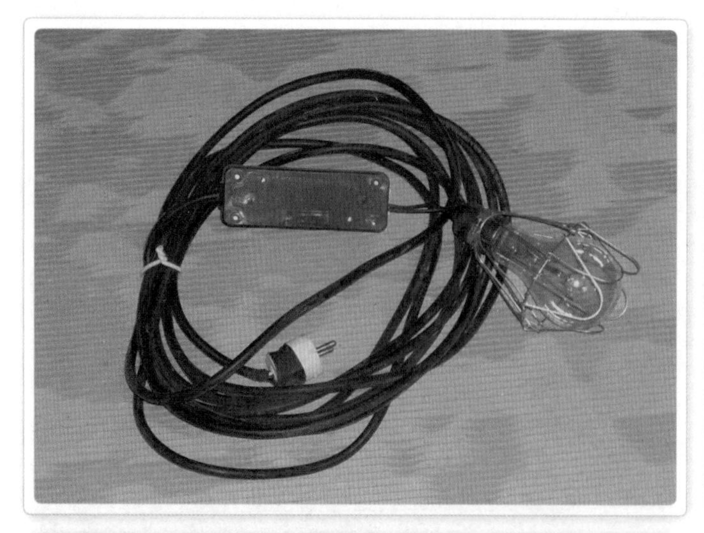

작업등

소켓은 최고 100W인 램프까지만 끼워야하고, 그렇지 않고 더 밝게하기 위해 200W를 무리하게 끼운다면 소켓이 녹으면서 화재가 발생할 위험이 있다.
요즘에는 200W 전용 소켓이 나와 있다.

램프 세트

현장에서 임시등으로 사용되는데 검은색 소켓을 흔히 '모가네'라고 부른다.

02 CD배관 공사

전기 공사를 함에 있어 전선을 보호하기 위해 사용하는 배관 중 CD파이프를 사용하는 공사를 말하고, 가장 널리 보급되어 있다.

01 CD파이프의 종류

(1) 크기에 따른 분류

16mm, 22mm, 28mm 등이 있다.

(2) 재질에 따른 분류

① 일반 CD파이프

화재 발생 시 쉽게 타는 물질로 만들어 졌으며 흑색 · 적색 · 청색 · 황색 · 녹색 등의 색상이 있다. 요즘에는 생산되지 않고 있다.

② 난연 CD파이프

보급된 지 얼마 되지 않았으며 불에 타지 않는 장점이 있는 대신 일반용에 비해 가격이 비싸다.

난연 CD파이프
일반용보다 불에 타지 않는다.

02 CD배관 공사의 부속 자재

(1) 복스

① 배관과 입선을 끝낸 후 전선을 연결하거나 배선 기구를 취부할 때 사용하고, 사각 · 팔각 복스가 있다.

② 종류

㉠ 승압용 : 콘센트 취부용

㉡ 일반용 : 스위치나 전화, TV유니트 취부용

㉢ 크기에 따른 종류 : 54용(복스 깊이가 깊다), 44용

승압용 콘센트 커버와 사각 복스
접지형 콘센트의 경우 고정 부위가 들어간 승압용 복스를 사용한다.

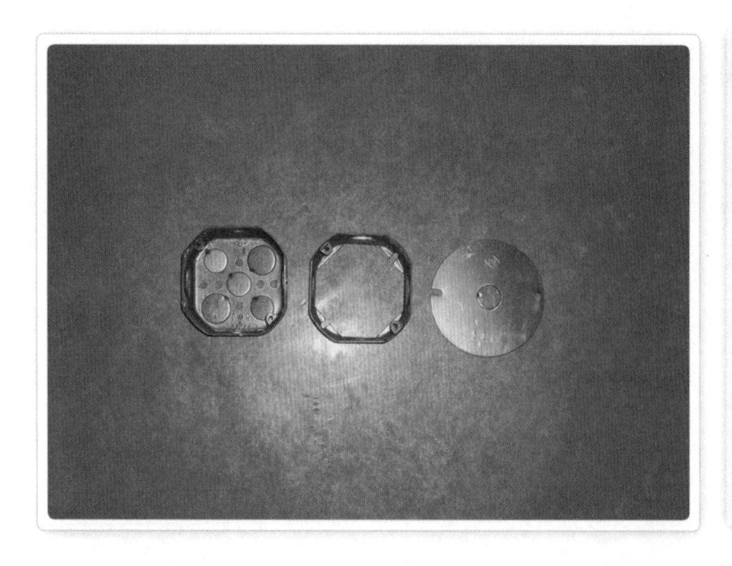

팔각 복스, 팔각 덧복스, 팔각 복스 커버
파이프 배관시 2군데 정도의 방향 배관에만 사용된다.

③ 사각 복스를 스위치나 콘센트용으로 쓸 때 주의점

㉠ 콘센트 : 가운데 홈이 파여 있는 콘센트 커버를 복스에 박는데, 이때 복스는 반드시 옆으로 부착해야 한다.

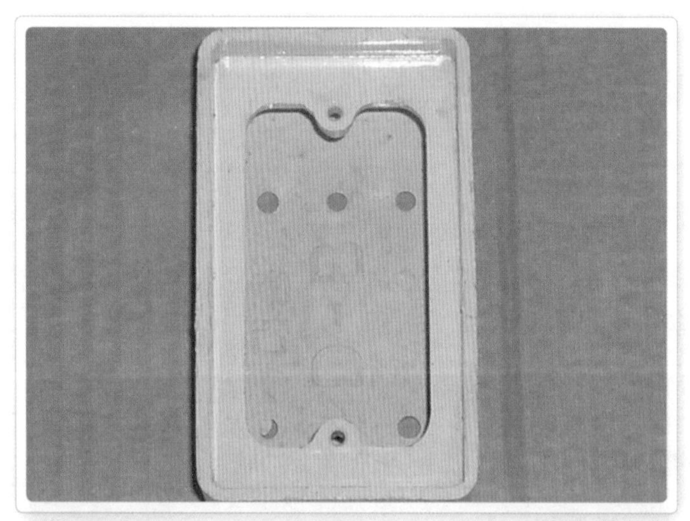

승압 콘센트용 PVC 복스
보조대를 사용하지 않는 대신 그만큼 테두리가 올라와 있다.

매입형 2구 콘센트
왼쪽부터 몸체, 보조대, 커버이다.

콘센트 취부 모습
사각 복스를 옆으로 취부하여 승압용 콘센트 커버를 붙인 모습이다. 옆에 고정된 이도 비스가 보인다.

㉡ 스위치 : 가운데 홈이 파여 있지 않은 일반용 커버를 박으며, 사각 복스는 반듯하게 세워 부착해야 한다.

일반 스위치용 PVC 복스(노출용)
매입을 할 수 없을 경우 노출로 복스를 고정시켜 사용하며, 재질은 PVC와 주물이 있다.

부착 완료된 스위치
신형으로 8구짜리 프로그램 스위치이다.

(2) 덧복스

일반 복스와 똑같지만 밑이 뚫려 있다. 인테리어 현장보다는 주로 신축에 많이 사용하는 것으로, 매입된 일반 복스만으로는 공간이 좁아 연결 작업이 어려울 때 일반 복스 위에 놓고 비스로 고정시켜 사용한다.

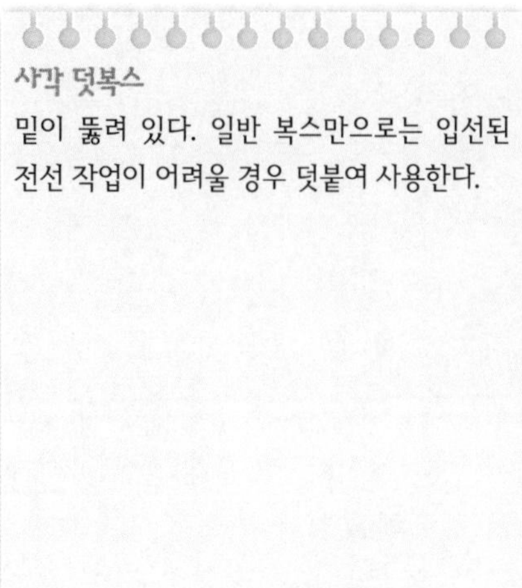

사각 덧복스

밑이 뚫려 있다. 일반 복스만으로는 입선된 전선 작업이 어려울 경우 덧붙여 사용한다.

(3) 복스 커버

연결이 완료된 복스를 마감해주는 것으로 승압용과 일반용이 있다.

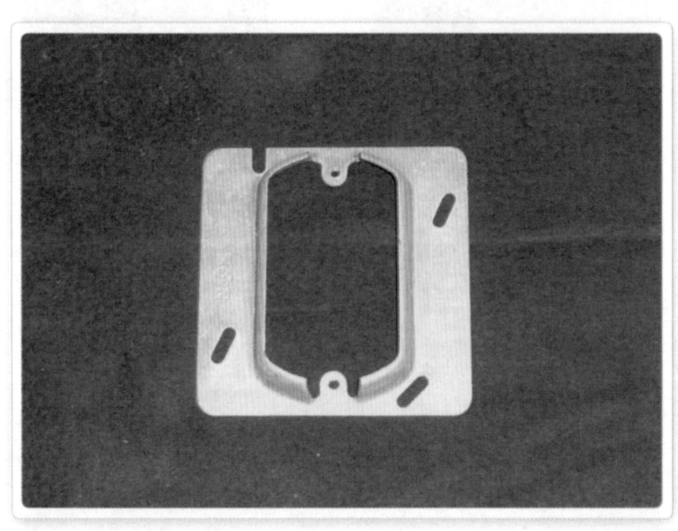

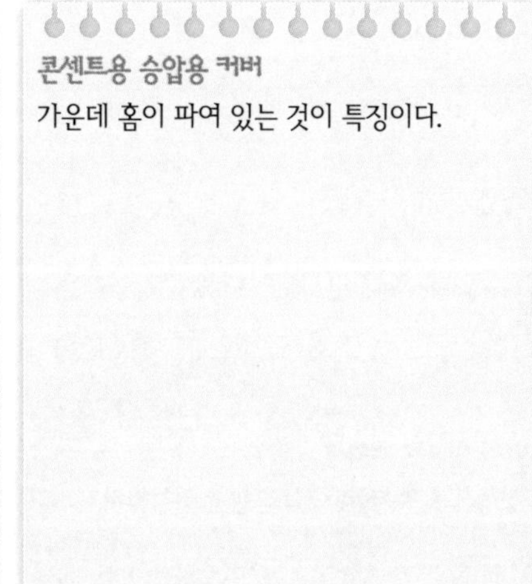

콘센트용 승압용 커버

가운데 홈이 파여 있는 것이 특징이다.

스위치용 맹커버

필요 없는 스위치나 콘센트 구멍을 막을 때 사용한다.
먼저 아래의 플레이트를 복스에 고정시키고, 위의 커버를 플레이트에 꽂는다.

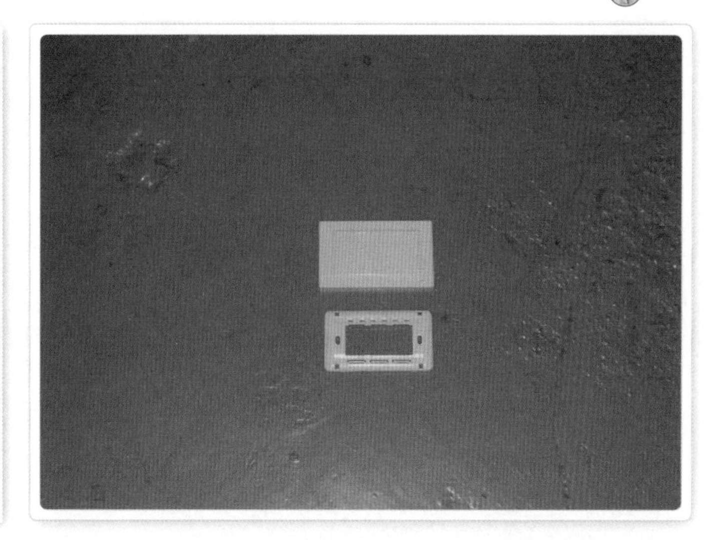

사각 복스 맹커버

일반 스위치용 맹커버로 안 되는 3구 이상의 필요 없는 구멍을 막을 때 사용한다.

커버의 쓰임새

입선이 완료된 사각 복스를 덮은 모습이고, 현장에서는 커버를 '후다'라고도 부른다.

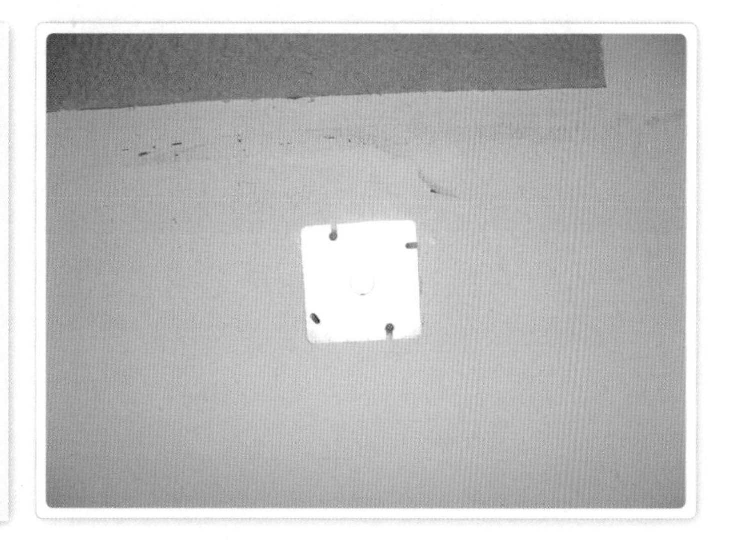

(4) 이도 비스

① 전선을 보호하기 위해 끝이 날카롭지 않고 무디게 생긴 것으로, 복스 전용 비스이다.

② 비스의 길이는 1/2인치, 인치(1인치를 의미), 투인치(2인치), 투인치 항(2와1/2) 등 여러 가지가 있다(1인치 = 약 2.54cm).

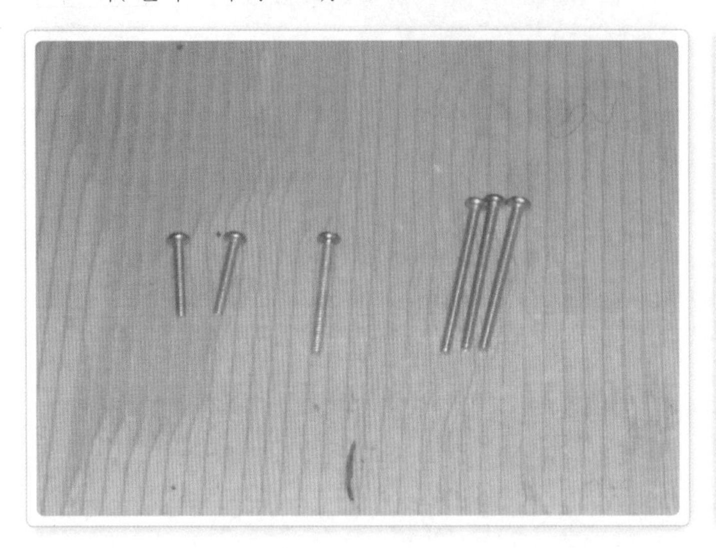

크기가 다른 이도 비스

일반 비스와 이도 비스의 차이점은 나사가 다르다는 것이다.

(5) 커넥터

CD관을 복스에 연결할 때 사용하는 자재이다.

커넥터 조립

배관을 위해 사각 복스에 CD커넥터를 꽂아 놓았다.

입선과 연결이 완료된 모습
검은색이 일반이고 흰색이 난연이다.

(6) 카플링

파이프끼리 연결할 때 사용되는 일종의 조인트이다.

일반용 카플링과 커넥터
아래 왼쪽부터 일반 16mm CD커넥터와 카플링, 22mm 커넥터와 카플링이다. 16mm 커넥터는 뚜껑을 땄고, 22mm는 처음 모습이다. 뚜껑은 파이프 속으로 이물질이 들어가지 못하게 하는데 가위나 펜치로 쉽게 제거할 수 있다.

(7) 기타 자재

기본 개인 공구(특히 CD관을 자르기 위해 가위가 많이 사용됨), 사다리, 충전 드릴 및 기타 필요에 따라 드릴이 필요한 정도이다.

03 CD파이프 공사 모습

ALC블록이라고 하는 자재로 벽체를 세웠다. 재질이 석고이고, 400×500×100 정도 된다. 석고 재질이라 까대기(불필요한 벽돌이나 콘크리트 부위를 없애는 작업을 뜻하는 현장 용어)가 아주 편하고 습기를 잘 빨아들이며 난연·보온성이 좋다.

목공에서 이루어지는 인테리어 천장 작업

- 수평으로 세워진 것이 도란스이다. 각목에 5mm 합판을 붙여 만들고 이는 경량에서 캐링이라고 보면 된다. 캐링을 자르면 안 되듯 도란스도 잘못 자르면 천장이 무너진다.
- 수직이 각목으로, 경량의 엠바 역할을 한다.
- 사진을 보면 배관이 부실하다. 복스도 사용 안 하고 대충한 공사로, 사진처럼 하면 안 된다.

도란스와 각목 작업

목수들이 석고를 치기 전에 도란스가 어떻게 지나갔는지 미리 알아두는 게 좋다. 그래야 나중에 등구멍 타공할 때 피해갈 수 있다.
부득이하게 걸렸을 때 도란스 위까지 완전히 잘라내면 곤란하다.

ALC블록에 매입된 배선 기구

핸드 그라인더로 칼질하고 노미와 망치로 뚫었는데, 잘 부서지므로 함마 드릴까지는 필요 없다. 대신 복스는 쉽게 움직이기 때문에 나중에 실리콘으로 마감처리를 해야 한다.

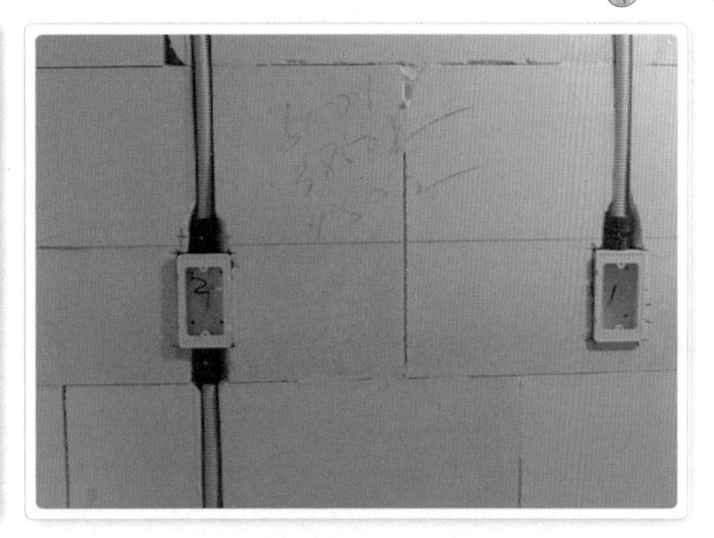

입선 및 연결 모습

연결한 것이 보인다. 복스를 써야 하지만 대부분의 소규모 공사는 이런 식으로 한다.

세대 분전함 입선 모습

사진의 공사 현장이 원룸이라 각 세대마다 세대 분전함을 사용했다. 라인도 간단하다. 메인 6sq, 전등 1라인, 전열 1라인으로 끝났다.

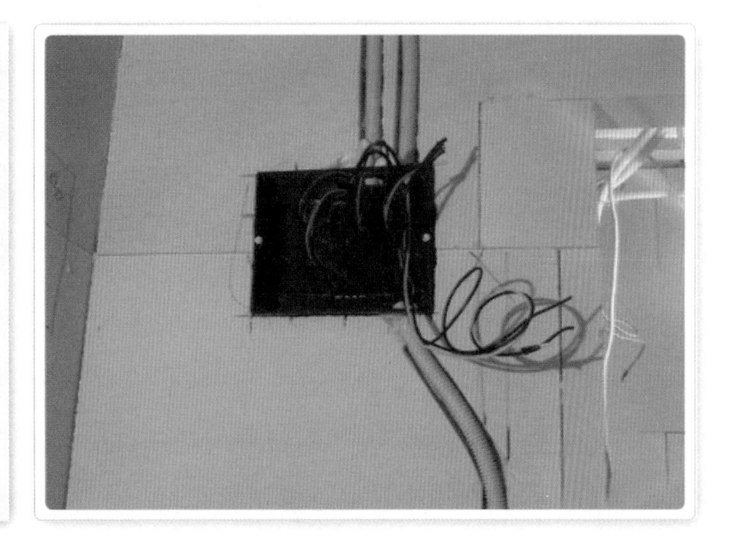

벽체 작업

ALC블록 위에 석고를 1장 치는 것으로 마감한다. 벽돌이기 때문에 1장만 붙이는 것이다.

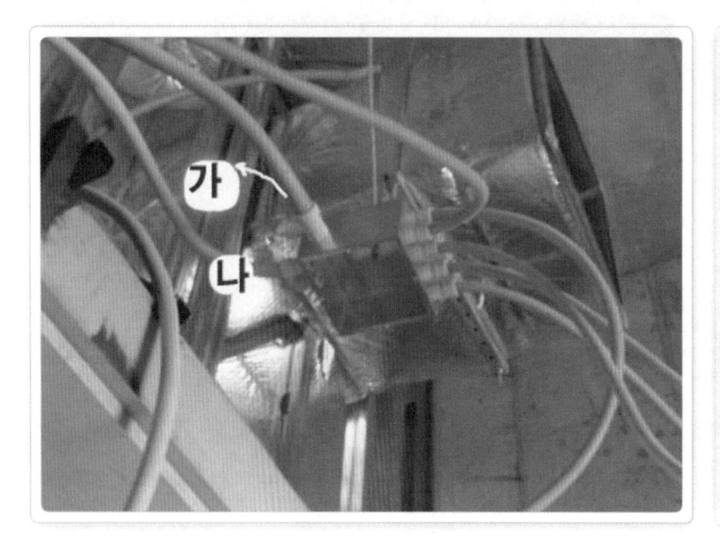

풀복스 이용의 예

풀복스에 전원(가)과 스위치(나), 그리고 각 등기구로 나갈 회로의 배관을 한꺼번에 모았다. 이럴 경우 나중에 하자가 발생하더라도 점검하기가 쉽다.

약점이라고 할만한 것은 전선이 조금 많이 들어간다는 점이다.

아직까지 현장에서 사용되는 건축 용어는 일본어가 많습니다. 하루빨리 우리말로 순화되길 바라며 다음 용어를 알아두세요.

- 각목 → 가꾸목 : 角(かく)木(もく)
- 문선(문틀) → 가꾸부찌 : 額(がく)縁(ぶち)
- 직각 → 가네 : 矩(かね)
- 틀 → 가다 : 型(かた)
- 형틀 → 가다와꾸 : 型(かた)夳(わく)

- 수도꼭지 → 가랑 : カラン(네델란드어 : Kraan)
- 가설 건물 → 가리고야 : 假(かり)小(ご)屋(や)
- 벽 → 가베 : 壁(かべ)
- 천막 → 갑빠 : カッパ/合(かっ)雨(ぱ) (포르투갈어 : Capa)
- 현장 → 겜바 : 現(げん)場(ば)

- 마구리, 말구 → 고구찌 : 小(こ)口(ぐち)
- 잔다듬 → 고다다끼 : 小(こ)叩(たた)き
- 세워 쌓기(벽돌) → 고바다떼 : 小(こ)端(ば)立(だ)て
- 소운반 → 곰방 〉 고운반 小(こ)運(うん)搬(ぱん)
- 긴쪽면(벽돌) → 나가떼 : 長(なが)手(て)

- 경사 → 나나메 : 斜(なな)め
- 고르기 → 나라시 : 均(なら)し
- 보통, 얇은 투명유리 → 나미 병 : (な)み
- 토공 → 노가다 〉 도가다 : 土(ど)方(かた)
- 비탈, 경사 → 노리 : 法(のり)

- 끌, 정 → 노미 : 鑿(のみ)
- 늘이기 → 노바시 : 伸(のば)し
- 서까래, 소각재 → 다루끼 추 : (たるき)
- 준비, 마련 → 단도리 : 段(だん)取(ど)り
- 높이 → 답빠 : 立(たっ)端(ぱ)

- 재손질 → 데나오시 : 手(て)直(なお)し
- 품 → 데마 : 手(て)間(ま)
- 일 없어 대기함 → 데마찌 : 手(て)待(ま)ち
- 조력공 → 데모도 : 手(て)元(もと)
- 출력 → 데스라 : 出(で)面(づら)

- 손스침 → 데스리 : 手(て)摺(す)り
- 천장 → 덴죠 : 天(てん)井(じょう)
- 꼭대기, 윗면 → 뎀바 : 天(てん)端(ば)
- 갈아내기(인조석) → 도끼다시 〉 도기다시 : 研(と)ぎ出(だ)し
- 비계공 → 도비 : 鳶(とび)

- 칸막이 → 마지끼리 : 間(ま)仕(じ)切(き)り
- 막음 → 메꾸라 : 盲(めくら)
- 줄눈 → 메지 : 目(め)地(じ)

알아두면 편해요

- 줄눈대 → 메지보 : 目(め)地(じ)棒(ぼう)
- 못빼는 연장 → 빠루 : パルー>バル(영어 : Bar)

- 누구린 긴결 철선 → 반생 : 番(ばん)線(せん)
- 꽂이쇠, 콘센트 → 사시꼬미 : 差(さ)し입(こ)み
- 기능공 → 쇼꾸닝 : 職(しょく)人(にん)
- 먹줄 → 스미 : 墨(すみ)
- 조적(공) → 쓰미 : 積(つ)み

- 면 → 쓰라 : 面(つら)
- 마감 → 시아게 : 仕(し)上(あ)げ
- 비계 → 아시바 : 足(あし)場(ば)
- 돈내기, 떼줌 → 야리끼리 : 遣(や)り切(き)り
- 톱니, 나사, 사태 → 야마 : 山(やま)

- 계단참 → 오도리바 : 踊(おど)り場(ば)
- 오르내리 꽂이쇠 → (마루)오도시 : 丸(まる)落(おと)し
- 멍에, 3치각재 → 오-비끼 : 大(おお)引(び)き
- 마무리 → 오사마리 : 納(おさ)まり
- 큰 삽 → 오삽 : 大(おお) 삽

- 책임자 → 오야가다 : 親(おや)方(かた)
- 큰 햄머 → 오함마 : 大(おお)Hammer
- 발돋움 → 우마 : 馬(うま)
- 되메우기 → 우메모도시 : 埋(う)め戻(もど)し
- 상부근 → 우와낑 : 上(うわ)筋(きん)

- 주름진 물건(접문, 나선, 플렉시블) → 쟈바라 : 蛇(じゃ)腹(ばら)
- 돌출창대 → 젠다이 : 膳(ぜん)臺(だい)
- 잣대 → 죠-기 : 定(じょう)規(ぎ)
- 쐐기 → 쿠사비 : 楔(くさび)
- 50X100(각재), 1.5치 X 3치 각재 → 투바이(포) : 2 X 4 (2″X 4″)

- 결속선 긴결 갈고리 → 하까 : ハッカ
- 보 → 하리 : 梁(はり)
- 걸레받이 → 하바끼 : 巾(はば)木(き)
- 쪼아내기 → 하스리 : 斫(はつ)り
- 기둥 → 하시라 : 柱(はしら)

- 식당 → 함바 : 飯(はん)場(ば)
- 평방미터 → 헤-베- 平(へい)米(べい)
- 터 파기 → 호리가다 : 掘(ほ)り方(がた)

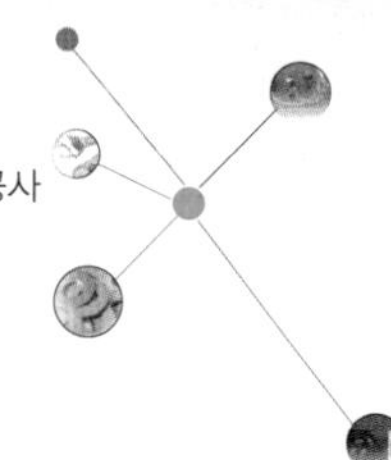

03 하이 파이프(Hi-pipe) 공사

CD파이프에 비해 고강도라 전기 화재 위험이 덜하고 깔끔하기 때문에 고품질의 공사를 할 수 있는 장점이 있다.

01 하이 파이프의 종류

크기에 따라 16mm, 22mm, 28mm, 36mm, 54mm, 70mm, 100mm 등이 있다.

02 CD파이프와 차이

복스, 커넥터, 카플링 등의 부속 자재는 CD파이프와 쓰임은 같고 단지 재질이 다르다.

03 필요 공구

CD파이프 공사와 커다란 차이가 없다.

(1) 톱날

파이프를 자를 때 사용한다.

(2) 토치

파이프를 불에 구워 구부릴 때 사용한다.

(3) 본드

파이프를 커넥터나 카플링에 끼웠을 때 빠지는 것을 방지하기 위해 본드를 바른다.

22mm 하이 파이프 커넥터
재질의 종류에 따라 CD, 하이(PVC), 스틸 등의 커넥터로 나뉘어지며, 모양도 조금씩 다르다.

부탄가스를 이용한 토치
모두 사용한 부탄 가스는 반드시 용기에 구멍을 내서 버려야 한다.

04 노말(90° 각도) 접는 법

(1) 파이프가 16mm, 22mm일 때

부탄 가스를 이용한 토치로 구부리고자 하는 지점에서 약 30cm 정도 범위를 두고 열을 가해주면 파이프가 물렁물렁해진다. 열이 가해진 부위를 직각으로 구부린 다음 물수건 등으로 적셔주면 빨리 굳는다.

22mm 파이프를 노말 잡은 모습
노말 부분의 하단 부위가 약간 꺾였다.

직접 만든 모습

카플링이 작업장에 없어서 직접 노말을 잡은 것이다.

(2) 노말 잡기

노말을 잡을 때 주의할 점을 살펴보자.

① 28mm나 36mm처럼 두께가 굵어질 경우 열을 가하는 부위를 더 넓게 해 주어야 한다.

② 직각으로 구부릴 때 한번에 구부리면 부드럽게 노말이 잡히지 않고 파이프가 그냥 꺾어져 버린다. 따라서 천천히, 굳어지는 속도에 맞춰 조금씩 구부려 나가야 한다.

토치로 가열하기 I

파이프는 살살 돌려주고, 토치 역시 좌우로 왔다갔다 해주어야 가열 부위가 타지 않는다.

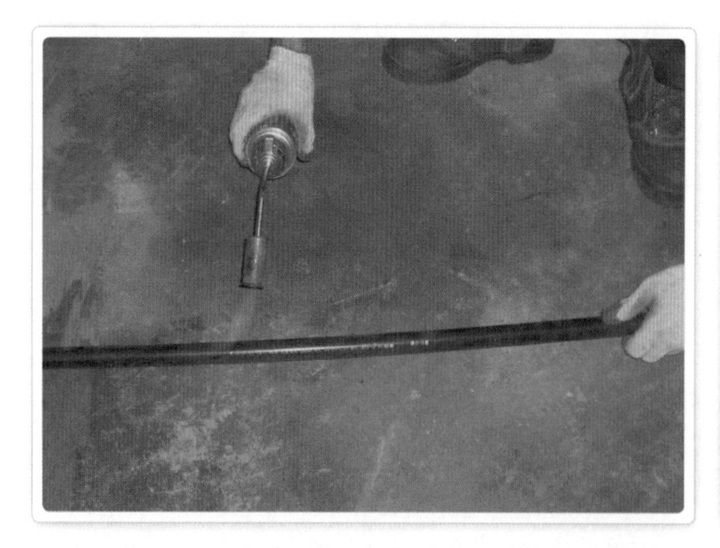

토치로 가열하기 II

파이프와 토치의 거리는 굵기와 불의 세기에 따라 달라져야 하지만 보통 20cm 전 · 후가 적당하다.

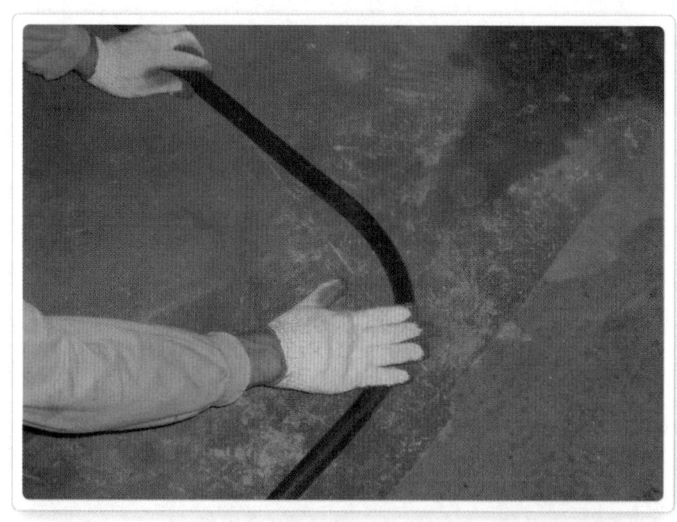

노말 구부리기 I

가열 부위를 골고루 눌러 주면 열이 식으면서 원형 상태를 유지하게 된다.

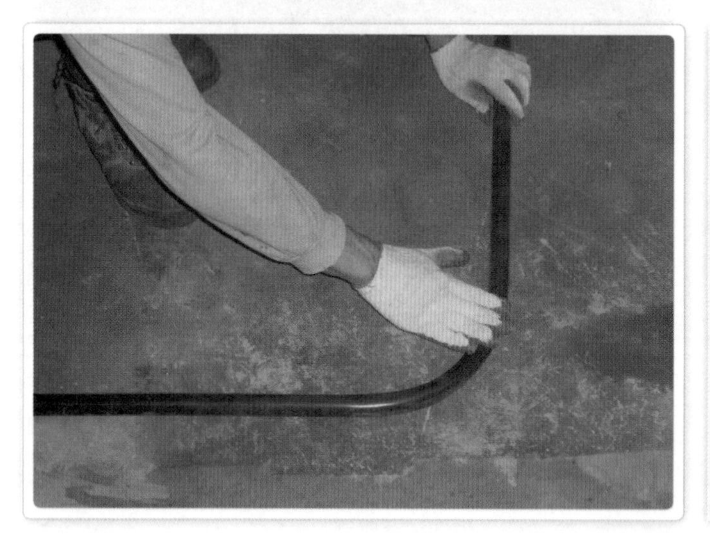

노말 구부리기 II

어느 정도 모양이 잡히면 물에 젖은 헌 장갑 등으로 열을 완전히 식혀 마무리한다.

노말을 구부린 모습

중앙 하단 부위가 너무 많은 열을 가해 탄 흔적이 보인다.

05 하이 파이프 공사 모습

하이 파이프 공사는 노출되지 않고 천장 속에 매입되기 때문에 품질이 약간 떨어져도 괜찮다.

하이 파이프 천장 입선 작업

입선한 모습으로, 복잡하게 얽혀 있어서 뭐가 뭔지 모르겠다. 접지가 있는 걸로 봐서는 전열 라인 같은데 선이 저렇게 길게 말려 있다는 것은 저 부근에 칸막이가 생기면 나중에 배관을 해서 내리겠다는 뜻으로 보인다.

배관 및 입선

가운데 사각 복스에 입선된 모습으로 파이프를 거는 순서를 보겠다.

- 가 : 천장면에 스트롱 앙카를 박는다.
- 나 : 천장 마감 높이와 타 공정의 설치물을 고려해 마루보의 길이를 정한 다음 재단해서 앙카에 연결한다.
- 다 : 파이프를 마루보의 원하는 위치에 댄다.
- 라 : 유(U) 클램프로 고정시킨다. 반대편에서 1명이 잡아주면 고정시키기가 편한데 만약 혼자일 경우에는 반대편에 전산으로 살짝 걸어놓고 고정시키도록 한다.

유(U) 클램프로 고정시킨 모습

- 가 : 고정하는 볼트
- 나 : 마루보

적색 포인트 부분에 마루보가 들어갈 수 있도록 비스듬히 파여 있는 것이 보인다.

마루보 끝 마무리

하이 파이프 작업 시 파이프를 고정시키는 마루보의 끝을 날카롭지 않게 해주어야 한다. 그래야 작업하다 머리를 찔리는 것을 예방할 수 있다.

마루보의 쓰임새

기존 마루보에 직선과 노말 배관을 함께 고정시켰다. 마루보는 아주 까다로운 현장이 아니면 대부분 타공정(특히 경량)의 것을 많이 이용한다. 꼭 필요한 곳만 앙카를 박는다.

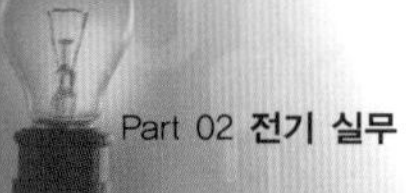

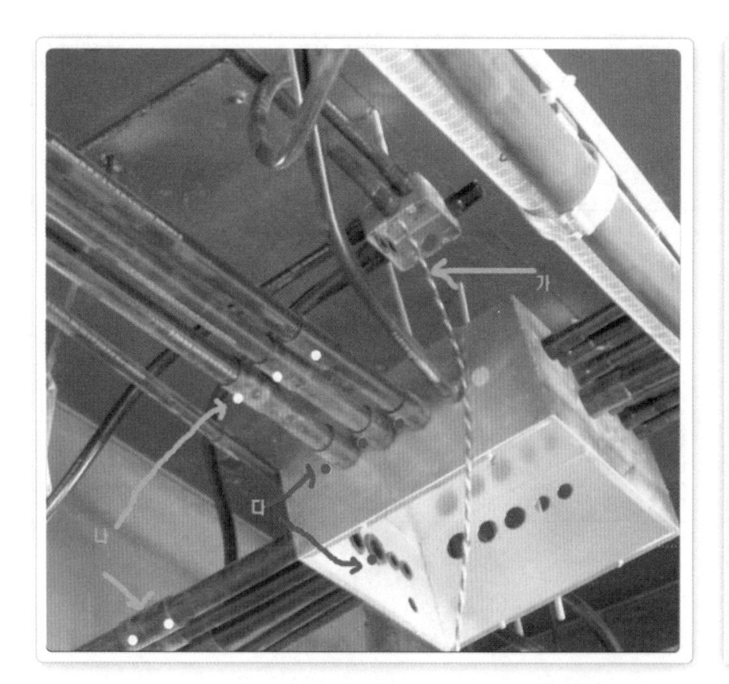

풀복스 배관

- 가 : 입선을 위해 와이어를 넣은 모습이다.
- 나 : 카플링으로 파이프를 연결했다.
- 다 : 커넥터로 파이프와 풀복스에 고정시켰다.

풀복스에 커넥터를 끼운 모습

풀복스를 고정시킨 마루보가 복스 안으로 많이 나오지 않게 해야 전선이 다치지 않는다.

사다리에 올라가 작업하는 모습

사다리 상단에 올라서려는 모습이다. 안전을 고려해 삼가도록 한다.

덕트를 가공한 모습

- 가 : 볼트, 너트를 끼운 모습이다. 너트가 밖으로 향한다.
- 나 : 연결 조인트
- 다 : 용접 (-)홀더
- 라 : 마루보를 대고 용접한다. 마루보는 나중에 풀링한 케이블을 고정하기 위함이다.
- 적색 포인트 : 접지(실드)를 연결하는 구멍이다.

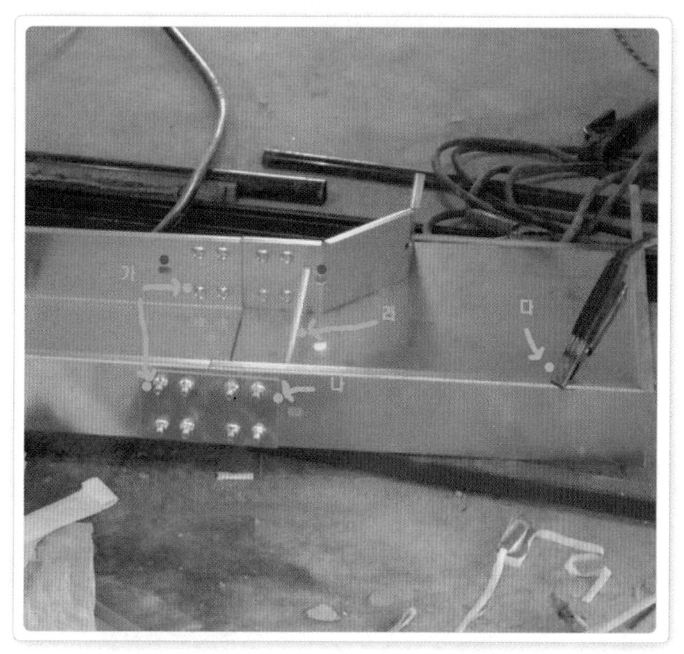

잘못된 배관

- 가 : 하리통 밑에 팔각 복스를 배관했다. 도면에 표시된 등기구의 위치가 그곳이어서 배관을 했겠지만 권하고 싶지는 않다. 하리통을 피해 배관하고 리드선을 조금 길게 빼놓는 게 정석이다.
- 나 : 입선을 생각해 부드럽게 배관을 했다.

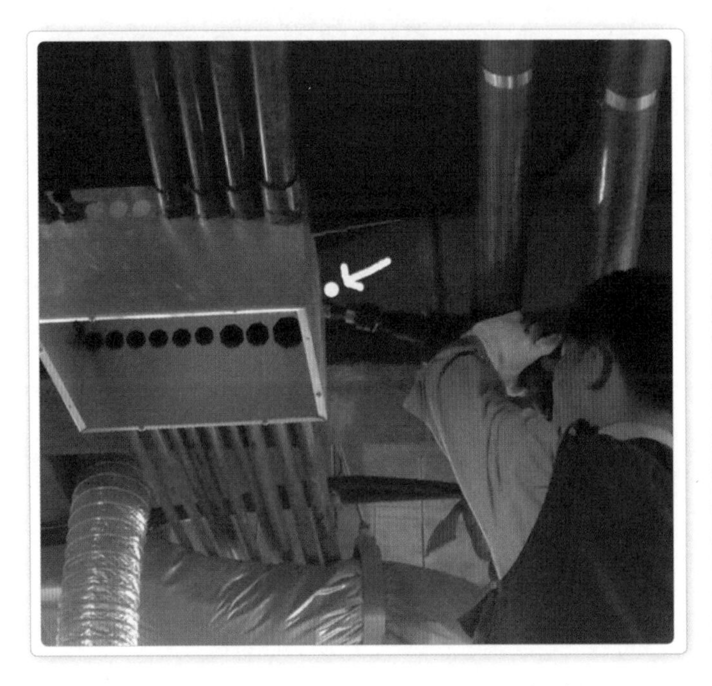

풀복스에 구멍을 뚫는 모습

배관에 걸려 드릴이 비스듬하다. 저럴 경우 드릴이 비켜나가기 쉬우니 조심해야 한다.

하이 파이프 배관에 이용되는 본드

녹색 포인트 : 파이프를 연결할 때 빠지지 않게 본드를 묻힌다.

쇠톱날과 망치

파이프 배관을 위한 도구 중에 쇠톱날과 망치이다.

노말을 식히는 모습

노말을 잡은 뒤 빨리 굳도록 젖은 헝겊으로 식혀주고, 물이 없을 때는 벌어지지 않도록 굳을 때까지 고정을 해주어야 한다.

새들의 쓰임새

· 녹색 포인트 : 온새들 모습으로 비스를 양쪽에 고정시킨다.

· 적색 포인트 : 반새들 모습으로 한쪽에 고정시킨다.

알아두면 편해요

하이 파이프 연결 시 본드칠을 해주어야 연결 부위가 빠지지 않습니다. 만약 본드칠을 하지 않을 경우에는 어떻게 될까요?

- 신축의 경우 철근을 밟고 다닐 때 자칫 카플링이 빠지기도 합니다.
- 인테리어 공사일 경우 입선이나 풀링을 하면서 전선을 세게 잡아당기면 역시 카플링이 빠질 수 있습니다.

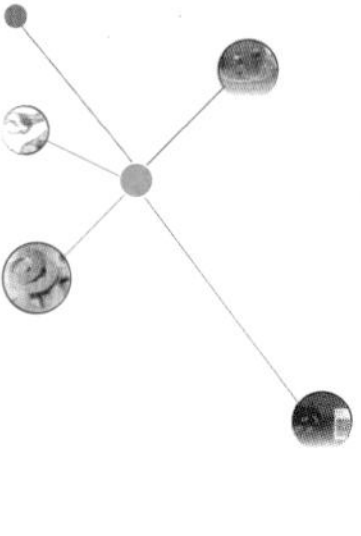

04 스틸 파이프(Still-pipe) 공사

스틸 파이프 공사는 주로 안정성을 중요시하는 관공서에서 많이 사용하며, 노출 부위나 소방 관련 공사에 사용하는 금속관 공사이다.

01 스틸 파이프의 종류

크기에 따라 16mm, 22mm, 28mm, 36mm, 42mm, 54mm, 70mm, 104mm 등이 있다.

02 스틸 파이프 공사의 부속 자재

(1) 복스, 카플링

CD파이프나 하이 파이프와 쓰임새가 같다.

(2) 로크 너트

파이프를 복스에 고정시킬 때 사용한다.

(3) 부싱

파이프 끝에 끼워 전선이 상처나는 것을 방지한다.

(4) 필요 공구

CD파이프나 하이 파이프 공사에 들어가는 것들 외에 미싱, 밴더가 반드시 필요하다.

(5) 곤지레다

스틸 배관 시 노말이 여의치 않은 직각 부분에 주로 사용된다. 배관이 쉬운 대신 좁은 공간으로 인해 입선이 불편하다.

풀복스와 스틸 파이프 배관

천장 풀복스에 새들과 찬넬 제작으로 이루어진 스틸 배관 모습이다. 오른쪽 하단의 파이프는 카플링으로 연결하였다.

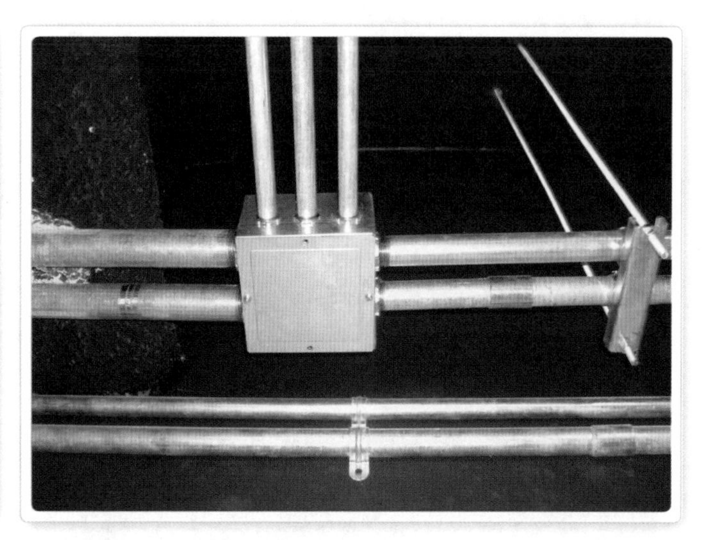

풀복스를 고정시키기 전 배관 모습

풀복스를 고정시키기 전에 로크 너트를 채워 수평을 맞춘 모습이다. 파이프 고정은 상황에 따라 그림처럼 새들로 하는 경우와 찬넬을 이용하는 경우가 있다.

로크 너트와 부싱의 쓰임새

사각 복스에 로크 너트와 부싱을 채운 모습이다.

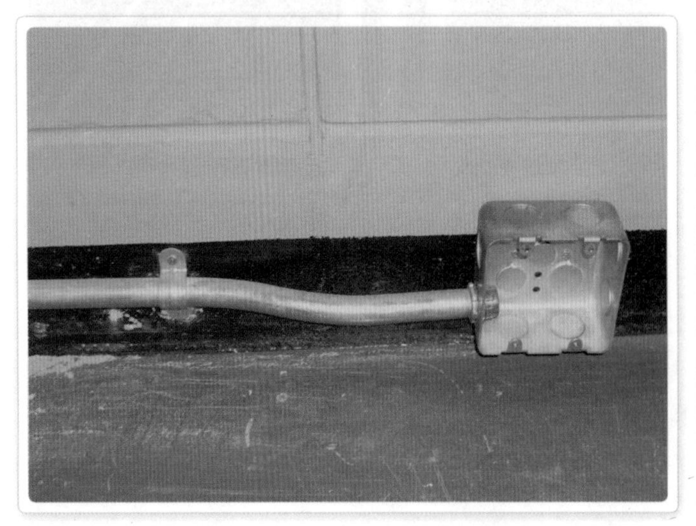

S자 배관의 모습

복스 구멍 높이 때문에 에스(S) 형태로 잡은 모습이다.

크기에 따른 로크 너트와 부싱

왼쪽부터 16mm, 22mm, 28mm, 36mm 로크 너트(위)와 부싱(아래)

노말

아래 부분의 청색 고무 캡은 나사를 보호하기 위한 것이다.

카플링 모습

CD파이프나 하이 파이프처럼 파이프를 서로 연결할 때 사용된다.

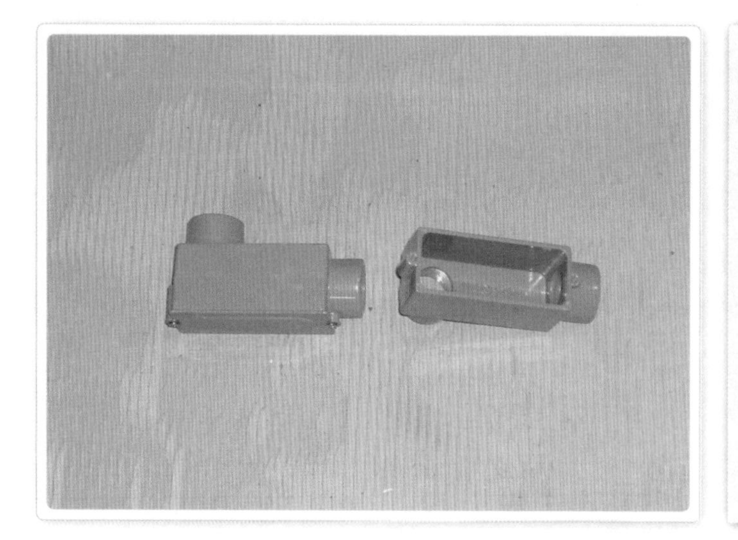

곤지레다

좁기 때문에 입선하기가 불편하다.

풀복스

300mm × 300mm × 150mm(가로 × 세로 × 높이)의 풀복스 모습이다.

알아두면 편해요

풀복스에 구멍을 뚫을 때 각종 파이프의 규격이 의미하는 것은, 예를 들어 16mm라고 하면 내경을 의미합니다. 그러므로 홀소우로 구멍을 뚫을 때는 파이프의 외경 사이즈를 따져야 합니다.

- CD파이프나 하이 파이프의 경우 : 16mm → 22mm, 22mm → 28mm, 28mm → 36mm, 36mm → 42mm가 적당합니다.
- 스틸파이프의 경우 : CD파이프나 하이 파이프와는 달리 되도록 구멍에 딱 맞도록 뚫어주는 게 좋습니다.

03 배관 방법

스틸 배관은 어떻게 보면 이론보다 본인의 경험이 더 중요하게 작용하는 부분이다. 아무리 이론으로 알고 있다고 해도 직접 밴딩 작업을 해보는 것이 가장 빠른 지름길이다.

(1) 'S자' 접기

천장이나 벽체 배관을 해나가는데 있어서 종종 파이프가 앞의 구조물 때문에 막히는 경우가 있다. 이때 옆으로 살짝 꺾어 주어 지나가는 방법이다.

다음에서 그림을 보면서 자세히 설명하도록 하겠다.

S자 접기 요령

'S자' 접기의 포인트는 어느 지점에서 각도를 꺾어 주느냐 하는 것이다. 물론 개인마다 작업하는 습관 때문에 작은 오차는 있기 마련이다.

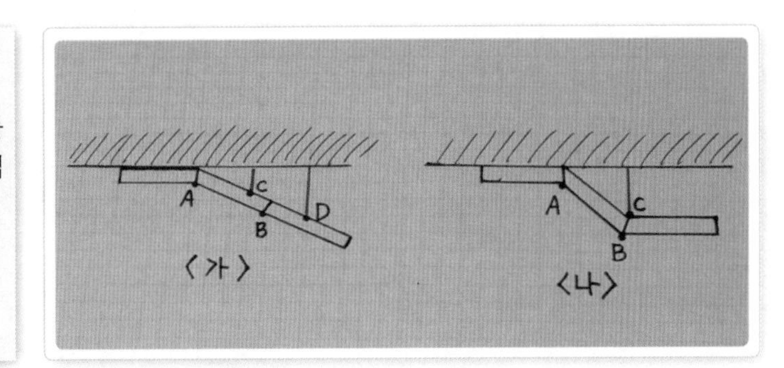

① 그림 〈나〉를 보자.

㉠ 파이프 왼쪽 끝에서 A지점까지의 거리를 잰다(ⓐ 500mm라고 가정). → A와 B지점까지의 거리를 잰다(ⓑ 300mm). → A와 B의 높이 차를 잰다(ⓒ 200mm).

㉡ 500mm 지점인 A에서 대략(약 45° 미만) 구부린 뒤 반듯한 벽이나 다른 파이프에 먼저 구부린 A쪽을 갖다 댄다. → 줄자를 벽에 대고 반듯하게 하면서 높이 차가 200mm인 ⓒ지점과 B의 지점 ⓑ가 일치하는지 본다. 만약 일치하지 않는다면 처음 구부린 A지점의 각을 좁혔다 넓혔다 하면서 일치시킨다.

② 그림 〈가〉를 살펴보자.

㉠ C가 B지점보다 짧을 때는 A지점을 약간 펴준다.

㉡ C가 B보다 길 때(D)는 반대로 A지점을 약간 더 구부려 B와 일치시킨다.

㉢ B와 C가 일치되었다면 B를 A와 수평이 될 때까지 구부린다.

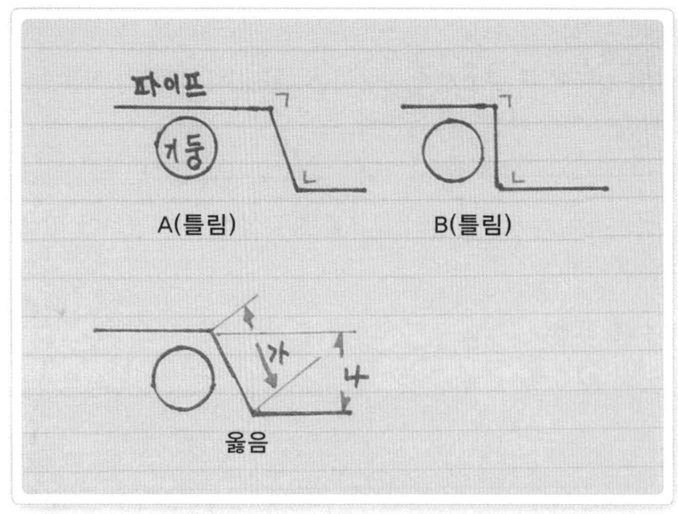

S자 접기의 예

A는 처음 꺾이는 부분이 기둥에서 너무 떨어졌고, B는 꺾는 각도가 너무 급하게 된 상태이다.

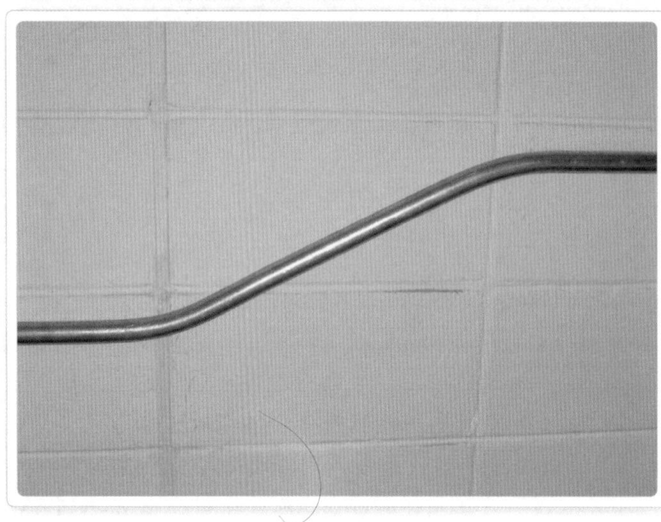

S를 잡은 모습

위 그림의 옳은 방법으로 S를 잡은 것이다.

(2) 'ㄱ자' 접기

'ㄱ자' 접기는 스틸 배관의 가장 기초가 되는 부분이다.

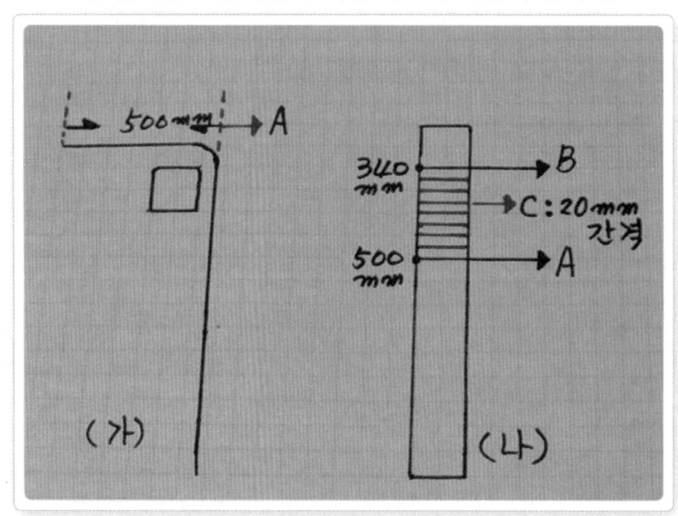

16mm 노말 잡을 때 공식

파이프를 구부릴 때 8번으로 나눠서 해야 하는 것을 잊지 않도록 하자.

① 16mm 접는 방법

그림처럼 500mm 지점인 A에서 노말 'ㄱ자' 를 잡는다고 가정해보자.

㉠ 어떤 굵기의 배관이든 노말을 잡는데 있어서 변하지 않는 기준은 밴더로 파이프를 구부릴 때 반드시 8번을 꺾어 줘야 한다는 것이다.

㉡ 위의 그림에서 먼저 꺾고자 하는 부위(A)보다 160mm가 더 들어간 340mm 지점인 B를 표시하고, 그곳에 밴더를 대고 꺾기 시작한다. 꺾기 전 먼저 A와 B 사이에 20mm 간격으로 표시를 해 놓는다.

㉢ 8회에 걸쳐 20mm씩 꺾는다면 160mm가 모두 소비되면서 목표지점인 A에 도착할 것이다. 각도는 1회에 약 11°씩 접으면 직각인 90°가 될 것이다.

㉣ 만약 7회만에 직각이 되었다면 1회에 20mm씩 총 140mm만 소비되고 20mm는 남게 된다. 그럼 목표지점인 500mm가 아니라 480mm에서 노말이 잡히고 만다. 반대로 9회에 직각이 되었다면 이번에는 180mm가 소비되어 처음 주었던 160mm를 넘어 520mm 지점에서 노말이 잡혀 버린다.

㉤ 그러므로 90°가 넘어도 반드시 8번을 꺾어주고 난 다음 밴더를 이용해 직각이 되도록 펴주어야 한다.

16mm 노말을 잡은 모습
완전 직각이 아닌, 덜 잡힌 상태의 잘못된 공사이다.

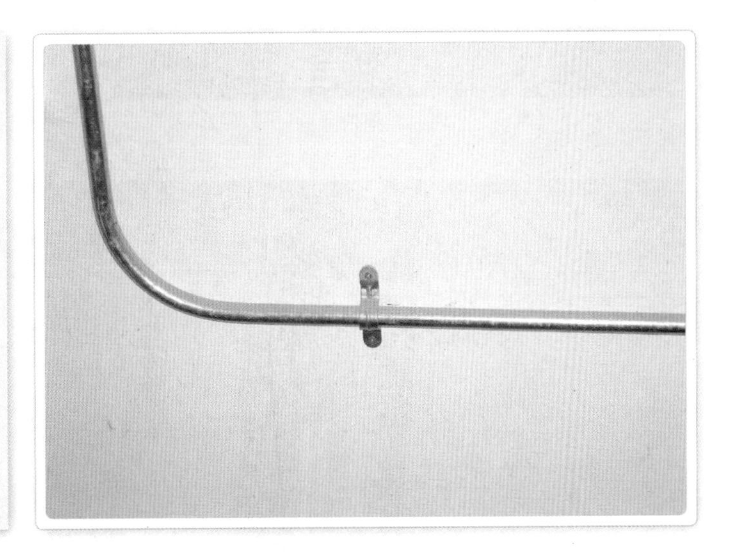

② 16mm 접는 방법으로 할 경우 주의할 점

위 사진에서 노말을 잡고자 하는 부분은 500mm 지점이기 때문에 밴딩하는데 아무런 지장이 없다(파이프 1본의 길이가 3,600mm이므로 나머지 3,100mm가 남기 때문이다). 그런데 반대로 3,100mm지점에서 노말을 잡을 경우 뒤에 남는 길이가 500mm밖에 되지 않는다. 이럴 때 밴더로 잡고자 한다면 바닥을 버티는 파이프의 길이가 너무 짧아(500mm) 밴딩이 되지 않는다. 물론 카플링을 연결해 임시로 다른 파이프를 끼운 뒤 밴딩하면 아무런 문제가 없지만 그마저 여의치가 않을 때도 있기 마련이다.

㉠ 해결 : 남은 짧은 쪽에서 앞서 설명한 것처럼 160mm를 더 준 뒤 밴딩을 한다면 실패하게 된다. 이때는 500mm 지점에서 160mm의 절반인 80mm를 만들어가야 한다.

㉡ 응용 : 만약 양쪽의 길이가 정확히 나왔다면, 즉 앞의 그림에서 노말을 잡은 뒤 한쪽은 500mm, 다른 한쪽은 3,100mm를 정확히 맞추어야 한다는 가정을 해보자. 역시 500mm 지점을 기준으로 잡고 좌우로 80mm(500mm쪽으로 80mm, 3,100mm쪽으로 80mm씩) 준 뒤 밴딩을 해야 양쪽의 사이즈가 나오게 된다.

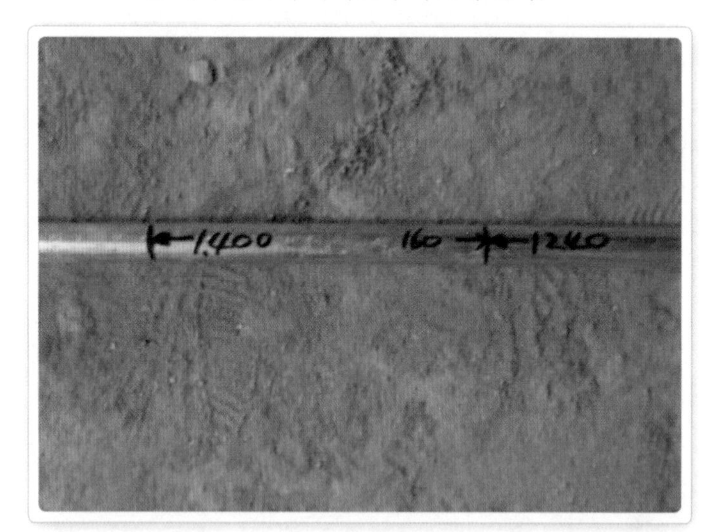

노말 수치 재기

노말을 잡고자 하는 지점은 1,400mm이다. 파이프 굵기가 16mm이기 때문에 160mm를 뺀 1,240mm에서부터 시작하면 된다. 밴더로 약 20mm씩 8회에 걸쳐 구부려 주고 각도는 이미 설명한 대로 약 15° 씩 해준다.

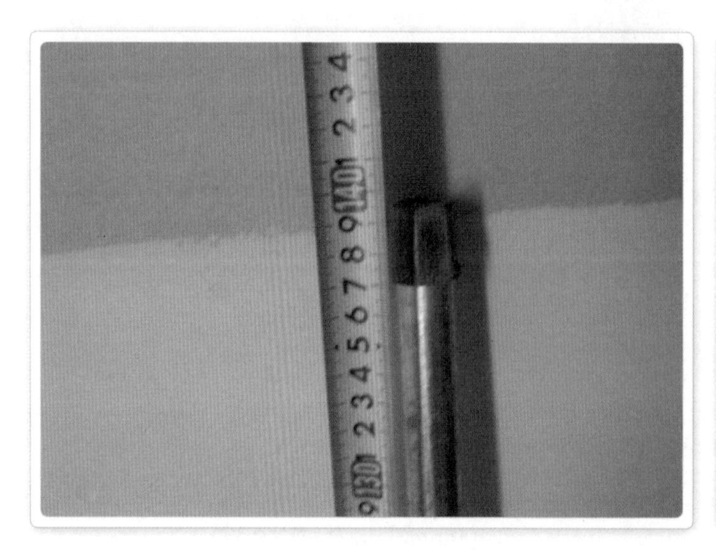

밴딩 후 끝지점

약 5mm 정도 차이가 나는데 이 정도는 그냥 넘어가도 될 듯하다.

노말의 중심 모습

노말의 중심(싱)을 기준으로, 위로는 80mm 올라간 1,240mm이고 아래로는 80mm 내려간 1,400mm이다.

풀복스에 뚫은 구멍에 맞게 S를 잡은 모습

밑부분(가)을 먼저 살짝 구부리고 반대로 돌려 윗부분(나)을 잡으면 된다.

스틸 배관용 카플링 커넥터

미싱기가 없을 때 나사(야마)를 내지 않고 파이프를 끼운 다음 너트를 조여주면 끝이다. 가격이 비싼 편이지만 작업시간이 월등히 줄어든다.

빔 클램프 쓰임새

빔 클램프용 새들을 채운 모습으로 빔 클램프 (가)를 고정시키고, 새들(나)을 채워주면 된다.

건물 난간에 투광기를 설치한 모습

스틸 배관을 이용해 마무리한 공사로, 외부에 노출되기 때문에 외부 충격에 안전한 스틸 파이프를 사용하였다.

노말을 잡고 약간 깊은 S를 한 모습

먼저 직각으로 노말(가)을 잡는다. 다음 (나)지점에서(이 지점은 장애물이 있을 때는 장애물이 끝나는 곳에서, 없으면 적당한 곳에서 잡아줌) S를 한 번 잡고, 반대로 돌려 (다)에서 잡아주면 된다.

③ 22mm 배관 방법

㉠ 16mm와 밴딩 방법은 똑같으나 들어가는 길이를 160mm에서 200mm로 늘려주면 된다. 이유는 파이프의 구경이 굵어서 90° 노말이 잡힐 때 길이가 더 길어지기 때문이다. 그렇게 되면 1회에 25mm씩 꺾어주면 된다.

㉡ 개인의 밴딩 습관에 따라 들어가는 길이를 조금씩 가감할 수 있다.

나사를 낼 수 없는 경우의 카플링 제작

미싱기가 없어서 나사를 낼 수가 없을 때 카플링을 직접 용접하면 파이프를 연결할 수 있다.

④ 옷걸이 채우기

스틸 파이프는 재질의 특성상 CD파이프나 하이 파이프보다 내부저항이 많기 때문에 똑같은 구경이라도 입선하는 가닥수가 적을 수밖에 없다.

또 요비선을 넣을 때도 28mm 이상은 약 15m를 넘어가면 역시 많은 여유 공간에 의한 저항 때문에 더 이상 들어가지 않을 때도 있다. 때문에 스틸 배관은 약 20m 마다 풀복스를 써주어야 하고, 그렇지 못할 경우에는 옷걸이를 채워주면 된다.

㉠ 아래 그림에서 먼저 옷걸이를 채우고자 하는 왼쪽의 파이프 나사는 약 2~3개 정도만 내도록 한다(그림 A). → 카플링을 오른쪽 파이프의 나사(붉은색)가 모두 들어가도록 끝까지 끼운다. → 왼쪽 파이프를 카플링의 끝에 대고 카플링을 시계 방향으로 돌리면 그림 (나)처럼 2개의 파이프가 서로 연결된다.

㉡ 왼쪽 파이프의 나사만큼 오른쪽 파이프의 나사가 남는 것을 알 수가 있다(그림 B).

㉢ 만약 카플링을 돌리지 않고 오른쪽 파이프를 직접 돌려버리면 옷걸이의 의미가 없어지게 된다. 나중에 풀어야 할 경우 카플링을 돌릴 수 있는 오른쪽 파이프의 나사산이 여유가 없기 때문이다.

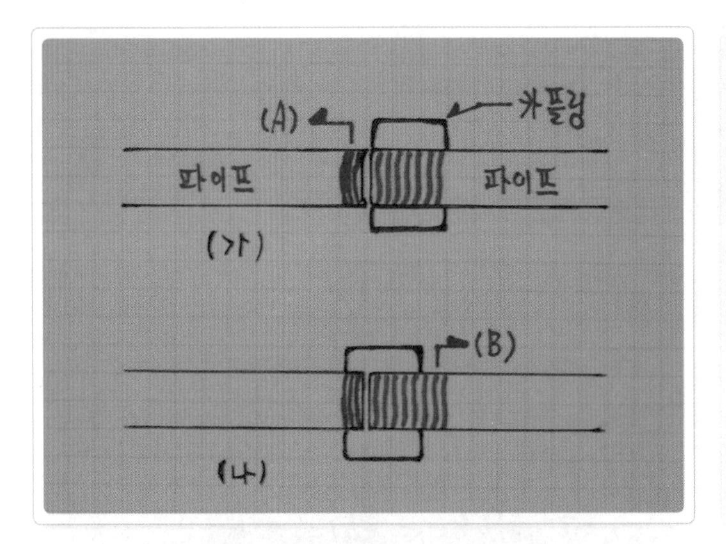

옷걸이 채우기 전(가)과 후(나)의 모습

옷걸이를 채우기 전에는 카플링이 나사가 많은 오른쪽에 있으며, 시계방향으로 카플링을 돌려 왼쪽의 파이프와 연결한다.

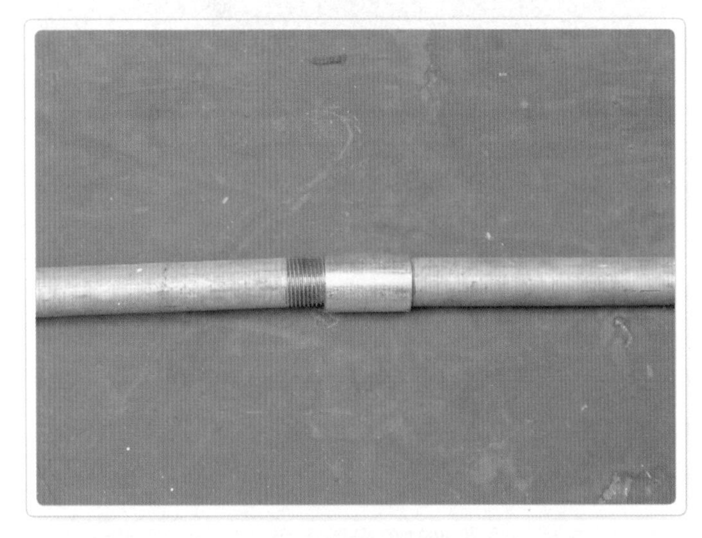

옷걸이 채우기 직전 모습

옷걸이를 채우기 직전 위의 그림 (가)의 모습이다.

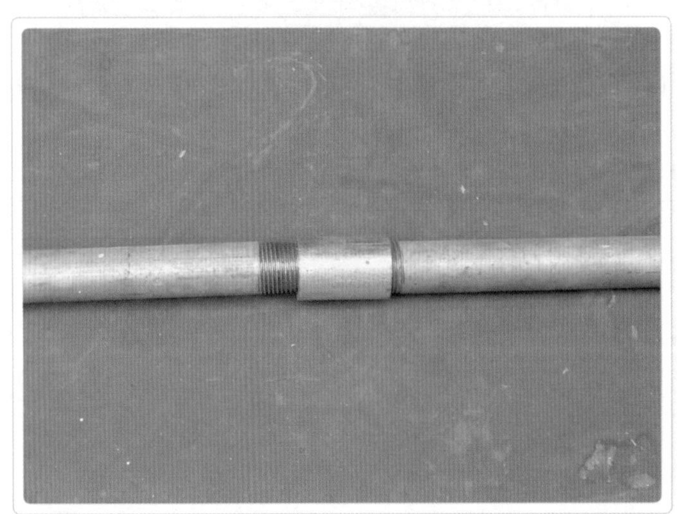

잘못된 모습

카플링을 돌려 옷걸이를 채운 모습인데 위의 그림 (나)처럼 오른쪽 파이프의 나사가 보이는 만큼 왼쪽 파이프의 나사가 끼워진 상태이다. 나사가 너무 많이 남은 것을 볼 수가 있다. 이런 경우 관공서나 대기업에서 바로 하자 리스트에 올라가게 된다.

정상적인 모습
카플링으로 옷걸이를 바르게 채운 모습이다.

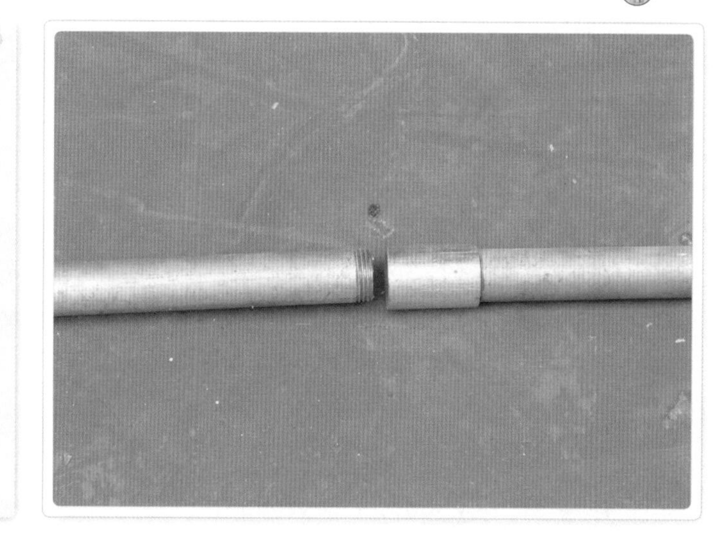

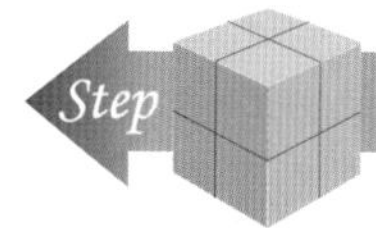

① 스틸 파이프에 입선 시 전선의 가닥수를 무리하게 잡아당길 경우 피복이 벗겨질 염려가 있어 조심해야 합니다.
② 스틸 파이프의 경우 허용전류가 일반 다른 공사보다 낮기 때문에 이를 감안한 전선의 규격을 선택해야 합니다.
③ 스틸 파이프는 무겁기 때문에 마루보를 이용해 지지할 경우 간격을 1,500mm 이내로 해주어야 합니다.

Step 2. 케이블 트레이 가공

여기서는 통신용처럼 작은 용도가 아니라 전기실이나 변전실, 혹은 발전기실 상호간에 사용되는 전력간선용 케이블 트레이에 대해 알아보기로 한다.

01 트레이 자재

01 트레이

길이는 3m이며 넓이는 다양하다.

02 호리존탈(Horizontal)

트레이를 연결해가는 도중에 수평으로 꺾어지거나 옆으로 가지치기를 할 때 사용하며, 호리존탈 노말, 크로스(Cross), 티(Tee) 등이 있다.

03 버티컬(Vertical)

수평에서 수직으로 꺾이는 부분에 사용한다.

(1) 인 사이드(In side)

케이블을 지지하는 받침대가 옆 보호면의 밑바닥 쪽에 붙어 있는 것을 기준으로 안쪽으로 노말진 것을 말한다.

(2) 아웃 사이드(Out side)

노말이 바깥쪽으로 잡힌 것을 말한다.

04 리듀서(Reducer)

폭이 서로 다른 트레이 2개를 연결할 때 사용한다.

(1) Right(오른쪽), Left(왼쪽), Straight(직선) 등이 있다.

(2) 리듀서 세퍼레이터(Reducer Separator)

트레이에 풀링되는 케이블이 저압과 고압일 경우 분리시켜야 할 때 사용한다.

05 라이즈 커넥터(Rise Connector)

높이가 서로 다른 트레이를 연결할 때 사용한다.
라이즈가 없을 경우 조인트로 만들어 쓰기도 한다.

06 홀드 클램프(Hold clamp)

트레이가 움직이지 않도록 C찬넬에 고정시킬 때 사용한다.

07 조인트(Joint)

트레이끼리 연결할 때 맞닿는 부위에 사용한다.

08 엔드 플레이트(End plate)

트레이 말단의 마감에 사용한다. 플레이트가 없을 때는 트레이의 옆면을 가공하여 쓰기도 한다.

09 실드

트레이의 가공 부위나 연결 조인트를 쓴 곳에 접지를 목적으로 사용한다.

알아두면 편해요

트레이 작업 시 주의할 점을 살펴보겠습니다.

- 트레이 지지용 마루보의 간격은 약 1,500mm로 합니다.
- 조인트 연결 뒤 바로 볼트 너트를 꽉 조여 버리면 안 됩니다. 느슨한 상태에서 조인트가 움직여야 다음 트레이를 연결할 때 끼우기가 쉽습니다(손가락의 힘으로만 조여 주는 정도의 강도가 적당).
- 높이 차가 미약할 경우 라이즈를 쓰지 않고 가공하기도 합니다.
- 구멍이 맞지 않을 경우는 겐삭기 뒷부분을 끼워 맞춥니다.
- 볼트의 방향은 안쪽에서 밖으로, 즉 너트를 밖에서 채웁니다.
- 볼트 너트를 단단히 조일 때는 첼라로 조인트와 아랫부분을 동시에 잡고 조여야 찬넬에 닿는 밑부분이 수평이 됩니다.
- 트레이를 걸기 전 한쪽에 미리 조인트를 걸어놓습니다.
- 실드는 트레이의 한쪽에만 채워줍니다.
- 부득이하게 용접할 경우 용접 부위에 징크나 은색의 래커를 뿌려줍니다.
- 트레이 걸기까지 순서

  천장에 마루보를 박는다. → 트레이 폭보다 약간 길게(보통 좌우 50mm씩) 재단한 찬넬을 마루보에 건다. → 한쪽에 조인트를 채운 트레이를 올린다. → 겐삭기를 조인트와 트레이의 밑부분을 동시에 잡고 볼트 · 너트를 꽉 조이고 실드를 채운다. → 찬넬 좌 · 우 균형을 잡은 뒤 클램프 홀드를 채워서 트레이를 고정시킨다.

호리존탈 티(tee)

3군데 방향으로 갈라질 때 사용된다.

호리존탈 엘보우

수평 노말로 직각으로 구부러질 때 연결용으로 사용된다.

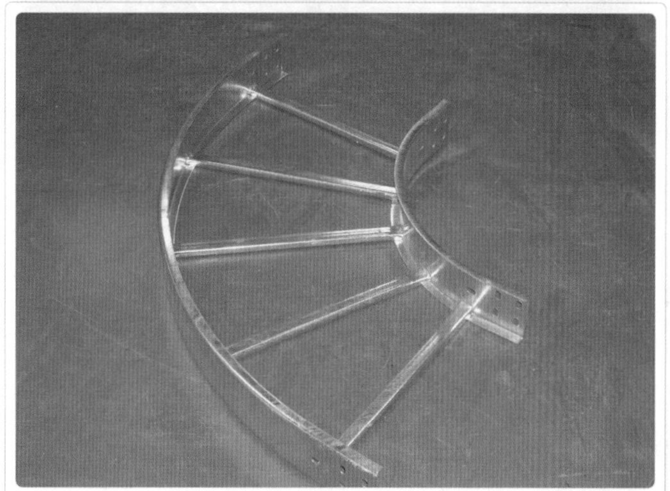

버티컬 인사이드

케이블 지지대가 밑에 붙어 있고, 안쪽으로 휘어져 있다.

트레이 부속품

왼쪽부터 조인트, 볼트 · 너트, 실드, 클램프 홀더, 앙카

연결 조인트

트레이와 트레이를 서로 연결할 때 이음매 역할을 한다.

라이즈 커넥터

트레이가 지나가다 장애물이 생길 경우 위나 아래로 살짝 꺾어갈 때 이용된다.

클램프 홀더

트레이를 지지하는 판넬과 트레이 간을 고정시켜준다.

라이트 리듀서를 직접 가공한 모습

오른쪽 시작 부위의 넓이는 1,200mm이고, 줄어든 부위는 400mm이다.

호리존탈 티와 스트라이트 리듀서의 연결 모습

먼 쪽이 호리존탈 티이고 가까운 앞쪽이 스트라이트 리듀서이다.

아웃사이드 엘보우의 모습

받침대가 밑에 있고, 밖으로 노말진 것을 알 수가 있다.

클램프 홀더로 트레이를 고정시킨 모습

벽에 고정시킨 C찬넬에 클램프 홀더를 이용해 트레이를 고정시킨다.

02 트레이 가공하기

01 버티컬(수직) 노말

(1) 기성 노말이 있기 때문에 즉석 제작은 거의 안 하고 있지만 자재가 부족할 때는 부득이하게 가공을 하게 된다.

(2) 노말을 한번에 직각으로 잡으면 너무 급한 경사라 풀링할 때 좋지 않다. 따라서 한 곳에 45°씩, 두 군데서 구부려 준다.

가공 부위 절단

- 덕트와 트레이의 높이 : 100mm이다.
- 100mm일 때 기준 : 구부리고자 하는 지점에서 좌우로 각각 40mm씩 금을 긋고 절단한 모습이다.

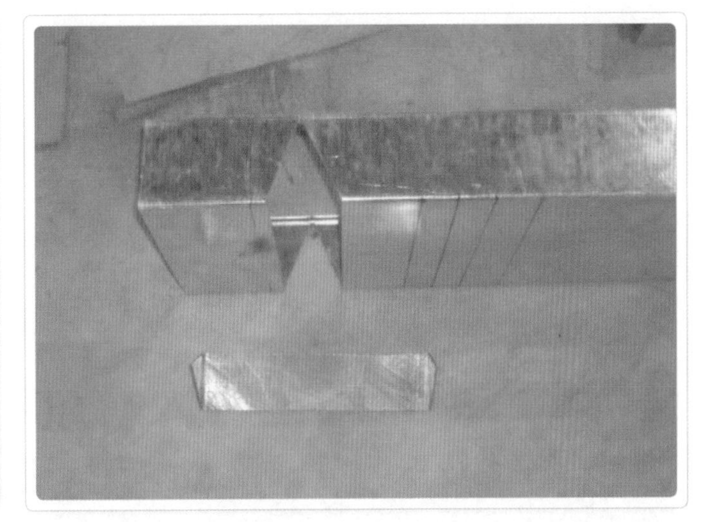

밑에서 본 모습

치수를 정확히 재는 것도 중요하지만 핸드 그라인더로 가공할 때도 삐뚤어지지 않도록 주의해야 한다.

나머지 한 곳에 금을 그은 모습

그라인더로 절단한 면이 바르지 않아 조금씩 간격이 벌어진 것을 볼 수가 있다.

용접해서 끝낸 모습

용접 부위는 부식되지 않도록 반드시 징크나 래커를 뿌려주어야 한다.

수직 완성된 모습

용접한 부위나 그라인더로 잘라낸 부위는 최대한 깔끔하게 다듬어 주어야 한다.

02 호리존탈(수평) 노말

수평 노말도 방법은 수직 노말과 같다. 다만 길이가 100mm만 있는 게 아니기 때문에 기준점에서 좌우로 계산해주는 길이가 틀려지게 된다.

그렇다고 해서 모든 길이를 다 외울 필요는 없겠고 100mm만 기억해 두면 된다.

150mm 덕트 가공 부위 절단

- 먼저 기준점(가)을 찍는다.
- 100mm 지점(나)을 찍고 좌우로 40mm 씩 표시한다.
- 그다음 (가)와 (나)를 연장해서 금을 그어 나가면 자연스럽게 150mm지점까지 도착하게 된다.

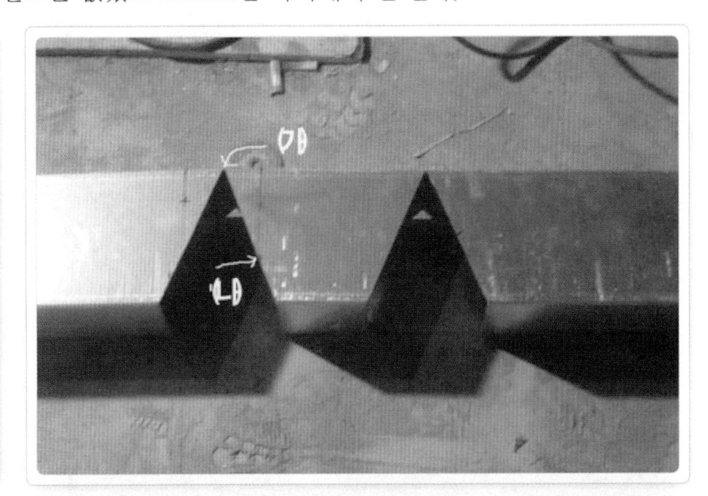

가공 부위 절단

300mm 사이즈도 마찬가지이다. 100mm 지점에서 연장해 금을 그어 나간다.

150mm 잡기

밑부분을 핸드 그라인더로 잘라낸 모습이다.

옆면 모습

핸드 그라인더를 사용할 때에는 특히 조심해야 한다.

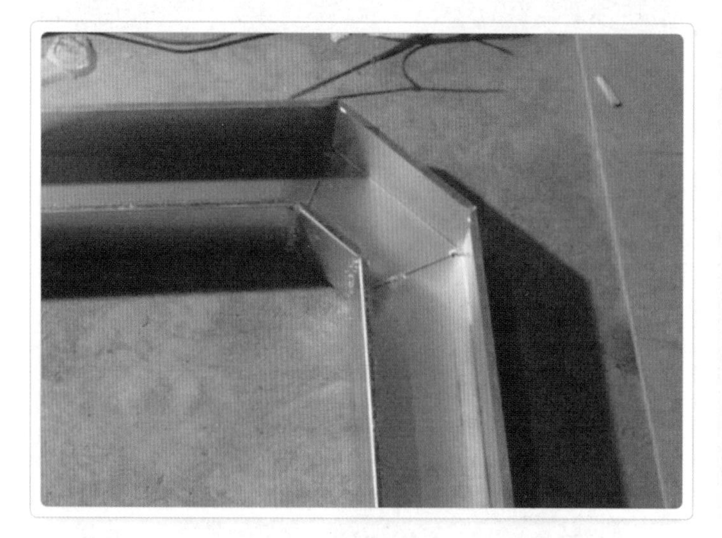

완성된 모습

정확한 가공을 하지 않아 직각이 맞지 않은 상태이다.

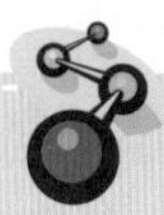

알아두면 편해요

① 덕트나 트레이를 가공할 때에는 절단면의 날카로운 부위를 잘 다듬어 주어야 합니다.
② 용접을 할 때에는 반드시 부직포를 깔고 소화기를 비치해야 합니다.
③ 덕트를 일정한 길이로 재단 후 그라인더로 자르기 전에 양쪽 끝에 조인트가 연결될 구멍을 미리 뚫어 놓으면 좋습니다.

06 SECTION 여러 가지 실무 경험

Q 사회 초년생이라 아직 실무적으로 경험이 적어 어려움이 많습니다.

A 이번 장에서는 다년간 현장에서 전기 공사를 하면서 터득한 여러 가지 실무 경험을 다루겠습니다. 사소한 것들이지만 결코 무시할 수 없는 내용들을 열거했기에 실무에 종사하는 분들에게 많은 도움이 될 것입니다.

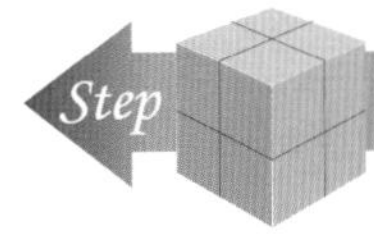

1. 텍스 뜯는 법

텍스는 길이 300mm×600mm의 천장 마감재로 쓰이며, 주로 관공서나 복도 등에 사용된다.

01 텍스 떼어 내는 법

그림처럼 드라이버로 옆 장과 함께 약간의 흠을 낸 뒤 좌 · 우측의 비스를 먼저 풀고, 마지막으로 중앙의 비스를 푼다. 붙일 때는 반대로 중앙의 비스를 먼저 박는다(흠집은 나중에 다시 붙일 경우에 6개의 비스 구멍을 맞추는 데 시간을 아끼기 위함이다).

02 텍스 자르는 법

앞면을 칼로 2~3회 그은 뒤 뒤집어서 누르면 원하는 부위가 부러져 나간다.

03 주요 천장 마감재

석고, 텍스, 마이톤 등이 있다.

왼쪽 텍스의 모습

텍스 마감 천장에 슬림형(32W×2개) 형광등이 취부된 것으로, 형광등의 두께가 얇기 때문에 캐링이 걸려도 자를 필요가 없다.

Step 2. 플렉시블(SF, 고장력 플렉시블)

주로 등기구의 리드선을 만들 때 사용하고 소방 배관 시 스틸 파이프 대신 이용하기도 한다.

01 플렉시블 자르는 법

플렉시블을 자른 뒤 말단(끝부분)을 전선이 벗겨지지 않도록 가위로 2~3마디 자른 후 돌려 떼어버리면 끝이 깨끗하게 처리된다.

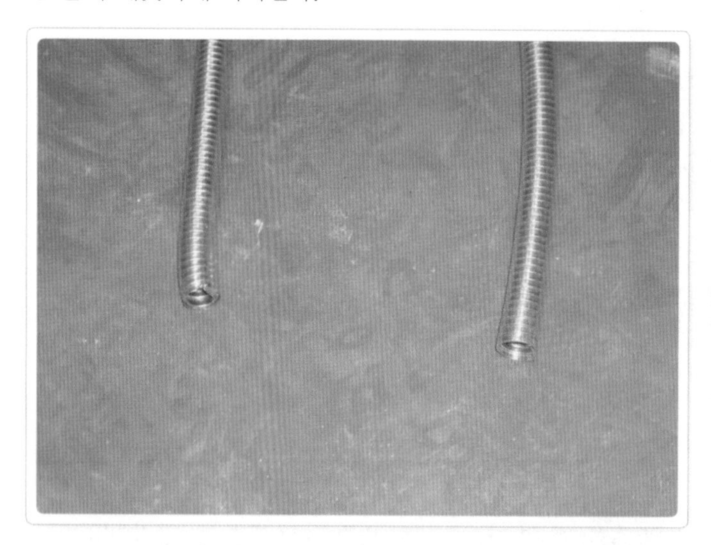

플렉시블 단면

- 왼쪽 : 함부로 잘라 끝이 날카롭다.
- 오른쪽 : 깨끗하게 마무리된 모습이다.

고장력 플렉시블 커넥터

플렉시블 끝을 나사가 있는 구멍에 넣고 나사를 조여주면 된다.

02 커넥터가 없을 경우 처리법

전선을 끼운 후 양끝을 플렉시블 커넥터로 처리하는데, 만약 커넥터가 없을 때는 테이프로 먼저 전선을 감고 감은 부위를 안쪽으로 약간 밀어 넣은 뒤 플렉시블 끝과 같이 감는다. 그래야 전선이 끝부분에 의해 벗겨질 염려가 없다.

테이프로 말단을 처리한 장면

먼저 테이프로 전선을 감은 뒤 테이프를 떼지 않고 곧바로 플렉시블 끝을 감아준다.

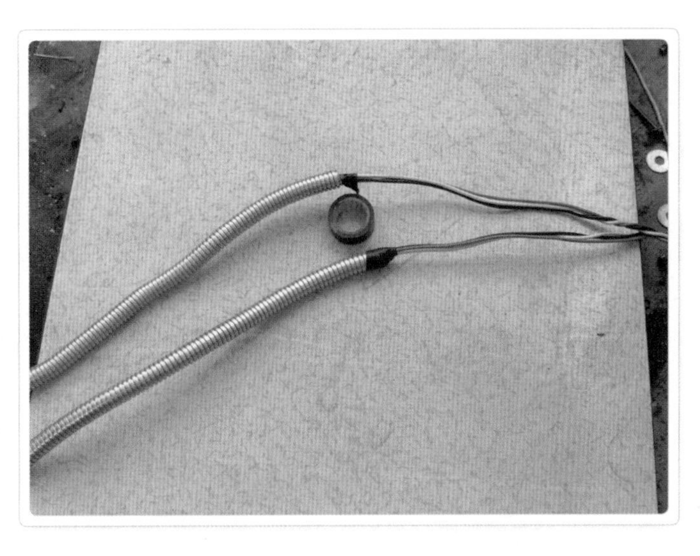

03 일반적인 플렉시블

일반적으로 플렉시블이라고 하면 그림처럼 강도가 약한 것을 의미한다. 따라서 고장력이나, SF라고 해야 구별된다.

일반 플렉시블

고장력 플렉시블에 비해 전선의 보호 강도가 낮은 단점이 있다.

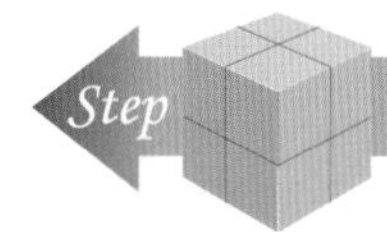

3. 복스 안에서의 전선 조인트 법

01 절단 시 전선 잡기

전선은 무조건 한 가닥씩 잘라야 한다. 보통 초보는 전기가 흐르고 있는지 확인하지도 않은 채 전선을 한꺼번에 자르다가 펜치나 가위를 망가뜨리는 경우가 허다하다. 설사 전기가 흐르지 않는다는 것을 확인했어도 반드시 한 가닥씩 자르는 버릇을 길러야 한다. 그래야 작업 도중 잠시 딴 생각을 할 때에도 무의식 중에 한 가닥씩 자르기 때문이다.

02 복스 안에서의 전선 연결

복스 안에서의 전선은 한 뼘 정도 충분한 여유를 주고 연결을 해야 다음에 보수하는 데 지장이 없다. 약 2~3cm 정도 피복을 벗긴 후 펜치로 돌려 감아주는데, 피복이 벗겨지지 않은 부위까지 충분히 감아주어야 한다. 그래야 나중에 접촉 불량에 의한 화재 사고를 막을 수 있다.

03 마지막 처리

마지막으로 펜치로 전선을 잘랐을 때에는 잘린 부분이 날카로우므로 펜치로 한번 더 돌려준다.

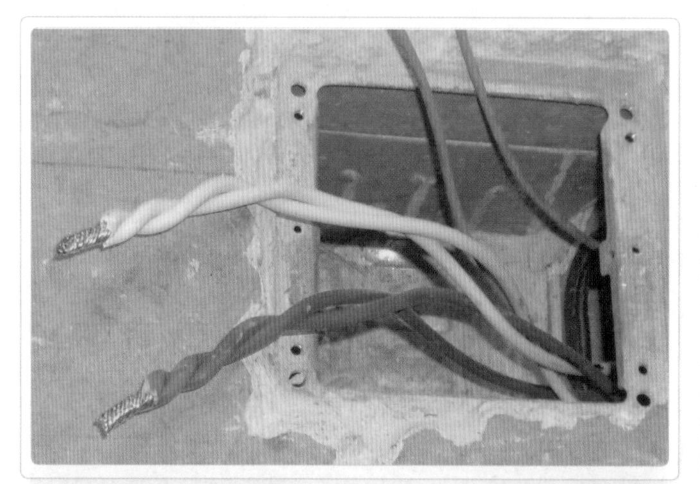

연결 후 절단면 상태

백색은 자른 후 펜치로 마무리를 해 주었고, 적색은 그냥 자르기만 해서 끝부분의 옆이 날카롭다. 이럴 경우 테이핑을 잘못하면 날카로운 부분이 빠져나와 누전의 위험이 발생하게 된다.

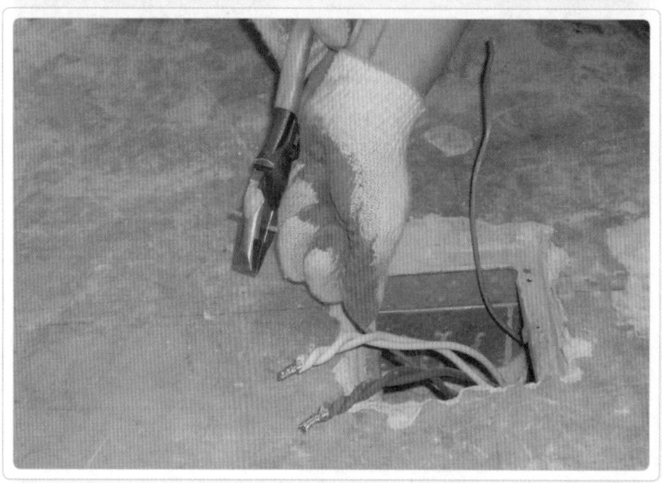

껍질을 벗길 때 펜치를 잡는 모습

힘이 적게 들고 피복도 안정적으로 벗길 수 있다.

일반인의 사용 방법

사진에서의 방법은 손가락에 무리가 간다.

풀복스 내부의 연결 모습

풀복스에 와이어 커넥터로 연결된 일반 전선과 그렇지 않은 케이블의 모습으로, 스틸 배관일 경우 특히 연결에 주의를 기울여야 한다.

알아두면 편해요

① 천장 마감재 중 마이톤은 흡음(소음을 흡수)력이 우수해서 방송실이나 강의실 등에 주로 사용됩니다.
② 텍스 천장에 등기구나 기타 여러 가지 기구의 구멍을 뚫을 때 텍스와 텍스가 만나는 경계 부위는 될 수 있으면 피하는 게 좋습니다.

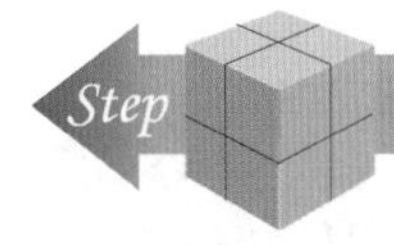

4. VCTF 같은 연선의 조인트 법

연선끼리의 연결은 2가닥을 서로 '×' 자로 잡은 상태에서 1가닥으로 나머지 1가닥을 먼저 한 바퀴 돌려 감은 후 서로 꼬아주면 되고 이렇게 하면 잡아당겨도 풀리지 않는다.

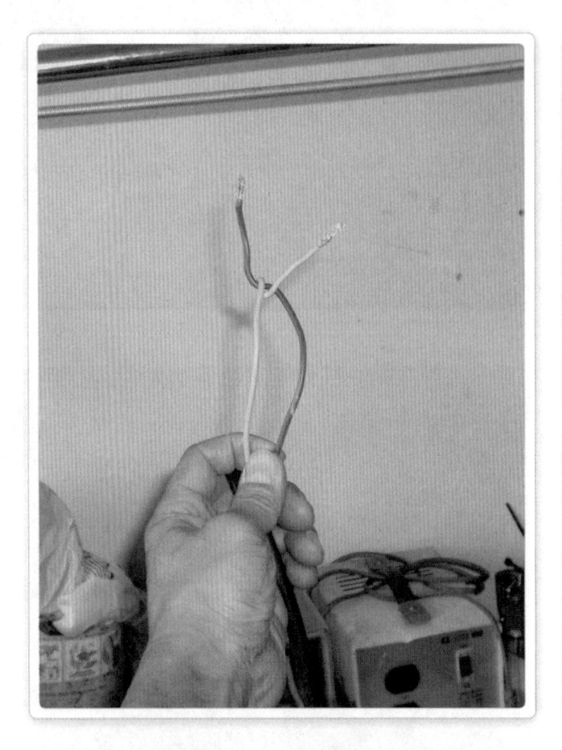

연선 연결법 Ⅰ

갈색 선과 청색 선의 피복이 손가락까지 벗겨진 상태라고 가정하자. 사진처럼 갈색 선을 청색 선으로 한 바퀴 감아준다.

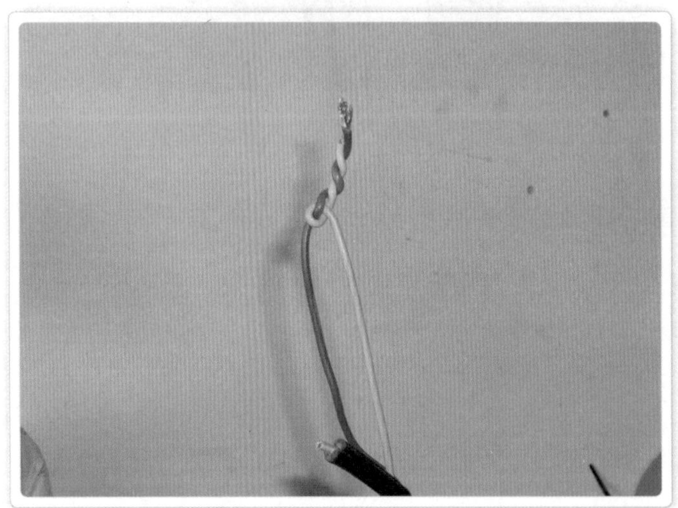

연선 연결법 Ⅱ

감아 준 청색 선과 갈색 선을 보통 연결처럼 꼬아주면 된다.

5. 굵은 케이블의 연결법

01 기본 원칙

케이블 2가닥을 연결하는 것이 기본 원칙이다. 껍질을 벗긴 1가닥으로 또 다른 케이블을 돌려 감는다.

02 굵은 케이블 연결 순서

(1) 먼저 돌려 감고자 하는 케이블의 피복을 고정된 케이블보다 더 길게 벗긴다.

(2) 속에 들어 있던 동선은 꼬여 있는데 이것들을 바르게 펴고 돌려 감기 편하게 2가닥을 테이프로 감는다.

(3) 돌려 감을 동선을 1가닥이나 2가닥씩 펜치로 감는다.

굵은 케이블의 연결법 Ⅰ
돌려 감고자 하는 케이블의 피복을 고정시킬 케이블보다 더 길게 벗겨 꼬인 동선을 폈다.

굵은 케이블의 연결법 Ⅱ
골고루 편 동선을 1가닥씩 차례로 돌려 감는다.

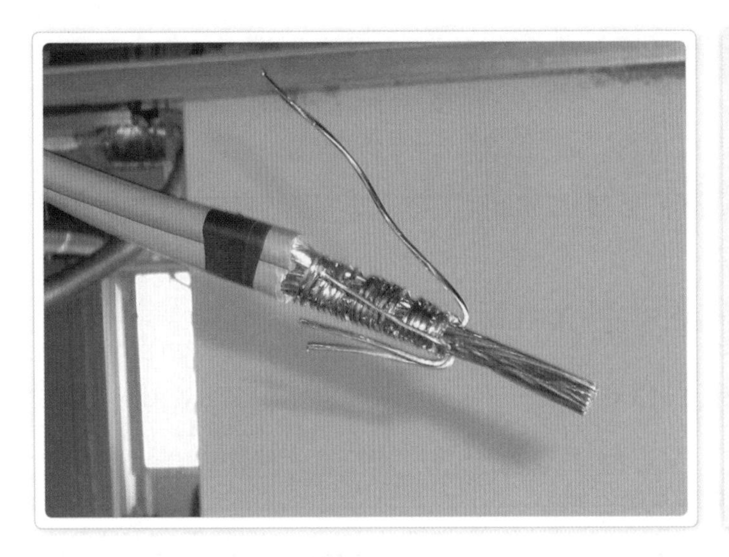

굵은 케이블의 연결법 Ⅲ

고정된 동선 중에서 3~4가닥을 사진처럼 뒤로 제껴서 적당한 길이에서 자르고, 나머지 선도 적당히 잘라 준다.

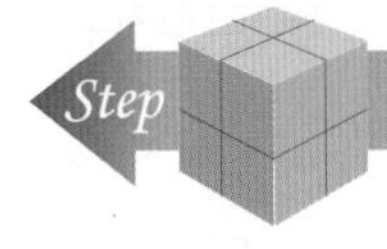

6. 테이핑 법

연결한 부위를 충지게 감는데 한번에 3~5회 감은 후 힘주어 한두 번 감고, 다시 3~5회 자연스럽게 감는다.

끝부분에서 돌리면서 밑으로 내려온 후 위와 같은 동작을 다시 반복한다.

와이어 커넥터 대신 테이프로 연결한 모습

그다지 잘 처리된 모습은 아니다. 연결할 리드선을 좀 더 길게 해 주고, 모양도 둥그렇게 원형을 만들어 주면 훨씬 좋을 것이다.

여러 가지 색의 전기 테이프

흑색 외의 것들은 주로 터미널을 물리고 난 뒤 상을 표시해주기 위해 사용된다.

Step 7. 형광등 구멍 뚫기

01 천장이 석고 마감일 경우

보통 더블(2개의 형광등)일 경우 등기구의 사이즈는 1,250mm×250mm이다. 먼저 먹줄을 놓거나 줄자로 위의 사이즈를 그린 후 쥐꼬리톱의 날카로운 부분을 찔러 넣어 톱질을 해나간다. 톱질을 하다보면 거의 대부분 엠바와 캐링에 걸리게 되므로 이 점을 상기하면서 작업하고, 톱질을 하다 걸리면 살짝 피해가며 작업을 계속한다(요즘 등기구는 아주 얇은 슬림형이라 엠바를 자르지 않아도 된다).

02 천장이 텍스 마감일 경우

텍스는 한 장 규격이 300mm×600mm이기 때문에 두 장을 떼어낸 후 칼로 50mm만 잘라내면 된다.

쥐꼬리톱으로 형광등 구멍을 뚫는 모습

될 수 있으면 약간 뒤로 물러나 톱질을 해야 석고 가루가 얼굴에 떨어지는 것을 막을 수 있다.

알아두면 편해요

① 쥐꼬리톱으로 톱질할 때 처음부터 끝까지 톱질해 나가면 석고의 무게 때문에 힘이 들므로 약 30~40cm 정도 톱질 후 제거해 내고 다시 톱질을 해줍니다.

② 중간 정도 톱질했으면 이번에는 반대편에서 톱질을 해줘야 하는데 이것은 절단된 쪽에서 몸에 해로운 석고 가루가 얼굴로 떨어지는 것을 방지하기 위해서입니다.

Step 8. 리드선 테이핑 법

01 등기구의 리드선 만들기

등기구의 리드선을 만들 때 전선을 고장력 플렉시블에 끼우고 끝을 테이프로 감게 되는데, 반드시 세 가닥이 조금씩 층이 지도록 감아주어야 한다. 그래야 나중에 쓰지 않고 천장 속에 그대로 방치해 둘 경우 쇼트나 누전을 방지할 수 있기 때문이다.

02 전선 자르기

전기가 흐르고 있는 상태에서 전선을 층이 지도록 자른 후 껍질을 벗길 때는 길이가 짧은 것부터 벗기고, 연결할 때도 마찬가지로 짧은 것을 먼저 해 주어야 작업이 쉽다.

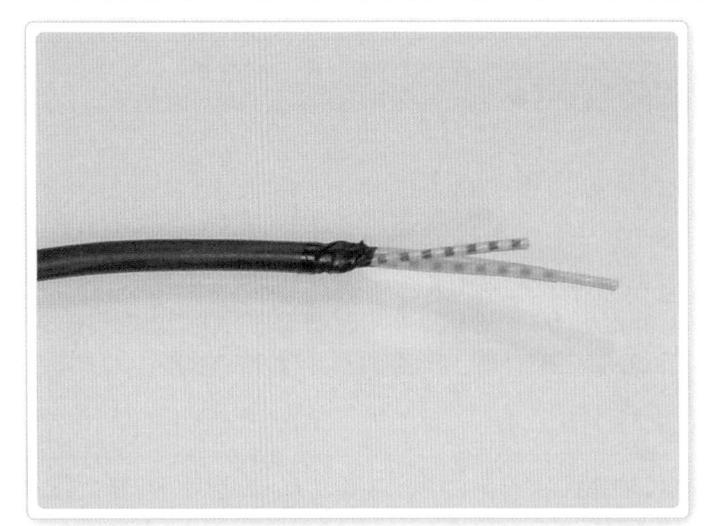

전선 자른 모습
피복을 벗긴 부분에 테이핑을 하고 전선을 층이 지도록 자른 모습이다.

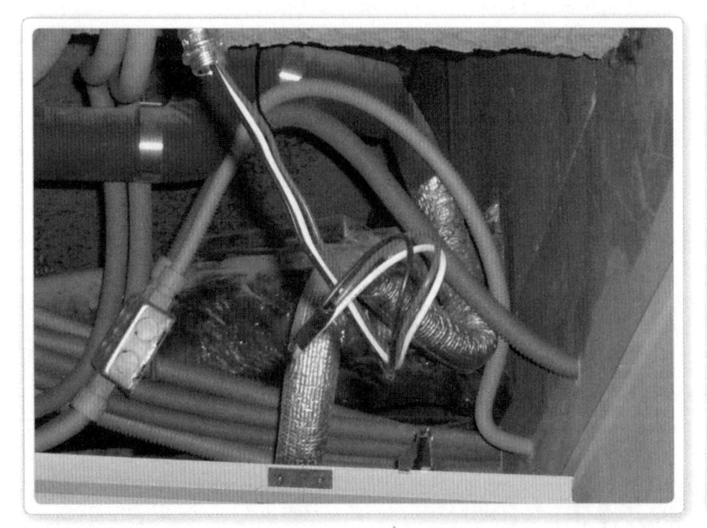

리드선의 테이핑 모습
세 가닥이 서로 층이 지도록 테이핑을 해주어야 한다.

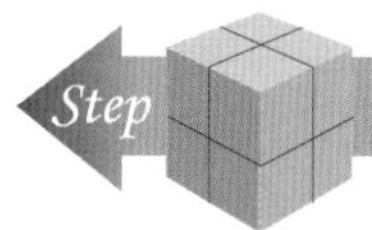

9. CD카플링이 없을 경우 처리법

CD파이프를 연결할 때 카플링을 사용해야 하나 여의치가 않는 경우에는 가위로 한쪽을 약 5cm 정도 배를 가른 후 다른 한쪽을 집어넣고 테이프로 감아주면 된다.

절단된 CD파이프

왼쪽 CD파이프 하단에 가위로 자른 모습이 보인다.

CD파이프의 테이핑 모습

오른쪽 파이프를 왼쪽의 구멍에 넣고 테이프로 감은 모습이다.

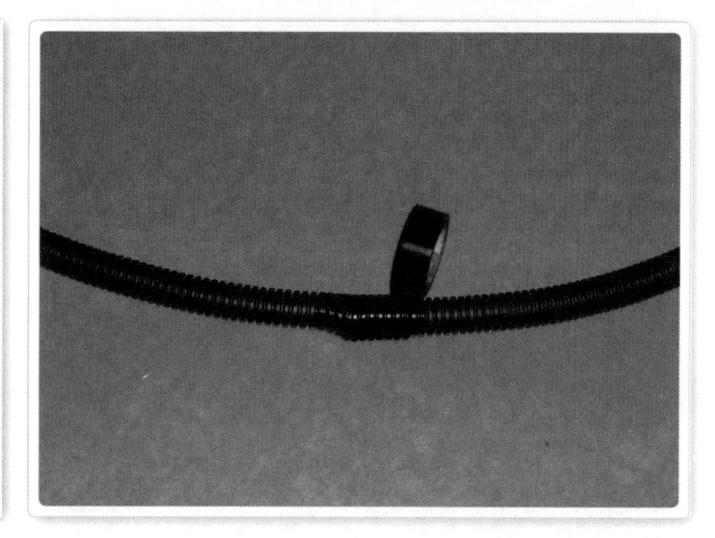

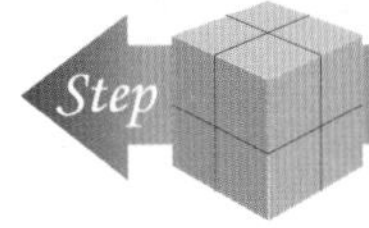

10. 칼브럭이 없을 경우 처리법

콘리트벽을 길이로 구멍을 뚫었으나 칼브럭이 없어 비스를 박을 수가 없을 때가 있다. 이때는 주변에 있는 나무 조각으로 쐐기를 만들거나 2.0mm 전선 조각을 접은 것을 대신 사용하면 칼브럭 못지않게 단단히 비스를 박을 수가 있다.

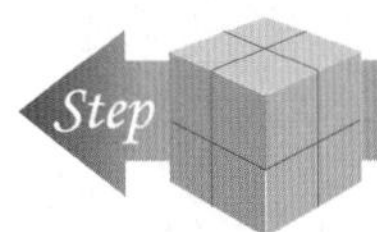

11. 전선이 엉켰을 경우 처리법

전선을 쓰다보면 차례로 풀어지지 않고 가끔 속에서 엉켜 나오는 경우가 있다. 이때는 엉킨 부분을 앞으로 빼내지 말고 거꾸로 뒤로 해서 전선 뭉치의 바닥에 놓으면 엉킨 부분이 차례가 될 때까지 자연스럽게 풀어지게 된다.

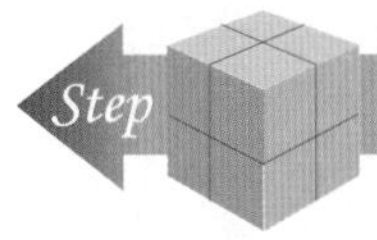

12. 스틸 파이프 절단면 마무리

01 절단면 처리

고속 절단기로 파이프를 절단한 후 미싱에서 나사(야마)를 낼 때 리머질을 해야 하나 그렇지 못할 경우 마루보로 파이프의 구멍에 넣고 움직이면 날카로운 면이 없어진다.

02 리머질

스틸 파이프를 절단하면 안쪽에 아주 날카로운 면이 생기게 된다. 이것을 제거하지 않으면 전선이 벗겨져 누전이 되므로 미싱에 부착되어 있는 리머로 절단면의 내부를 부드럽게 다듬어주는 것을 말한다.

마루보로 파이프 내부를 리머질하는 모습

작업도중 파이프의 외부 나사가 찌그러지지 않도록 조심해야 한다.

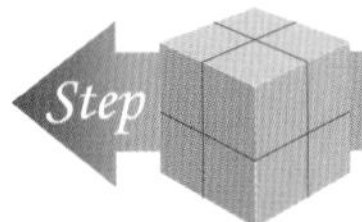

13. 등 타공기(서클컵)

등 타공기는 생김새 때문에 흔히 바가지라고 부른다.

01 서클컵의 사용

천장에 매입등이나 스피커 같은 원형의 기구를 달기 위해서는 크기에 맞게 원형으로 구멍을 뚫어야 한다. 중심축을 기준으로 좌 · 우로 눈금이 있어 크기를 조절한 다음 드릴에 끼워 뚫으면 되는데, 날이 돌아갈 때 생기는 먼지를 바가지가 감싸주기 때문에 작업이 편리하다.

02 서클컵이 없을 때의 처리

바가지가 없을 경우 한 뼘 정도 되는 나무토막에 비스를 박아 컴퍼스를 만들어 원을 그린 후 쥐꼬리 톱으로 타공하면 된다.

조립된 서클컵
원형의 바가지 안에 있는 두 개의 날이 돌아가면서 등구멍을 뚫게 된다. 가운데의 날이 중심축이고, 수평의 막대에는 눈금이 표시되어 있다.

서클컵 작업
구멍을 뚫을 때는 드릴을 일직선이 되도록 반듯하게 잡아 주어야 한다.
종종 조여 놓은 날이 풀어져 구멍이 크게 뚫리는 경우도 발생하기 때문에 가끔씩 조임 여부를 살펴야 한다.

14. 비닐 포장된 새 전선 푸는 법

전선은 비닐 포장이 되어 있는데, 모르고 가위로 비닐을 아무렇게나 잘라내 버리면 끝까지 풀어쓰지 못하므로 조심해야 한다.

자세히 살펴보면 마대처럼 양쪽에 끈이 들어 있어 조일 수 있게 되어 있는데, 그 끈을 가위로 자른 후 묶어주면 전선이 엉키지 않고 풀어쓸 수가 있다.

비닐 포장된 전선
상단에 보이는 흰색의 끈을 잘라 윗부분은 윗부분끼리, 아랫부분은 아랫부분끼리 묶어 주는 것이다.

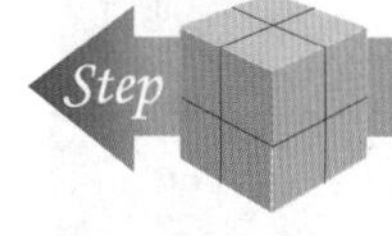

15. 형광등의 색상

형광등의 램프 색상은 특수한 경우를 제외하고 주백색과 주광색으로 나눌 수가 있다. 여기서 주의할 점은 주백색이 백색이 아니라는 점이다.

01 주백색

붉은색 계통으로 우리가 흔히 볼 수 있는 백열 전구색이다.

02 주광색

형광등색이라고 하는데 말 그대로 백색의 색상이다.

Step 16. 요비선에 전선 묶는 법

스틸 파이프의 경우 16mm나 22mm는 상관없지만 그 이상 굵기의 파이프에 요비선을 넣을 때는 와이어형보다 철사형이 더 적합하다. 그 이유는 파이프의 구경이 클수록 빈 공간이 많이 생겨 저항을 받게 되는데, 그로 인해 와이어는 3본 정도의 파이프밖에 가지 못하기 때문이다.

특수 재질로 만들어진 와이어형 요비선

사진은 일본제품이며, 분홍색의 중국제품도 있는데 품질에서 차이가 많이 난다.

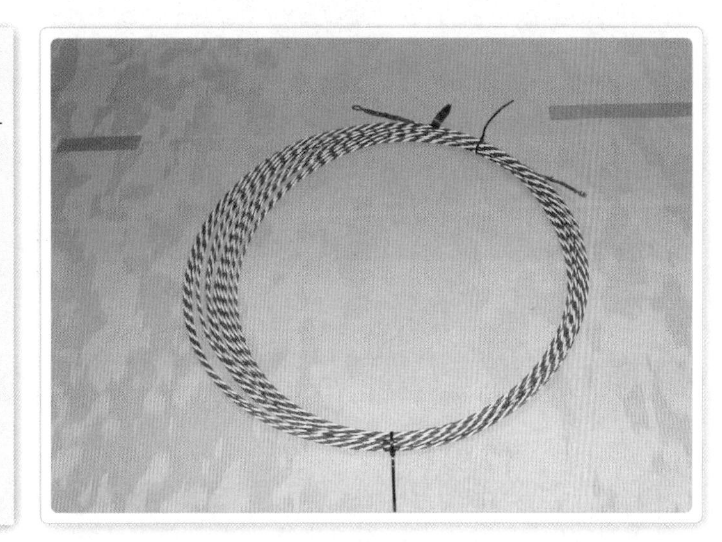

요비선과 전선의 연결

피복을 벗긴 전선 한 가닥으로 사진처럼 나머지를 돌려서 감아주면 절대로 벗겨질 염려가 없다.

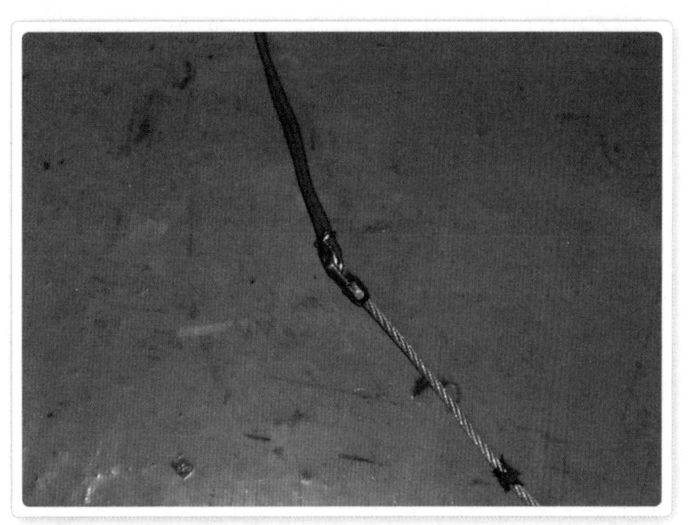

요비선과 전선의 테이핑

전선을 매달고 테이프로 감아줄 때 그림처럼 끝을 살짝 떼어놓으면 나중에 떼어내기가 쉽게 된다.

17. 요비선으로 낚시하는 법

입선을 하기 위해 요비선을 끼우는 도중 파이프의 길이가 너무 멀어 힘이 못 미치거나 파이프가 꽉 눌려 요비선이 들어가지 않는 경우가 있다. 이때는 또 다른 요비선의 끝을 갈고리처럼 만들어 반대편 구멍에 집어넣고 돌리면 요비선끼리 서로 엉켜서 나오게 된다.

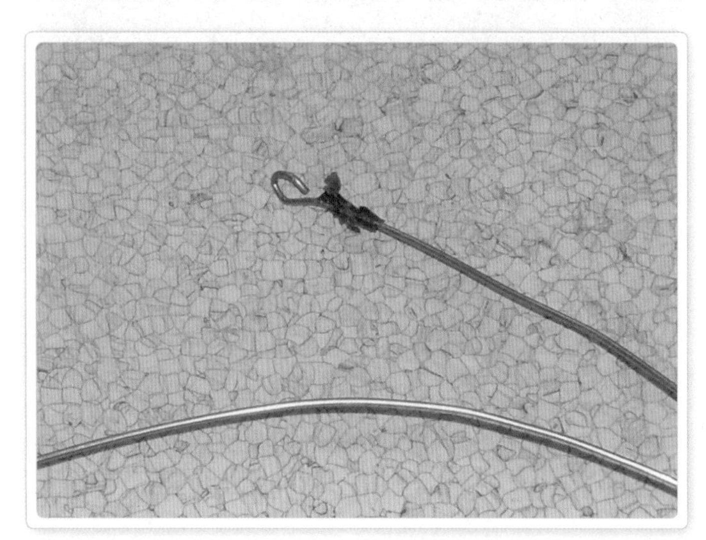

갈고리 모양의 요비선

끝을 약간 벌려 틈을 주는 동시에 옆으로 약간 비틀어 주어야 반대편 요비선이 쉽게 걸리게 된다.

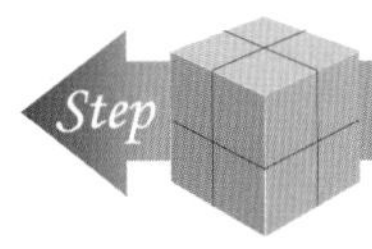

18. 요비선으로 머리 만들기

철사로 된 요비선은 다이아몬드(◇) 모양으로 머리를 만들어 사용한다.

다이아몬드 모양 요비선
상단 다이아몬드 모양의 끝부분을 기준으로 펜치를 이용해 반시계 방향으로 차례로 구부려주면 된다.

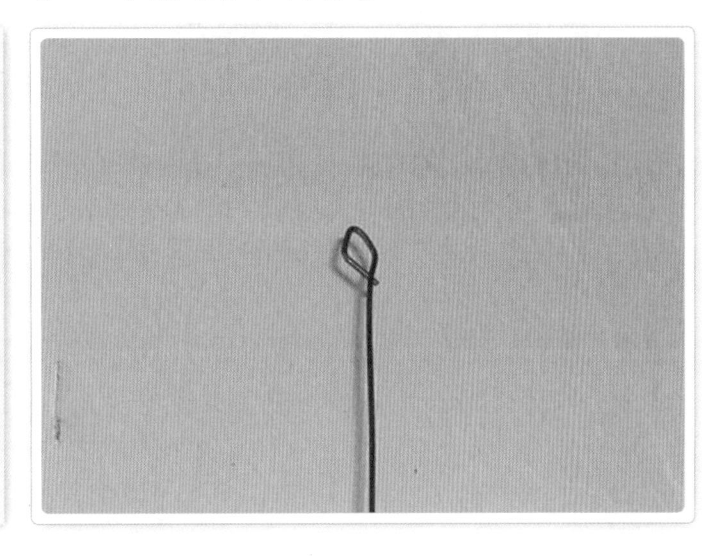

19. 스위치와 콘센트 구멍 따기

01 복스를 묻었을 때

벽체를 마감하는 경량팀이 먼저 석고로 한쪽 면을 세우면 전기팀이 필요한 스위치나 콘센트 복스를 묻고 배관을 하게 된다. 그 후에 경량팀이 나머지 벽을 치게 되는데, 석고에 복스가 묻은 위치를 표시해 준다. 그럼 전기팀이 쥐꼬리톱으로 복스의 사이즈만큼 표시된 부분의 석고를 따내면 된다.

02 복스를 묻지 않았을 때

스위치나 콘센트를 취부할 수 있도록 구멍을 따야 하는데 50mm×75mm로 그림을 그리고 쥐꼬리톱으로 자르면 된다.

이때 기구를 취부하기 위해 비스를 박는데, 석고에 그냥 박을 때 기구가 쉽게 떨어져 버리는 것을 방지하기 위해서 적당한 크기의 나무 조각을 위 · 아래에 대고 보강을 해준다.

석고 속에 사각 스위치 복스를 묻은 모습

스위치 복스는 반드시 비스 구멍이 수직이 되도록 묻어야 한다.

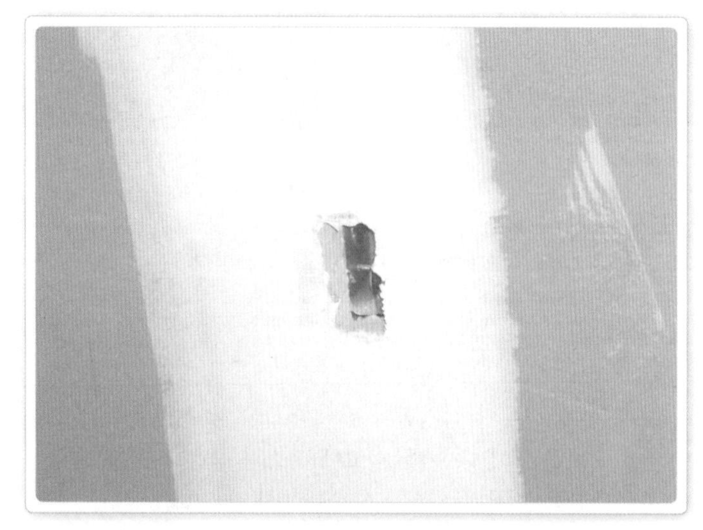

콘센트 복스

쥐꼬리톱으로 벽체에서 콘센트 구멍을 따낸 모습이다.

목공의 벽체틀 시공

목공에서 석고를 치기 위해 각목(다루끼)으로 틀을 설치해 놓았다.

전기는 복스를 묻지 않고 배관과 입선을 끝낸 상태이고, 나중에 석고를 치고 나면 콘센트 사이즈에 맞게 쥐꼬리톱으로 구멍을 따게 된다.

4구용 콘센트 베이스

복스를 묻지 않을 때 사용한다.

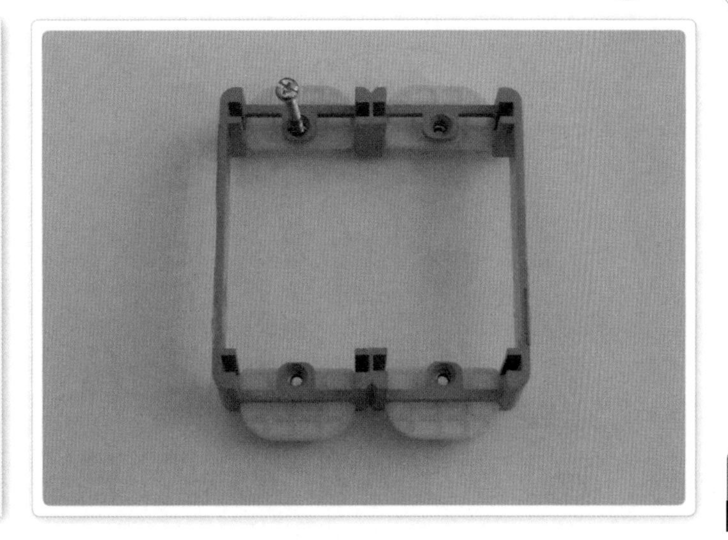

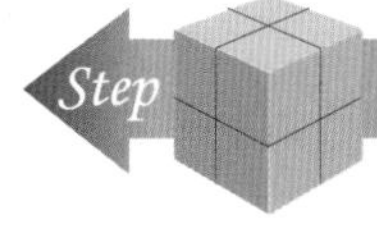

Step 20. 석고 땜질법

작업을 하다보면 부득이하게 천장이나 벽체의 석고를 파손하게 될 때가 있다. 다음 공정(페인트나 도배)이 마감을 보기 전에 땜질을 해주어야 함은 당연하다. 여기서는 거의 모든 마감이 석고 두 장으로 이루어지는 것에 착안한 예를 들어 보겠다.

※ 현장에서는 흔히 '땜방' 이라는 용어를 사용한다.

01 석고 땜질 순서

(1) 먼저 파손된 부위보다 더 큰 사이즈로 석고 한 장을 샘플로 준비한다(사각형).

(2) 준비된 석고를 파손 부위에 놓고 연필로 사각의 테두리를 따라 그리면서 본을 뜬다.

(3) 칼로 연필 자국을 따라 금을 그어 겉면의 석고를 오려내고 옆면을 다듬으면 속의 석고가 나타난다.

(4) 그림을 그릴 때 사용했던 샘플 석고에 목공용 본드를 칠한 뒤 속판에 끼워 맞추고 비스로 고정시켜 준다.

(5) 본드가 굳으면서 깨끗하게 땜질이 된다.

02 석고 땜질 시 주의점

(1) 비스의 머리가 석고 속으로 약간 들어가게 박아야 페인트의 표면을 다듬을 때 걸리지 않는다.

(2) 석고에는 절대로 사인펜이나 매직 같은 것을 사용하면 안 된다. 페인트칠을 해도 그대로 번져나오기 때문이다. 연필이나 볼펜은 상관없다.

다른 땜질 방법

위에서 설명한 방법이 아닌 땜질 부위를 지나간 엠바에 석고를 대고 고정시킨 모습이다.

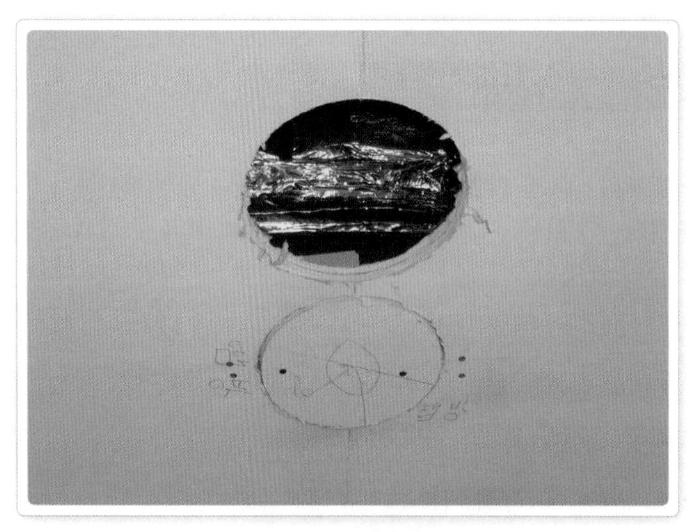

매입등 구멍을 땜질한 모습

고정시킨 비스는 머리가 석고의 표면 속으로 들어가게 해주어야 한다.

땜질 후 본드 작업한 모습

땜질한 후에 떨어지지 않도록 목공용 본드로 주위를 바른 모습이다. 본드를 틈에 바른 후에 새어나오는 본드는 헌 장갑 등으로 닦아주면 된다.

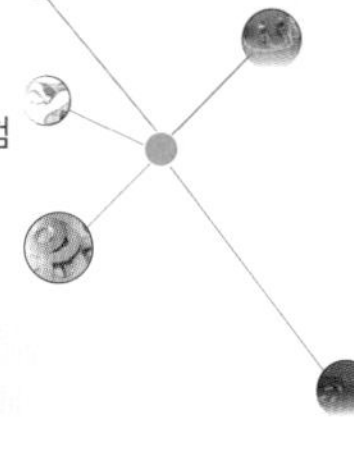

Step 21. VCTF 껍질 벗기기

작업선이나 사무실의 바닥 콘센트 작업 시 주로 사용되는 VCTF의 껍질을 효과적으로 벗기는 방법은 다음과 같다.

01 효과적으로 껍질 벗기기

칼보다는 가위가 효과적인데 벗기고자 하는 부위에 가위를 대고 약간 힘을 가해 2~3바퀴 돌리면 속에 들어 있는 마지막 흰 부분을 제외하고 모두 절단된다. 절단된 부위를 좌 · 우로 완전히 구부려 주면 흰 부분마저 절단되는데 이때 껍질을 벗기면 된다.

02 전선 흠집 시 처리법

전공들이 벗겨도 속에 들어 있는 전선에 약간 흠집이 나기 마련이기 때문에 반드시 테이핑을 해주어야 한다.

케이블을 가위로 벗기는 모습
속에 들어 있는 선에 흠집이 생기지 않도록 하는 것이 숙련공들이 주의해야 할 점이다.

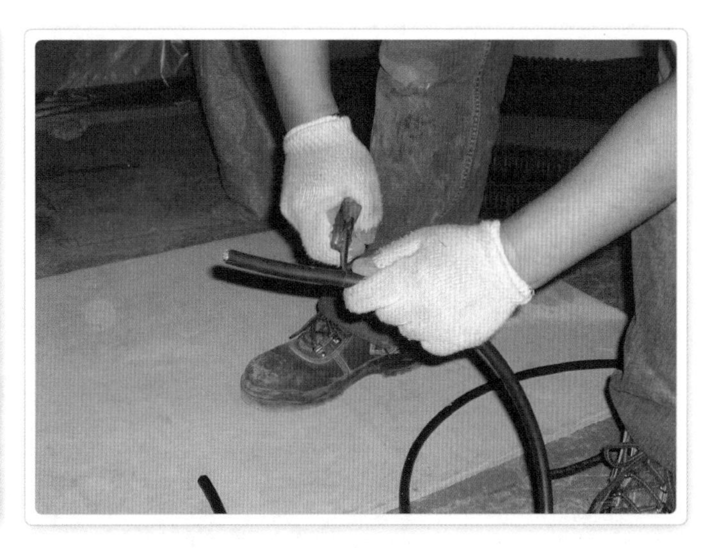

Step 22. 천장 올라가기

01 천장 오르는 법

천장에는 풀링이나 배관 혹은 하자 체크를 위해 올라 다녀야 할 때가 있다. 물론 전공들이 올라 다니지만 어쩔 수 없이 조공도 함께 할 때가 있다. 천장에 올라갈 때는 다음처럼 한다.

(1) 두 손으로 마루보를 잡고 마치 스키를 타듯 캐링과 캐링을 밟는다(될 수 있으면 1개의 캐링에 두 발을 동시에 올려놓지 않는다).

(2) 석고나 엠바는 절대 밟지 않는다.

(3) 캐링이 약해보일 경우 각목 같은 것으로 2~3개의 캐링 위에 올려놓고 밟는다(무게가 분산되는 효과를 준다).

02 천장 올라갈 때의 주의점

(1) 설비 파이프를 밟을 때는 마루보로 지지된 부근을 밟아야지, 그렇지 않고 지지된 두 곳의 중간쯤을 밟으면 오래된 파이프일 경우 자칫 부러지는 사고를 당하기 쉽다.

(2) 간혹 경량팀에서 박아놓은 마루보가 빠지는 경우도 있으므로 조심한다.

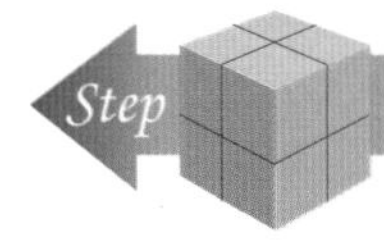

23. 풀링법

풀링법은 주로 전기실에서 공사 현장의 분전함에 1차 전기를 공급해주기 위한 케이블을 포설하는 행위로, 여기서는 CD관에 입선하는 가느다란 전선이 아니라 케이블 트레이나 덕트를 이용하는 간선용 굵은 케이블을 다루고자 한다.

01 '8'자 모양으로 정리하기

둘둘 말려 있는 케이블을 그대로 끌고 가면 말린 부분이 펴지지 않아 풀링을 할 수가 없게 된다. 사진처럼 '8' 자 모양으로 정리하면 꼬인 부분이 풀리게 된다.

※ 공사 현장에서는 케이블을 '8'자 모양으로 정리하는 것을 '다구리 친다'고 표현한다.

02 여러 케이블일 때의 처리

케이블이 여러 가닥일 때는 마킹펜(페인트 마카)으로 번호를 매기거나 상(R, S, T, N)을 적어 놓는다.

'8' 자 모양으로 정리한 모습

정리한 케이블을 반으로 접어 이동하고자 할 때는 반드시 가운데가 아닌 양쪽 끝을 전선 등으로 묶어주어야 한다.

타이어로 만든 풀링 다이에 케이블 드럼을 올려 놓은 모습

드럼이 스스로 돌아가는 힘 때문에 케이블이 바닥에서 스스로 풀려 버리는 경우가 발생하므로 드럼을 잘 잡아주어야 한다.

알아두면 편해요

① 잘못 타공된 부위는 다음 공정(페인트나 도배)에 지장을 주지 않도록 바로바로 수리를 해주어야 합니다.
② 등구멍 위치를 잡기 위해 먹줄을 놓게 되는데 만약 먹줄이 없을 때에는 일반 비스를 양쪽 끝에 박은 뒤 실을 띄울 수도 있습니다.

케이블 표시

페인트 마카로 각 층을 표시해 놓았다.

Step 24. 각종 바 묶는 법

풀링할 때 바를 묶는 몇 가지에 대해 살펴보기로 한다.

01 굵은 케이블 묶는 법

1. 굵은 케이블을 끌 때 사진처럼 바를 케이블에 걸고 앞부분을 헌 장갑 등으로 감싼 다음 바를 당긴다.

2. 케이블을 묶은 바를 비닐로 감싸 부드럽게 나아갈 수 있게 했다.

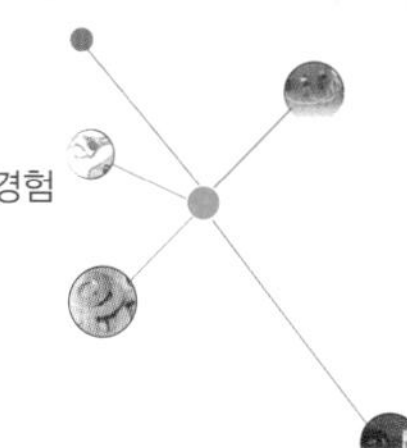

02 외부 인입 케이블 묶는 법

외부 인입 케이블 포설 때 와이어에 케이블을 묶는 순서는 다음과 같이 이루어진다.

1. 먼저 전선으로 와이어를 한 바퀴 감은 뒤 왼손으로 모두 움켜 잡는다.

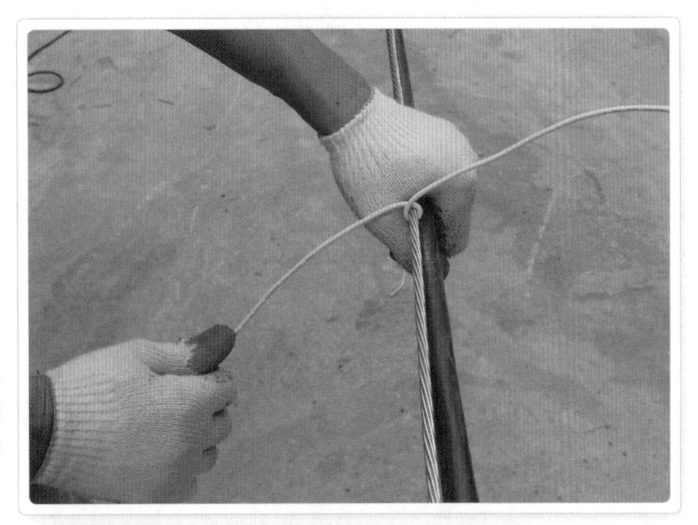

2. 왼쪽에 있는 전선을 오른쪽으로 꺾어준다.

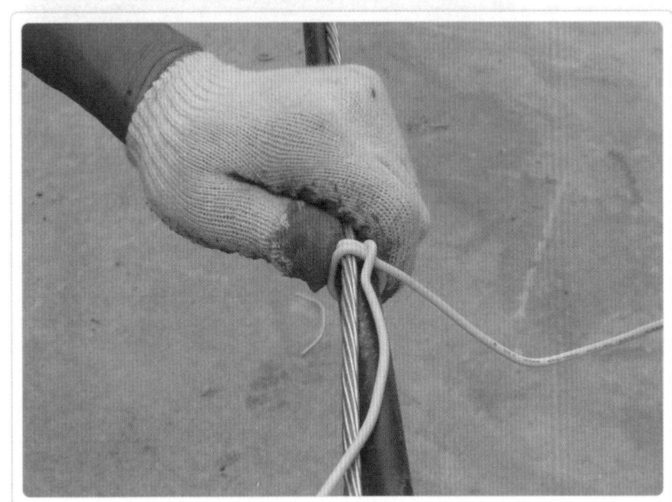

3. 오른쪽의 전선으로 와이어와 케이블 및 다른 전선을 모두 감아주면 된다.

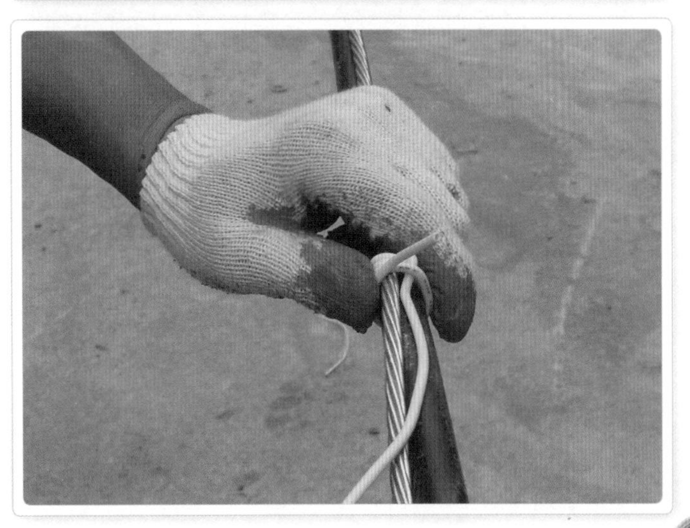

4. 외부 인입 케이블을 묶는 것이 마무리 된 모습이다.

03 지지물에 바 묶는 법 I

1. 한쪽 끝을 반드시 위에서 아래로, 즉 밖에서 왼쪽 속으로 집어넣는다.

2. 왼쪽 끝을 오른쪽 바의 위로 지나면서 역시 위에서 아래로 집어넣는다.

3. 밑에 있던 오른쪽 끝을 가로지른 바의 구멍으로 넣고 잡아당기면 된다.

04 지지물에 바 묶는 법 II

1. 한쪽 끝을 밑에서 위로, 즉 안에서 밖의 오른쪽으로 향하게 한다.

2. 왼쪽 바를 한 번 비틀어 원을 만든다. 이때 바의 끝쪽이 안으로 향하도록 주의한다.

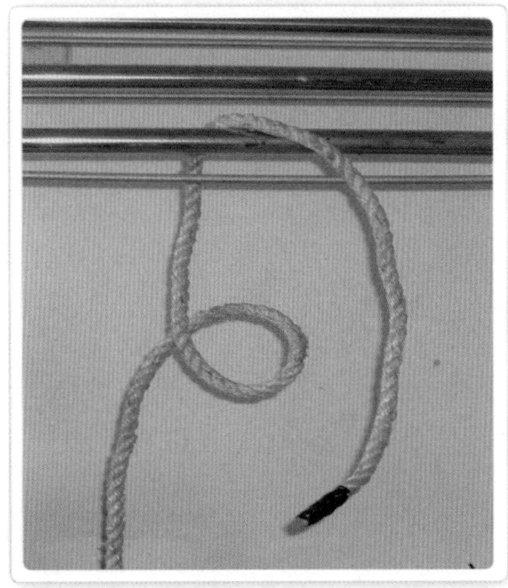

3. 오른쪽 바를 왼쪽 바의 원에 넣는다.

4. 원에 넣은 바로 왼쪽 바를 역시 안에서 밖으로 감으면서 다시 구멍으로 넣으면 된다.

5. 완성된 모습이다.

05 무거운 짐을 위로 올릴 때 묶는 법

1. 보통처럼 한 번 묶어준다.

2. 위쪽의 바는 한 번 원을 만들어 주고, 짧은 쪽은 한 뼘 정도 접어준다.

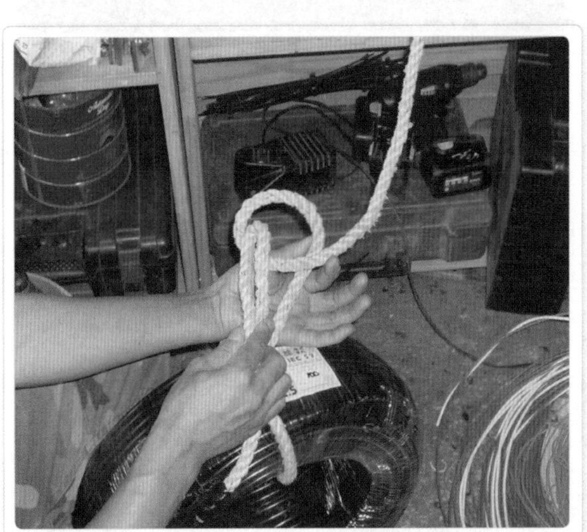

3. 접은 바를 원에 넣고 당겨주면 된다.

06 기타 정리법

(1) 케이블이 노말진 부분을 부드럽게 돌려주는 것을 '앵'잡는다고 한다.

케이블 정리 모습 Ⅰ

케이블을 가지런하고 부드럽게 정리하였다.

(2) 케이블을 2단으로 엇갈려 풀링할 경우 밑에 있는 케이블이 쓸려나가 손상되기 쉽다. 이때는 종이 박스 같은 걸로 밑에 깔린 케이블을 덮어준다.

케이블 정리 모습 Ⅱ

사진처럼 종이 박스를 덮어주지 않으면 밑에 고정된 케이블의 껍질이 손상을 입을 우려가 있다.

(3) 도르래 설치

트레이가 수직으로 꺾인 부분에 22mm 파이프에 16mm 파이프를 끼워 만든 도르래를 설치하면 풀링하는 인원을 줄일 수 있다. 또 수평으로 꺾인 부분은 그냥 파이프만 걸어 주면 케이블이 밖으로 이탈하는 것을 막을 수 있다.

도르래 설치 모습

천장에 고정된 마루보에 쇠파이프를 걸어 놓았다.

(4) 풀링이 끝나고 케이블을 타이로 고정시킬 때는 타이를 같은 방향으로 묶어준다. 또한 자를 때 한 가닥씩 자르지 말고 나중에 한꺼번에 자르는 것이 좋다. 왜냐하면 가위로 자를 경우 끝이 날카롭게 절단되서 풀링 도중에 자칫 손이나 팔에 상처를 입을 염려가 있기 때문이다.

케이블 타이 정리

케이블이 검은색이므로 케이블 타이도 같은 색을 썼으면 하는 아쉬움이 남는다.

풀링이 끝난 뒤 케이블을 정리하는 모습
케이블은 될 수 있으면 2단이나 3단 등으로 올리지 말고, 사진처럼 1단으로 정리해 주는 것이 좋다.

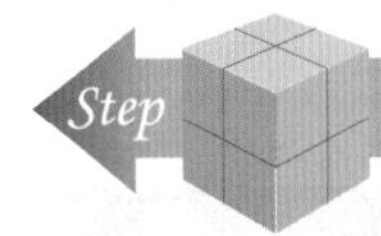

알아두면 편해요

① 케이블 머리에 하이 파이프나 적당한 길이의 CD파이프를 연결해서 끌고 가면 사다리를 옮기는 횟수가 줄어 힘이 덜 듭니다.
② 트레이가 직선의 긴 구간일 경우에는 바(밧줄)로 연락선을 만들어 사용하면 훨씬 경제적일 때도 있습니다.

Step 25. 까대기

함마 드릴로 까대기할 때는 되도록 드릴의 몸체를 가슴에 바짝 대고 작업을 해야 힘이 덜 든다. 까대기는 힘도 중요하지만 그보다는 상황에 따른 요령이 상당 부분 차지한다는 것을 잊지 말아야 한다.

01 핸드 그라인더로 칼질하지 않고 스위치나 콘센트 구멍 파는 순서

(1) 먼저 그림을 그리고 테두리를 따라 조금씩 자국을 낸다.

(2) 가운데 부분부터 움푹 파 들어간 다음 범위를 넓혀 간다.

(3) 사각의 네 모서리를 좀 더 깊이 판 뒤 테두리를 파 들어간다.

(4) (1)과 (2)를 반복한다.

(5) 복스를 묻고 나무 조각으로 쐐기를 만들어 움직이지 않게 고정시킨다.

02 작업 시 주의 사항

(1) 작업 부위 주변에 다른 배관이 지나갈 수도 있다는 것을 염두에 두고 무조건 힘으로 파는 일이 없도록 한다.

(2) 처음부터 테두리를 파 들어가면 깔끔하지 못할 뿐만 아니라 원하지 않는 주변까지 패이게 된다.

(3) 까대기한 부위는 사무래(몰탈)로 땜질을 해주어야 한다.

조적 부위에 까대기를 하기 전 핸드 그라인더로 칼질을 한 모습

사진에서 보이는 2개라고 표시된 것의 의미는 16mm CD파이프가 2개 들어가므로 약간 넓게 칼질을 하라는 뜻이다.

칼질 후 까대기를 하고 복스와 배관을 한 모습

복스와 파이프가 빠지지 않도록 틈새에 쐐기를 박거나 콘크리트 못을 박은 뒤 결속선으로 묶어준다.

입선을 하고 사무래로 땜질을 한 모습
땜질한 사무래의 양이 될 수 있으면 표면보다 덜 튀어 나오게 발라주면 좋다.

복스에 신문지를 넣은 모습
복스에 신문지를 집어넣어 다음 공정인 미장이 작업할 때 이물질이 들어가지 않도록 하였다.

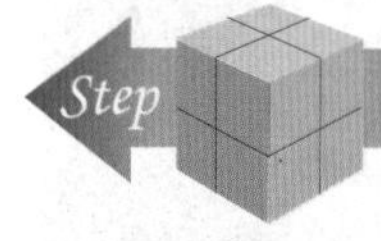

26. ATT(스피커 볼륨 조절 스위치)

01 ATT(볼륨 조절 스위치)의 이해

스피커의 볼륨을 조절하는 스위치로, 관공서나 대형 병원의 진료실 같은 곳에 많이 사용된다.

(1) 2선식일 경우

일반 방송만을 이용하는 경우로, 대부분의 스피커 취부가 이 방법이다.

① ATT 미부착 시

방송 단자에서 나온 2가닥을 그대로 스피커에 연결해주면 된다.

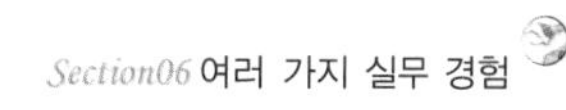

② ATT 부착 시

㉠ 방송 단자함에서 나온 COM(–)과 스피커의 공통(–), 그리고 ATT의 COM(emg)은 서로 연결해준다.

㉡ 단자함 라인(+)을 ATT의 IN에 연결하고, OUT은 스피커 라인(+)에 연결해준다.

(2) 3선식일 경우

일반 방송에 비상 방송이 추가된 경우이다.

① 단자함의 COM(–)은 스피커의 공통(–)에 연결한다.

② 단자함의 비상 라인(E)은 ATT의 COM(emg)에 연결한다.

③ 단자함의 일반 라인(+)은 ATT의 IN에 연결한다.

④ ATT의 OUT은 스피커 라인(+)에 연결한다.

※ 주의 : 단자함의 비상 라인 표시가 'E' 라고 해서 ATT의 공통(emg)에 연결하면 안 된다.

일반 스피커 결선도

ATT를 부착하지 않고 방송 단자함과 바로 연결되는 스피커 결선도이다.

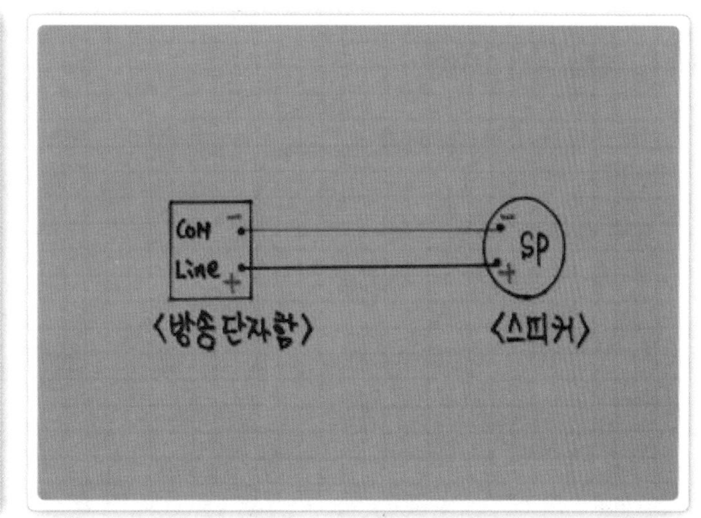

일반 방송과 ATT 결선도

비상 방송 없이 일반 방송에 ATT를 연결하는 결선도이다.

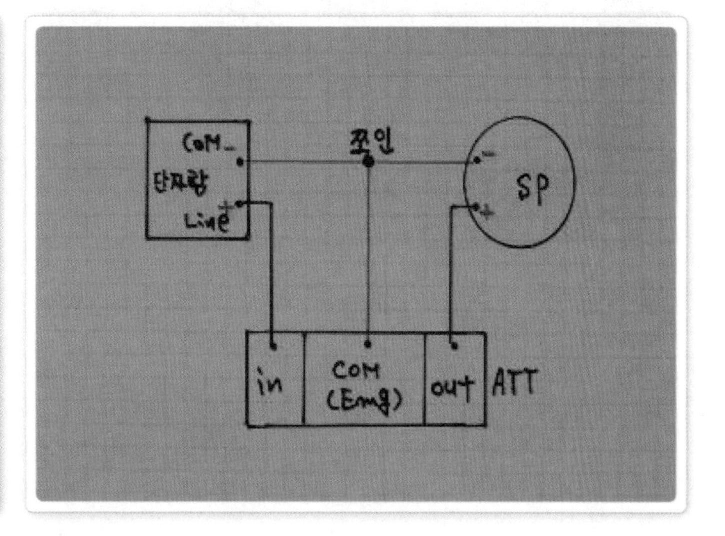

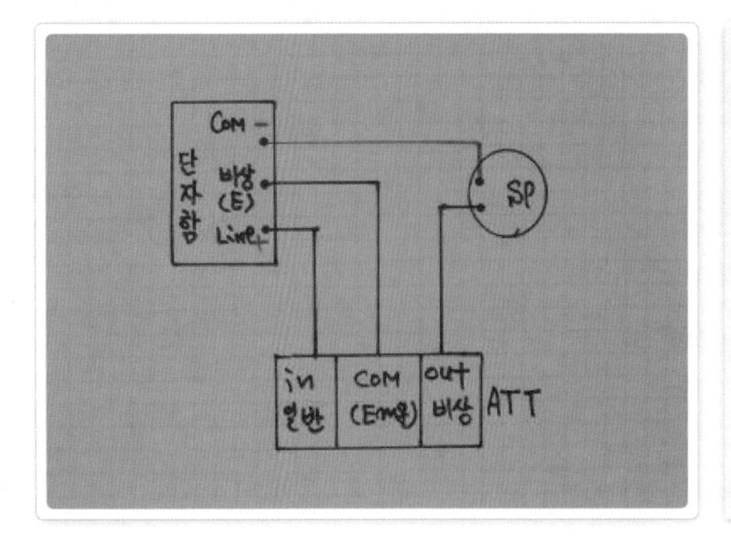

일반 · 비상 겸용 ATT 결선도

일반 방송과 비상 방송에 함께 사용할 수 있도록 한 결선도이다.

02 실제 결선 모습

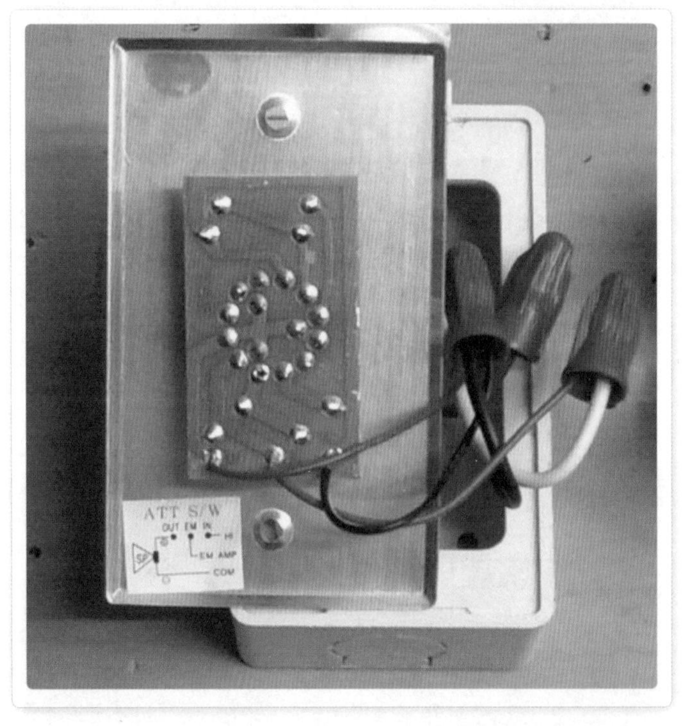

실제 ATT 결선 모습

ATT 모습이다.

결선도가 그려져 있는데 잘 안 보이므로 그림으로 그려보겠다.

(1) 방송 단자함(엠프)에서 비상 라인이 왔을 경우의 결선

① 결선도

㉠ ATT의 IN과 단자함의 HI가 바로 연결된다.

㉡ ATT의 EM과 단자함의 EM이 바로 연결된다.

㉢ ATT의 OUT(+)이 스피커의 (+)로 간다.

㉣ 단자함의 COM(−)이 스피커의 (−)로 간다.

비상 라인 ATT 결선도

ATT와 AMP 간의 EM단자에 서로 결선이 되어 있다.

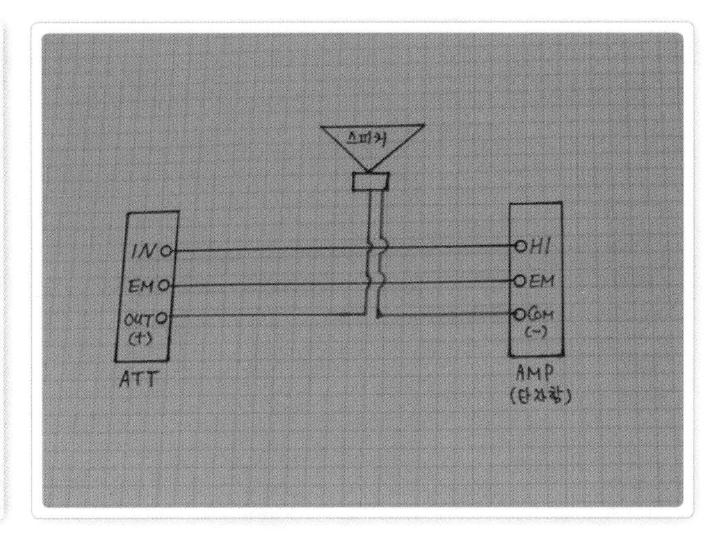

② 실제 결선 모습

㉠ (가)의 팔각 복스에 스피커가 취부될 것이다.

㉡ (나)의 3가닥이 단자함에 연결된다고 가정한다.

㉢ 적색 : 스피커의 (+)(ATT의 OUT)

㉣ 황색 : 스피커의 (−)(단자함의 COM(−))

비상 라인의 실제 결선 모습

제품의 기판에 납땜되어 있는 부분이 떨어지는 경우도 있으므로 조심해야 한다.

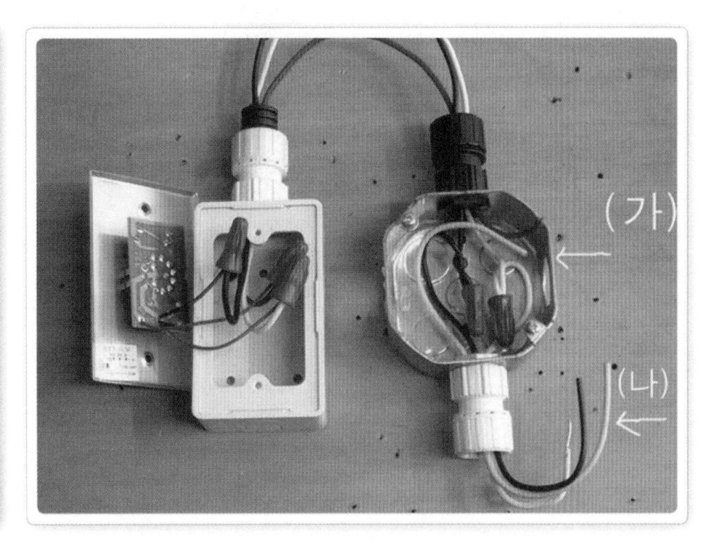

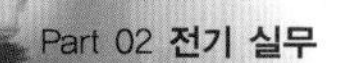

(2) 단자함에서 비상 라인이 없을 경우의 결선

① 결선도

㉠ ATT의 IN과 단자함의 HI가 바로 연결된다.

㉡ ATT의 EM과 단자함의 EM이 복스 안에서 연결된 다음 스피커의 (-)로 간다.

㉢ ATT의 OUT(+)이 스피커의 (+)로 간다.

㉣ 3선식과 다른 점은 단자함에서 비상 라인이 오지 않아서 ATT의 EM선을 단자함의 COM(-)에 연결해준 것이다.

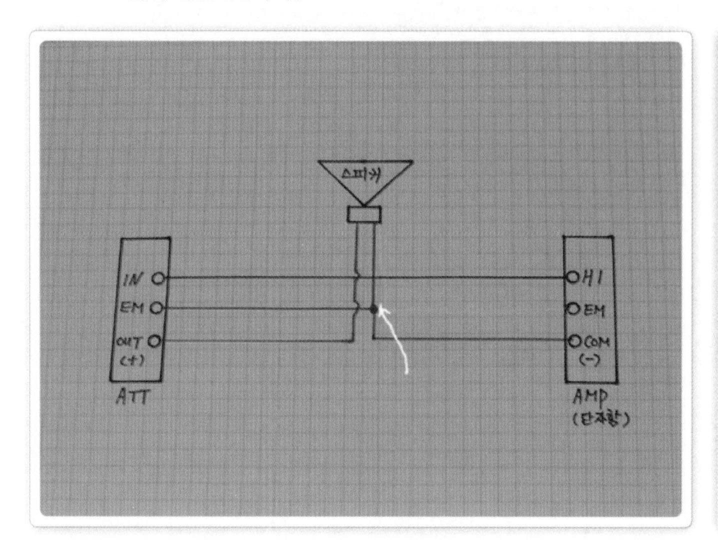

일반 라인 ATT 결선도

ATT와 AMP 간의 EM단자가 서로 결선이 되어 있지 않다.

② 실제 결선 모습

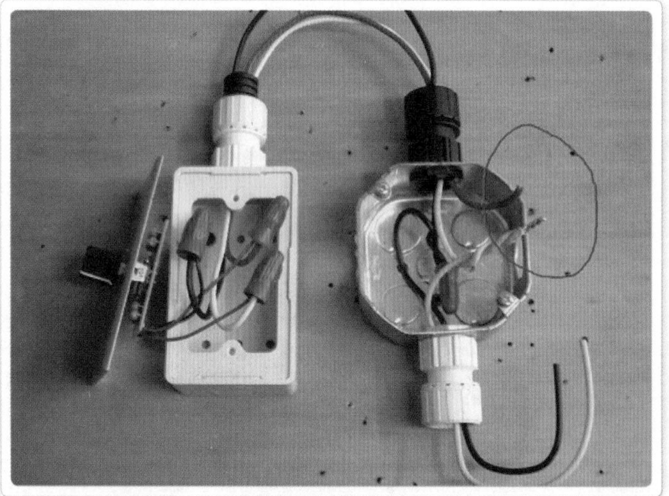

일반 라인 실제 결선 모습

동그라미 안의 2가닥에 스피커 선을 각각 연결해주면 된다.

27. 적산 전력계

01 적산 전력계의 실제 결선 모습

단상 2선식 적산 전력계

단상 적산 전력계의 커버를 벗긴 모습이다.

02 적산 전력계의 결선

유리 커버를 떼어 낸 모습

적산 전력계를 위에서 바라 보았다.

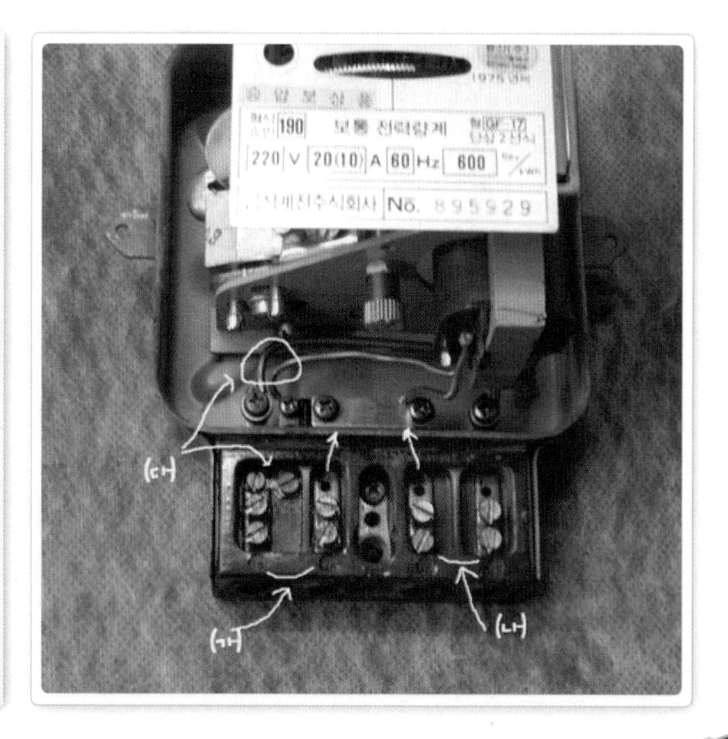

(1) (가)의 2군데가 1차측이다. 왼쪽에 R, S, T상 중 1개를 물리고, 오른쪽에 N상을 물린다.

(2) (나)의 2군데가 2차측이고, 1차와는 반대로 왼쪽이 N상, 오른쪽이 1차측에서 나온 하트이다.

(3) 왜 N상이 가운데로 몰렸는지는 사진의 N상이 물리는 단자의 화살표를 따라가보면 알 수 있다. 철편으로 2개가 서로 연결되었기 때문에 만약 1차나 2차측 어느 한 곳에서 상을 바꿔 물리면 터지게 된다.

(4) (다)는 왼쪽 하트상과 연결되어 있는데 새 계량기는 그 부분이 풀어져 있으므로 설치 후 반드시 연결시켜 주어야 한다. 그래야 계량기 바늘이 돌아간다. 만약 안 돌아가면 전기를 무료로 쓰는 것이 된다. 전력계를 봉인하는 주목적이 바로 연결 부분을 풀지 못하게 하기 위함이다(도전 방지).

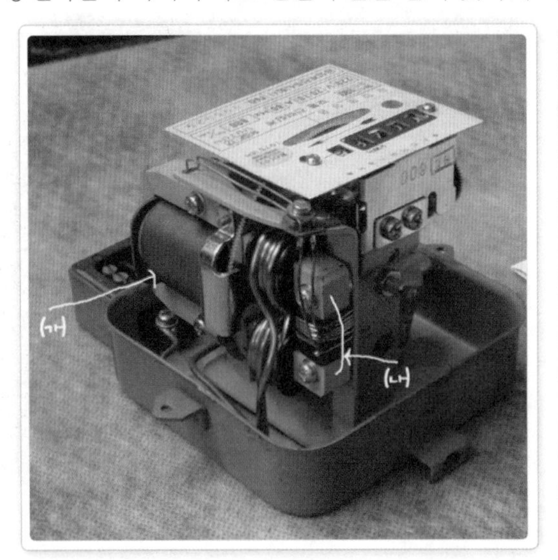

계량기의 코일 모습

2차측에서 전기를 사용하면 (가)와 (나)가 서로 다른 극성의 전자석이 되어 원형 판을 돌리게 되고 바늘이 돌아간다.

Step 28. 3상 농형 유도 전동기

다음 사진에 보이는 3마력 소형 모터로 전동기를 살펴보도록 한다.

3마력 소형 모터

3마력 소형 모터 모습이다. 전선 6가닥이 나와 있다.

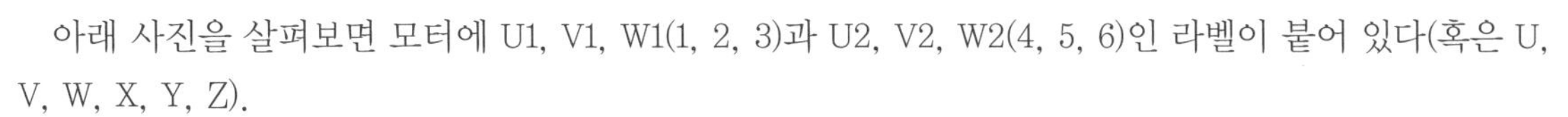

아래 사진을 살펴보면 모터에 U1, V1, W1(1, 2, 3)과 U2, V2, W2(4, 5, 6)인 라벨이 붙어 있다(혹은 U, V, W, X, Y, Z).

모터 사양에 하이(380V)와 로우(220V)가 표시되어 있다.

(1) 380V의 경우

판넬에서 온 전원(R, S, T)을 각각 U1, V1, W1과 연결하고 나머지 3가닥(U2, V2, W2)은 한꺼번에 묶어 연결해주면 된다.

(2) 220V의 경우

U1과 W2를 묶어 R상에, V1과 U2를 묶어 S상에, W1과 V2를 묶어 T상에 연결해주면 된다.

(3) 만약 모터의 회전 방향이 틀리면 3개의 상 중 아무거나 2개만 서로 바꿔주면 된다.

3마력 소형 모터 확대 모습

모터의 결선은 반드시 모터에 부착된 라벨을 보고 해야 한다.

알아두면 편해요

모터의 단선 유 · 무를 어떻게 파악하는 걸까요?

① 6가닥 중 아무거나 1가닥을 테스터기의 리드선에 접속합니다.
② 다른 리드선으로 나머지 모터 5가닥을 순서대로 접촉시킵니다.
- 만약 테스터기의 바늘이 5가닥 모두 움직이지 않으면 그 1가닥은 단선되었다는 뜻입니다(수리해야겠죠).
- 정상적인 모터는 U1, U2(1, 4 = U, X), V1, V2,(2, 5=V, Y), W1, W2(3, 6=W, Z)를 테스터기로 측정하면 바늘이 움직여야 합니다(서로 같은 코일로 연결된 극성이기 때문입니다).

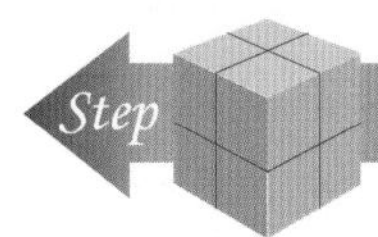

29. 스튜디오 방음벽 설치 순서

01 방음벽 의미

다음 사진은 유명 성악가들의 음반을 녹음하는 스튜디오의 벽체를 마감하는 순서이다.
녹음실에서 가장 중요한 것이 방음 시설이다.

02 설치 순서

(1) ALC블록으로 기본 벽체를 세운다.
(2) 블록 위에 석고 1장을 친다.
(3) 납판을 붙인다.
(4) 고무 단열재를 입힌다.
(5) 다시 석고를 친다.
(6) 마지막으로 MDF에 무늬목을 바른다.

방음을 위해 납판을 붙인 작업

화살표가 가리키는 것이 납판이다. 물론 기본 벽체는 이미 세워진 상태이다.
돌돌 말린 납판을 바닥에서 반듯하게 펴서 벽에 붙인다.

고무 단열재를 붙이는 작업

화살표가 가리키는 것이 고무 단열재이다.

석고를 치는 모습

· 가 : 석고
· 나 : 타카
· 다 : 목공용 본드

석고나 MDF 등을 칠 때 반드시 본드를 바른다.

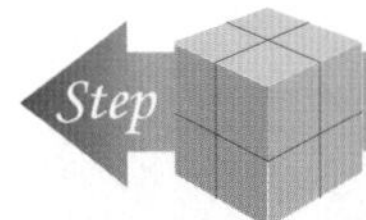

Step 30. 임시 분전함 설치

백화점 리모델링을 위해 내부를 철거하고 임시등을 설치하는 모습이다.

우마 위에서 철거하는 모습

안전 난간대가 허리 높이까지 설치되지 않아 위험성이 있다.

임시 분전함

리모델링 기간에 사용할 분전함이다.

임시 분전함 내부

차단기에 작업선을 연결할 경우 판넬 내부의 지지대에 작업선을 고정시켜 주어야 한다. 이는 작업선을 이리저리 끌고 다닐 때 차단기에서 빠지지 않도록 하기 위함이다.

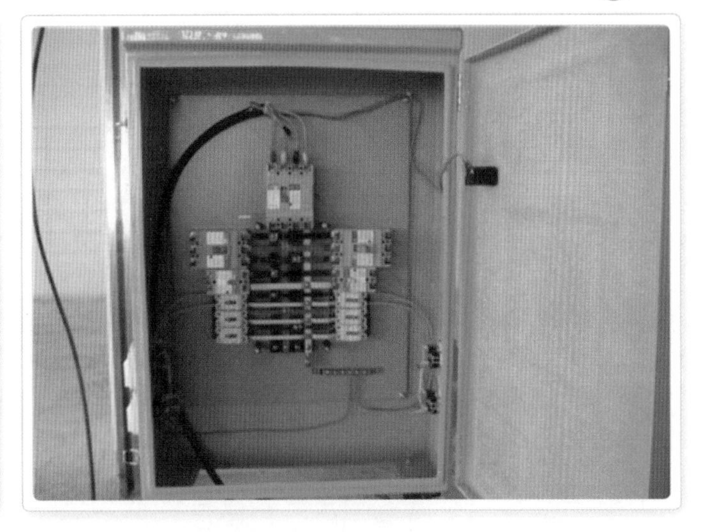

임시등

투명한 원통의 플라스틱 속에 형광등이 들어 있으며 방수형이다.
일반적으로 모가네에 백열 전구를 끼워 사용하는데 백화점 같은 곳은 무척 까다롭다.

전원부 커버 분리

오른쪽 끝이 전원선을 끼우는 소켓이다. 전원 2가닥에 접지 1가닥을 물리고 형광을 밀어 넣은 뒤 노란 고무캡을 넣고(방수 목적), 마지막으로 오른쪽 끝의 황색 링을 나사에 맞게 돌려 끼우면 된다.

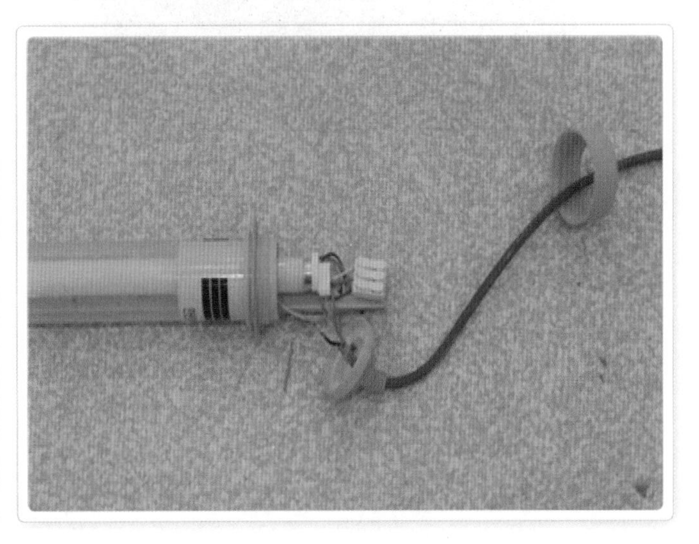

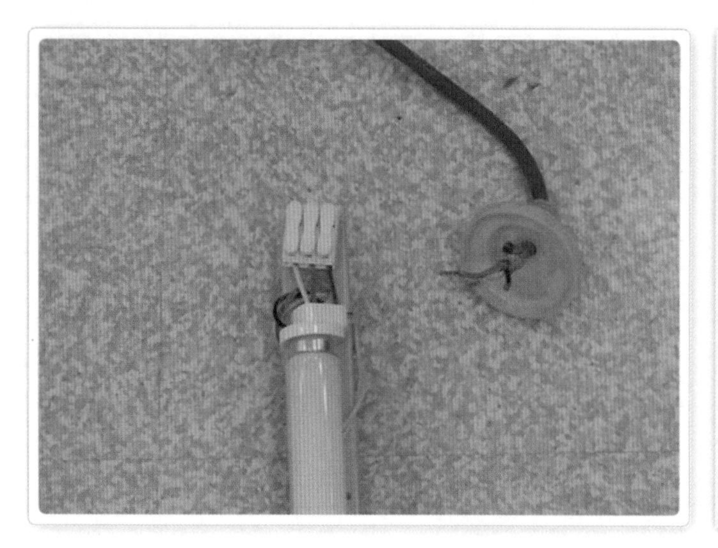

전원부 확대

원형의 좁은 공간이기 때문에 자칫 소켓에서 빠질 염려가 있다.

31. 등기구 및 배선 기구 구멍 보강하기

병실을 리모델링하는 사진을 보고 살펴보자.
목수들이 기존 천장 위에 석고를 쳤고, 전기팀이 등구멍을 뚫었다.
석고는 약하기 때문에 반드시 나무 같은 것으로 보강을 해주어야 등기구를 취부할 수가 있다.

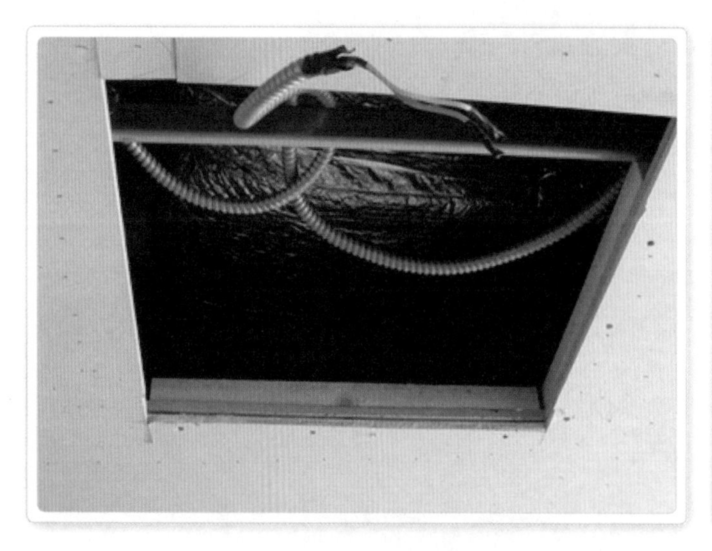

파라볼릭 등구멍 보강

전면과 우측에 각목(다루끼 : 조그만 각목이라는 뜻의 일본어이다)으로 보강을 했다.
각목은 목수들이 사용하는 목공용 본드를 묻혀 보강해야 나중에 튼튼해진다.

천장형 TV를 위해 콘센트와 TV잭용 배선 기구 구멍에 보강을 한 모습

옆의 검은색 철판은 TV를 달기 위한 베이스이다. 이런 작업은 천장 마감(도배나 페인트)이 끝나기 전에 미리 해두어야 한다.

배선 기구 취부

도배를 하기 전에 배선 기구를 달고 겉 커버를 달지 않은 상태이다. 겉 커버는 도배가 끝난 뒤 달아야 한다.

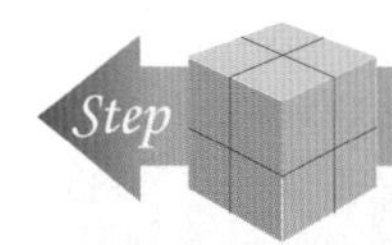

Step 32. 서클컵(바가지) 사용법

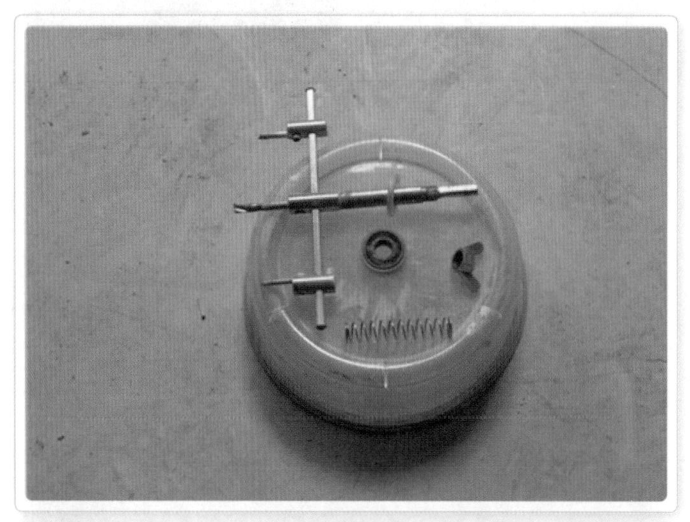

서클컵 구조물

흔히 바가지라고 부르는 도구로서, 천장에 원형의 등구멍을 뚫을 때 사용한다.
바가지에 날을 끼우고 스프링을 넣고 너트로 조인 뒤 드릴에 끼워 사용한다.

날을 끼운 내부

가운데 중심축을 기준으로 좌 · 우 날개를 움직여 구멍의 크기를 조절한다.

서클컵 외부에 스프링을 끼운 모습

주의할 점은 스프링을 바가지 안에다 끼우지 않고 밖에다 끼운다는 점과 너트를 시계 방향이 아닌 반시계 방향으로 잠근다는 사실이다.

서클컵의 사용 예

사다리에 올라가 등타공을 하는 모습이다.

Step 33. 돼지꼬리로 구멍 뚫기

앙카 드릴에 끼워진 돼지 꼬리

30cm 이상 되는 길고 굵은 앙카 길이를 돼지 꼬리라고 하는데 두꺼운 콘크리트 벽을 뚫을 때 사용한다. 특히 철근에 걸리지 않게 주의해야 한다.

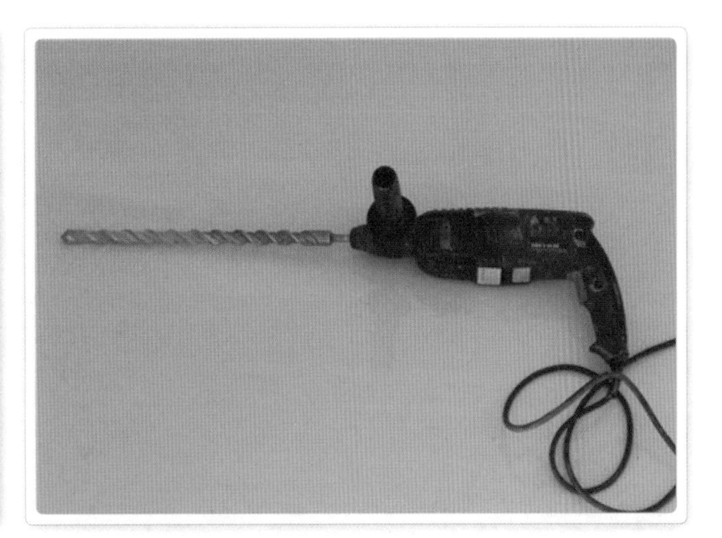

철근에 걸린 자리
약 10전(10cm) 정도 들어가서는 곧잘 철근이 걸리곤 한다.

① 구멍을 뚫다가 길이가 안 들어간다고 억지로 힘쓰면 안 됩니다. 갑자기 진동이 심하거나 흘러나오는 돌가루의 양이 적다든가, 소리가 약간 다르다든가(돌과 쇠에 부딪히는 소리는 분명 다름)하는 것으로 판단합니다.
② 작업을 멈추고 드라이버로 구멍 속에 넣어 보세요. 만약 쇳가루가 묻어나오면 철근에 걸린 겁니다.

Step 34. 캐링과 엠바

경량 천장 골조 모습
수직이 엠바이고 가로가 캐링이다.

 역할

경량팀이 석고를 천장에 칠 때 엠바에 대고 비스를 박아 고정시킨다. 그러니까 엠바는 석고를 지지하기 위한 수단인 것이다. 또 캐링은 그런 엠바와 석고를 지지하는 역할을 한다.

02 중심 간격

(1) 엠바는 중심(싱이라고 함)에서 중심까지 간격이 250mm이고, 캐링은 보통 1,200mm 정도이다.

(2) 엠바의 간격이 250mm인 것은 매입 형광등의 사이즈가 그 정도이기 때문이다. 즉, 형광등을 달 때 엠바와 엠바 사이의 석고를 쥐꼬리톱으로 잘라내면 된다.

파라볼릭을 천장에 취부한 내부 모습

형광등이 아니라 파라볼릭이라고 하는 형광등기구를 천장에 취부한 내부 모습이다.
파라볼릭은 형광등과 사이즈가 다르기 때문에 엠바를 잘라냈다. 그리고 석고에 각목(다루끼)을 대고 보강을 한 뒤 비스를 박아 고정시켰다. 왜냐하면 석고에 그냥 박으면 빠져버리기 때문이다.

경량 벽체 골조 모습

벽체를 세운 모습이다. 석고를 취부하기 위한 뼈대를 스터드라고 부른다.

스터드에 석고를 취부한 모습

스터드에 석고를 고정시킨 비스가 보인다.

알아두면 편해요

① 인테리어나 신축의 슬러브를 탈 때 건축에서 전기의 공정을 세밀히 인정해 주지 않습니다. 때문에 다른 공정과 뒤섞여 작업을 할 수밖에 없습니다.

② 경량에서 석고를 칠 때 자칫 전기의 스위치나 콘센트용 복스가 취부된 자리를 표시해 주지 않고 그냥 작업을 해 버리는 수도 있습니다.

현장에서 어느 한쪽만 집중하면 안 되고 그때그때 전반적인 진행 상황을 살펴야 합니다.

Step 35. 일반 매장 천장에 노출 형광등 취부

노출 형광등의 전원선 연결

형광등끼리 연결한 전원선은 VCTF를 사용하고 연결은 와이어 커넥터로 한 후 테이핑 처리한다.

노출 형광등 전원선 연결의 확대 모습

일반 연선에 사용할 경우 와이어 커넥터가 빠질 염려가 있기 때문에 와이어 커넥터 위에 테이핑 처리를 한 것이다.

노출 형광등 취부 마무리 모습

노출로 형광등을 취부할 때는 줄을 맞추기가 상당히 까다롭다. 이미 마감 천장이기 때문에 먹줄은 놓을 수가 없으며 실을 띄우고 작업하면 줄을 똑바로 맞출 수 있다.

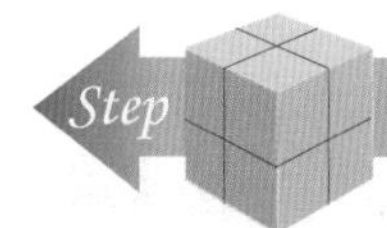

Step 36. 칼브럭 박기

칼브럭은 시멘트나 콘크리트에 지지물을 고정시킬 때 사용한다. 나사를 그냥 박지 못하기 때문이다. 칼브럭은 백색과 적색이 있는데 백색이 좀 더 굵고 튼튼하다.

칼브럭 박기 Ⅰ

앙카 드릴에 칼브럭 길이를 꽂아서 구멍을 뚫었다.

칼브럭 박기 Ⅱ

칼브럭 길이의 굵기가 가느다란 것으로 뚫어 버렸다. 이때는 적색 칼브럭을 사용하든지 아니면 좀 더 굵은 길이로 바닥을 뚫어야 한다.

칼브럭 박기 Ⅲ

할 수 없이 안 들어가는 부위를 가위로 잘랐다. 물론 비스를 조금 끼운 후 드라이버를 대고 펜치로 치면 칼브럭이 들어가지만 작업이 번거롭다.

Step 37. 여러 가지 현장 모습 Ⅰ

대리석에 배선 기구 구멍 따기 Ⅰ

현관 입구 쪽에 위치한 스위치이다. 돌을 붙였는데 복스 깊이가 너무 깊다. 얼핏 봐도 10cm가 넘어보인다. 돌 마감을 미리 생각하고 덧복스라도 묻었으면 좋았을 것이다.

대리석에 배선 기구 구멍 따기 Ⅱ

위와 마찬가지이지만 여긴 좀 양호하다고 할 수 있다. 돌 컷팅은 돌을 붙이는 분들이 작업해준다.

매입형 분전반 설치하기 I

점포 안에 매입으로 설치하게 될 판넬이다.

매입형 분전반 설치하기 II

위의 사진처럼 석고를 치기 전에 판넬을 먼저 붙여도 되지만 보통 석고를 한 쪽에 쳤을 때 판넬 취부를 선호한다. 그래야 작업이 더 수월하기 때문이다.

집합 풀복스 모습

- 풀복스에 모인 수많은 파이프들은 연결할 때 꼼꼼하게 표시를 해 두고 신경써야 한다. 1개의 풀복스에 거의 모든 회로를 모아 두는 것은 마감이 된 후 천장 속에 들어갈 수 없을 때 자주 이용하는 방법이다.
- 저곳에 점검구를 뚫어 놓으면 나중에 하자 처리가 쉬운데, 점검구 뚫기가 어려운 경우에는 형광등 자리나 다른 큰 등기구 위치에 자리 잡으면 된다.

전기실의 메인 차단기와 전자식 계량기

메인 차단기를 거쳐 전자식 계량기가 취부된 모습으로 깔끔하게 되어 있다.

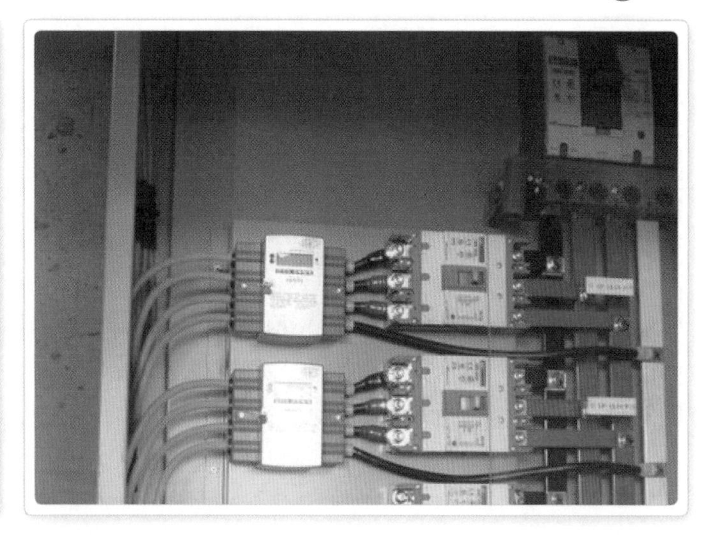

페인트의 퍼티 작업

- 페인트 칠 마감 전에 퍼티 작업을 하는데 먼저 핸디 코트라는 재료를 가지고 석고의 연결된 부위와 비스를 박은 곳, 기타 흠집이 난 부위를 사진처럼 바른다.
- 마르고 나면 샌딩(사포를 부착한 공구를 가지고 부드럽게 갈아 줌) 작업을 하는데, 그 때는 가루가 많이 날려서 작업이 힘들다.
- 샌딩이 끝나고 난 후 칠을 뿌려서(후끼 작업) 마감을 한다.

페인트의 샌딩 작업

가루가 손잡이를 통해 빨려들어가지만 그래도 작업자 주위에 많은 가루가 떨어진다.

페인트 뿌리는 모습

- 작업이 끝나고 보양한 비닐을 걷어내면 칠 작업이 끝난다.
- 컴프레서를 이용해 페인트를 뿌려서 작업하는 것을 '후끼작업한다'고 한다.

매입등 구멍 뚫기

쥐꼬리톱으로 매입등 구멍을 뚫는 모습이다.

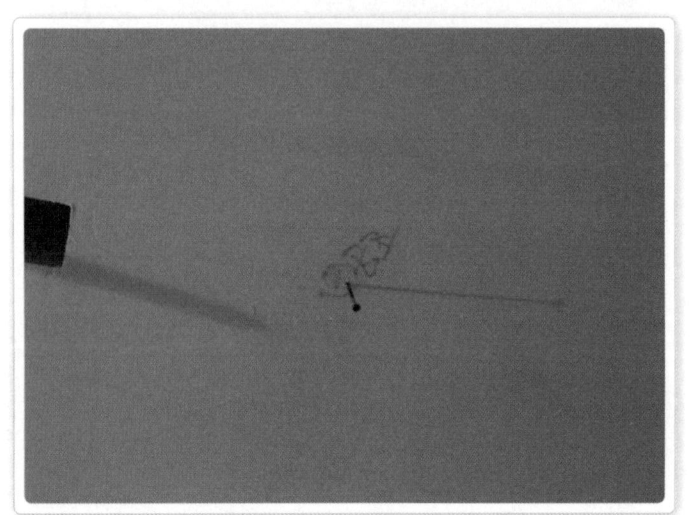

공조에서 디퓨저 구멍을 타공하기 위해 표시를 해 놓은 모습

비스를 박아 놓으면 페인트팀이 퍼티 작업을 해도 지워지지 않는다.

방수와 일반 석고

벽에 붙인 석고이다. 오른쪽의 것이 일반 석고이고, 왼쪽이 방수 석고이다.
방수 석고 색상은 사진처럼 분홍색이나 파란색을 띤다.

돌마감 과정 I

돌을 붙이는 팀이 콘센트 구멍에 맞게 돌을 잘라낸 모습이다.

돌마감 과정 II

돌을 취부한 화장실 모습으로, 줄을 맞추기 위해 돌과 돌 사이에 임시로 핀을 박아놓았다.

Step 38. 여러 가지 현장 모습 II

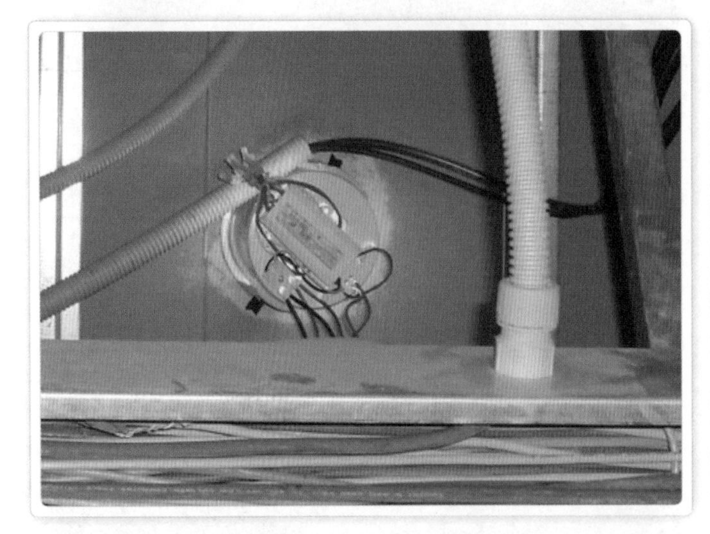

매입등 기구가 취부된 모습

매입등을 천장 속에서 들여다 보았다. 아래 사진에서 좀 더 확대시켜 보겠다.

매입등 기구 취부 확대 모습

매입등을 천장 속에서 확대하여 들여다 본 모습이다.

노출 형광등 취부하기 I

문화 체육관 로비에 설치한 등기구이다.
노출로 취부한 다음 아크릴이 아닌 광천으로 마감한다.

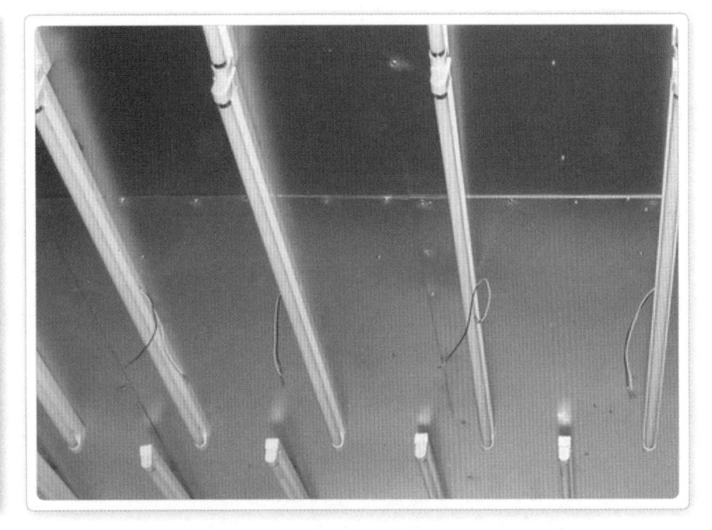

노출 형광등 취부하기 II

전선을 마운트를 이용해 마무리한 모습이다.

마운트 모습

끈끈이가 있어 접촉면에 부착하고 케이블 타이로 고정시킨다.

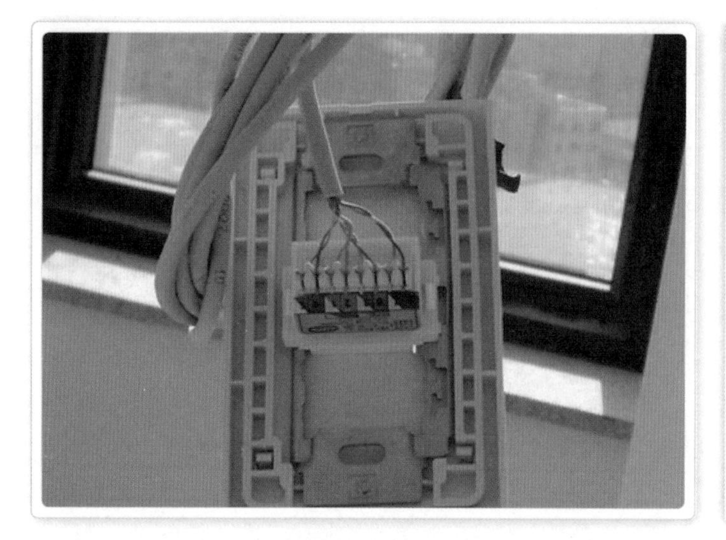

UTP선 처리

UTP케이블 속에 들어 있는 선 8가닥이 연결된 모습이다.

극장 바닥의 통로 유도등 모습

타공정에서 바닥을 마감하기 전에 미리 작업을 완료해 주어야 한다.

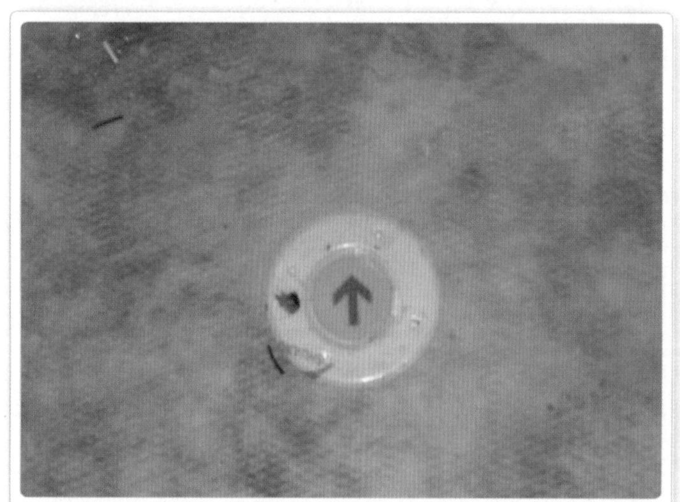

유도등 커버를 덮은 모습

자칫 정신을 집중하지 않으면 화살표 방향이 틀려질 수도 있다.

8자로 정리하는 모습 Ⅰ

끈으로 묶을 때 가운데가 아닌 양쪽 끝을 묶어줘야 한다.

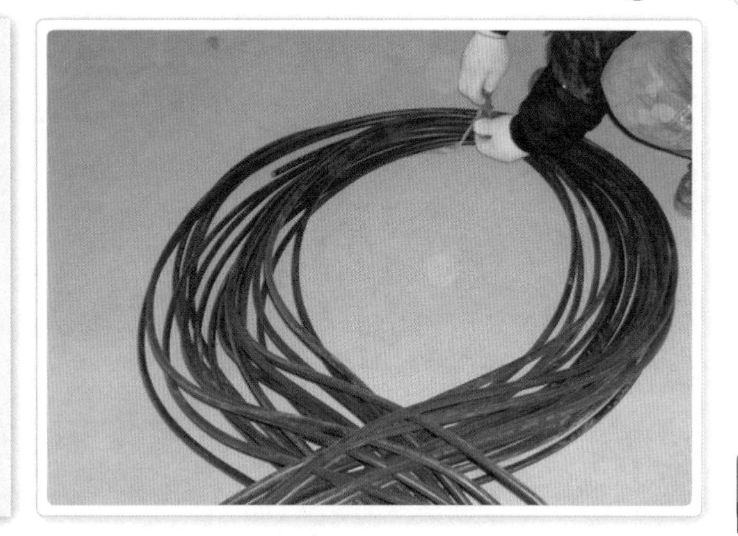

8자로 정리하는 모습 Ⅱ

반대편에 묶고 다시 반대편을 묶고 있다.

잘못된 플렉시블 처리 Ⅰ

외부에 방수 플렉시블을 작업한 모습이다. 작업을 잘못하였다. 왜냐하면 끝이 위로 향할 경우에는 물이 들어가기 때문이다.

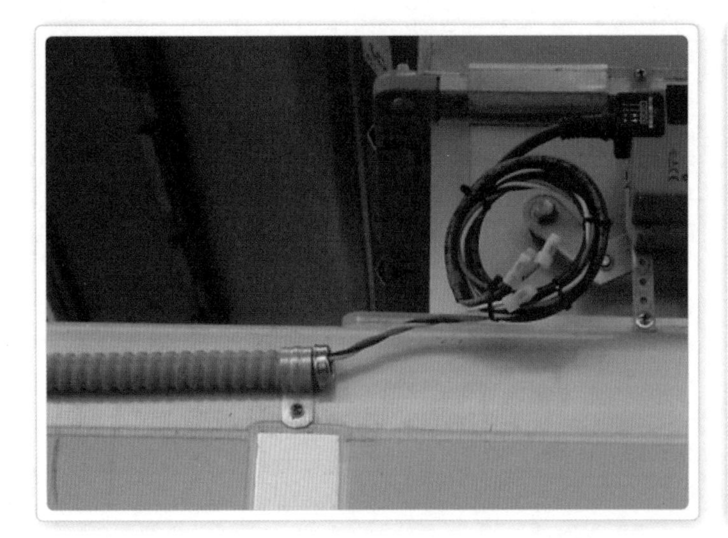

잘못된 플렉시블 처리 Ⅱ

이것 역시 잘못 되었다. 비가 오면 선을 타고 물이 들어가게 된다.

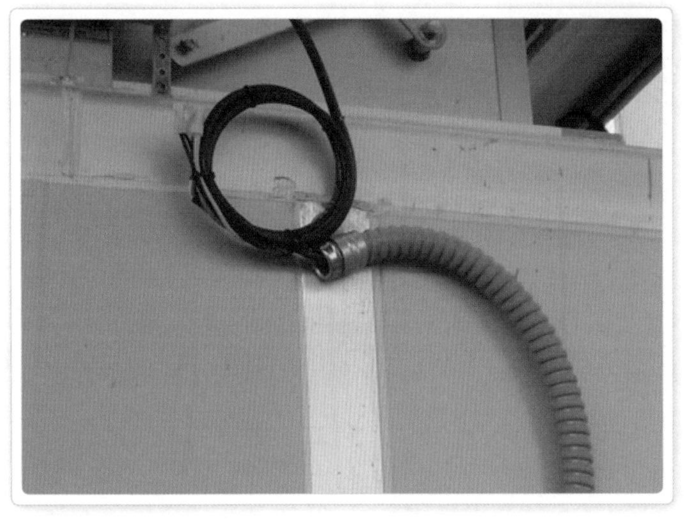

바른 플렉시블 처리

정석대로 된 모양이다.

39. 사다리 사용법

안전은 아무리 강조해도 지나치지 않는다. 다음 예를 보면서 올바른 사다리 사용법에 대해 알아보자.

아래 사진에 나오는 공장의 전기 책임자분이 이번에 사고를 당하셨다. 겨우 키 높이밖에 안 되는 판넬에 올라가 케이블 작업하다 집중력 부족으로 떨어지고 만 것이다.

발을 헛디뎌 떨어지는 거야 어쩔 수 없는 상황이지만.

잠재 예방이라고 했던가?

안전 교육에서는 잠재 예방이라는 것을 교육한다.

평소 일을 시작하기 전에 현장을 둘러보면서 다음과 같이 마음속으로 가정을 해본다.

'이곳에 올라갔다가 떨어질 경우에는 어떻게 해야겠다. 저것을 철거하면 이게 위험하겠다…'

이렇게 행동하다가 실제 위험한 사고에 직면하게 되면 잠재 예방에 의해 무의식적으로 대처하는 능력이 생긴다고 한다.

안전을 무시한 고소 작업 Ⅰ

약 5m 높이에 투광기를 설치하는 작업을 하고 있다. 허리에 안전 고리도 차지 않았다.

안전을 무시한 고소 작업 Ⅱ

- 사진처럼 사용할 때는 사다리를 놓는 각도가 중요하다. 이 상황에서는 조금 더 경사지게 세우는 것이 안전하다.
- 사다리를 저렇게 펴고도 높이가 짧을 때는 높이에 맞게 더 펴야 한다. 이런 방법에서는 가운데 축을 중심으로 윗부분의 사다리를 뽑아 올려야 한다. 밑에 하중을 받치고 있는 사다리를 뽑으면 아무래도 안심되지 않는다.

알아두면 편해요

① 사다리나 우마 같은 것을 이용해 고소 작업을 할 때에는 반드시 안전 고리를 걸어주는 게 좋습니다.
② 인테리어 현장에서 일을 할 때는 일반 마스크보다 방건 마스트를 준비해 다니는 것이 좋습니다. 타 공정(목공, 페인트, 돌)에 의해 먼지가 많이 나기 때문입니다.
③ 칼브럭이 없을 때는 나무 조각으로 쐐기를 박을 수도 있고, HIV전선(1.5SQ나 2.5SQ)을 구부려 대신 이용할 수도 있습니다.

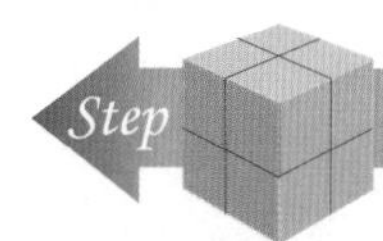

40. 복스 안에서의 연결

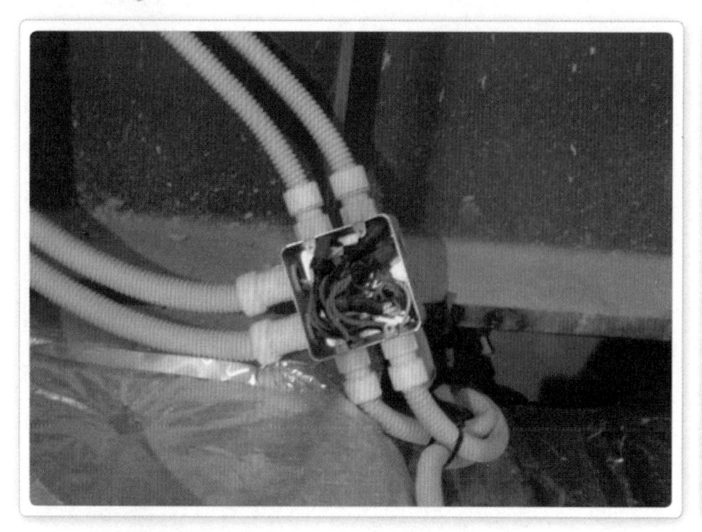

복스 안에서의 테이핑 처리

전등과 전열 입선 때 4sq나 6sq를 흔히 사용하는데 와이어 커넥터를 쓰다 보니 작을 때가 있다. 반드시 커넥터를 쓴 뒤 테이핑을 해주는 것이 좋다.

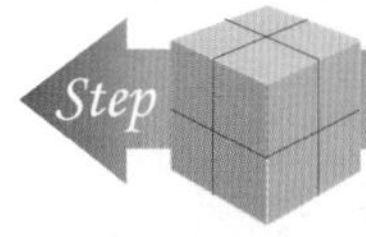

41. 검전기

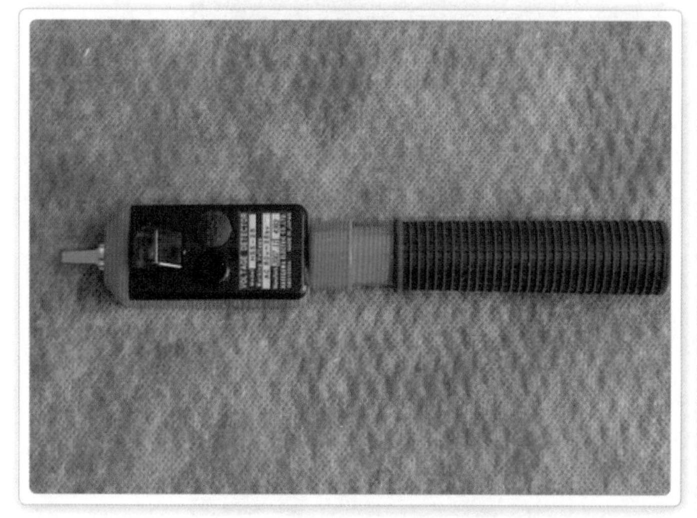

검전기의 모습

검전기는 하트(H)상과 중성선(N)을 구별할 때 사용된다.

검전기 구조

- (가)의 핀을 단자에 접촉시켰을 때 중성선(N상)이면 아무런 반응이 없고, 하트(H)상이면 (나)의 적색 램프가 반짝이며 '삐삐' 하는 소리가 난다.
- (다)는 테스트 버튼인데 누르면 역시 소리와 함께 램프가 번쩍인다.

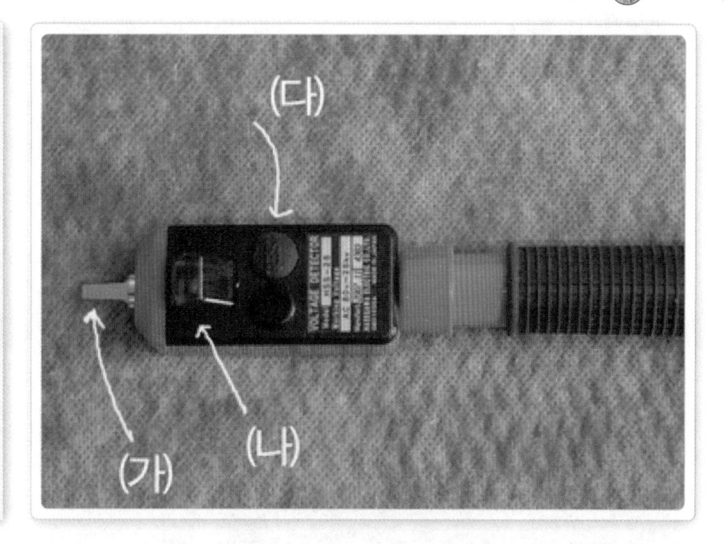

검전기 확대 모습

AC 80V ~ 25kV까지 측정이 가능하다.

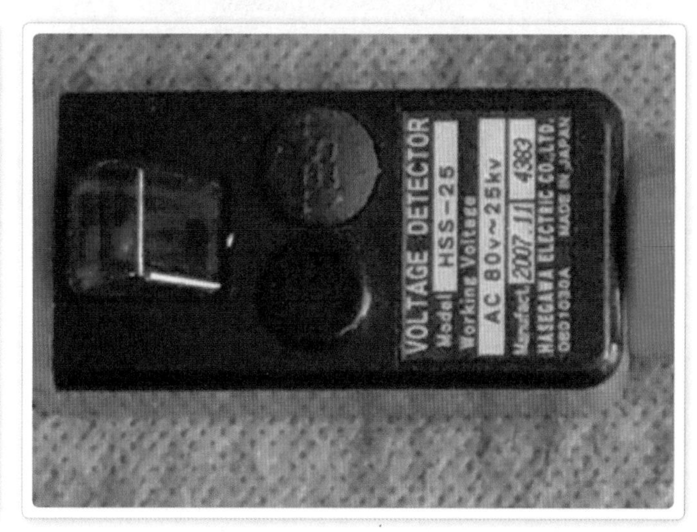

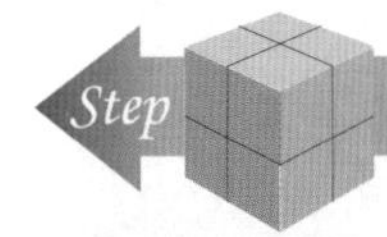

42. 세트 앙카 펀치

세트 앙카와 펀치
세트 앙카를 박을 때 사용하는 펀치이다.
왼쪽이 연부, 오른쪽이 삼부용이다.

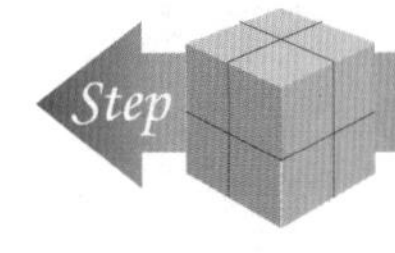

43. 스트롱 앙카 펀치

스트롱 앙카를 이용하는 순서는 다음과 같다.

(1) 앙카 드릴로 먼저 벽이나 천장에 구멍을 뚫는다.

(2) 다음 세트 앙카를 구멍에 넣고 와셔와 너트를 풀어 낸 다음 펀치를 그림처럼 집어 넣고 망치로 박으면 된다.

(3) 아래 그림에서 청색 부분의 앙카 부위가 녹색 알의 넓이만큼 벌어지면서 단단히 박히게 된다.

스트롱 앙카와 펀치 I
화살표 부위가 너무 벌어지면 앙카 드릴로 뚫은 구멍에 들어가지 않으므로 조심해야 한다.

스트롱 앙카와 펀치 Ⅱ

펀치의 끝이 수놈이고 세트 앙카는 암놈이다.

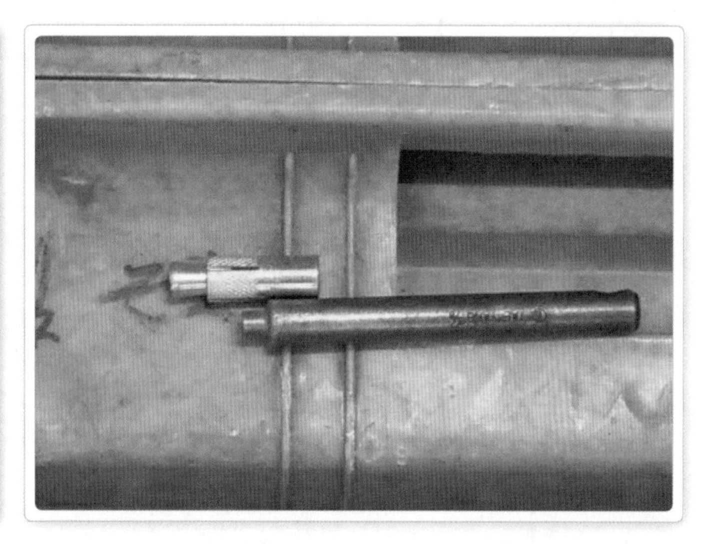

스트롱 앙카에 펀치를 끼운 모습

사용 방법은 세트 앙카와 같다.

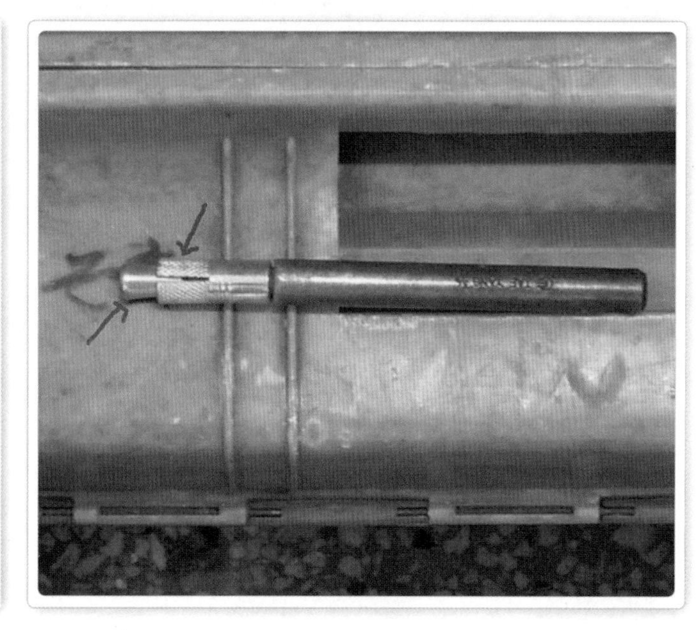

Step 44. 레일스포트 연결 조인트

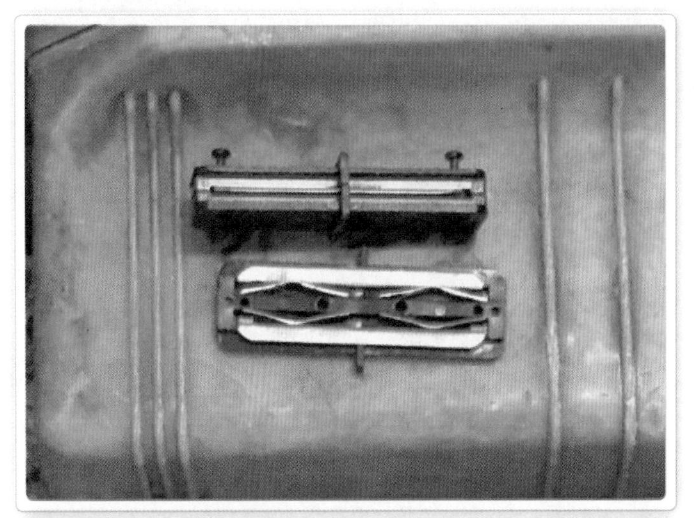

레일스포트의 연결 조인트

레일스포트형 할로겐을 꽂는 레일을 서로 연결해주는 조인트이다. 뚜껑을 벗겼을 때 보이는 2개의 가느다란 동편이 바로 전원이다. 선 대신 사용하는 것이다.

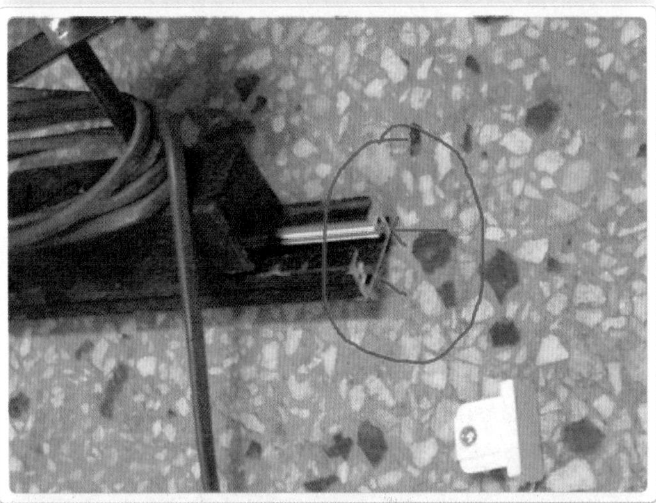

끝마구리 모습

엔드캡을 벗겼다.
역시 좌 · 우에 2개의 전원용 동편이 보인다.

연결 조인트를 끼운 모습

조인트를 레일에 꽂은 모습이다.
동편끼리 서로 붙었다. 조인트의 나머지 오른쪽에 다른 레일을 꽂으면 서로 연결된다.

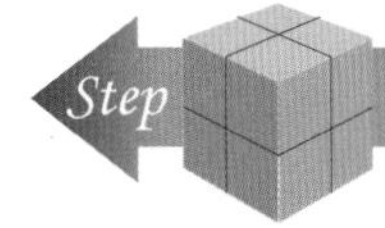

45. T-5 구조

같은 조도(28W)이면서 램프의 굵기가 가느다래 주로 간접등으로 많이 사용되는 것으로, 데코 램프와 T-5가 있다.

다음은 T-5를 찍은 사진이다.

T-5 전원부 I

T-5 몸체의 한쪽 캡을 떼어 벗겨 낸 것이다.

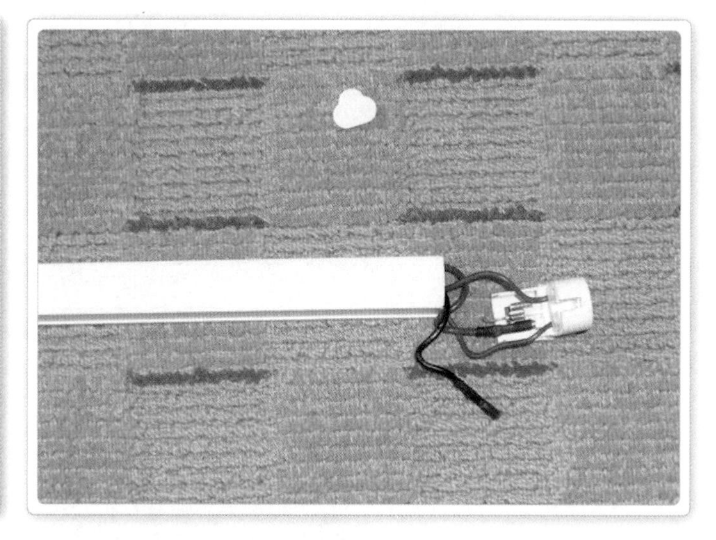

T-5 전원부 II

- 가 : 청색 2가닥이다. 일반 형광등처럼 안정기를 통해 나온 선이다.
- 나 : 적 · 흑색 선이다. T-5끼리 서로 연결할 때 다음 기구와 연결되는 전원이다.
- 다 : 낚시 고리처럼 보이는 구부러진 철사로, 접지이다. 선들을 몸체에 집어넣고 다시 조립하면 철사가 몸체의 금속면에 닿아 등기구 접지가 된다.
- 녹색 동그라미 2개는 (나)의 2가닥을 꽂는 핀이다.

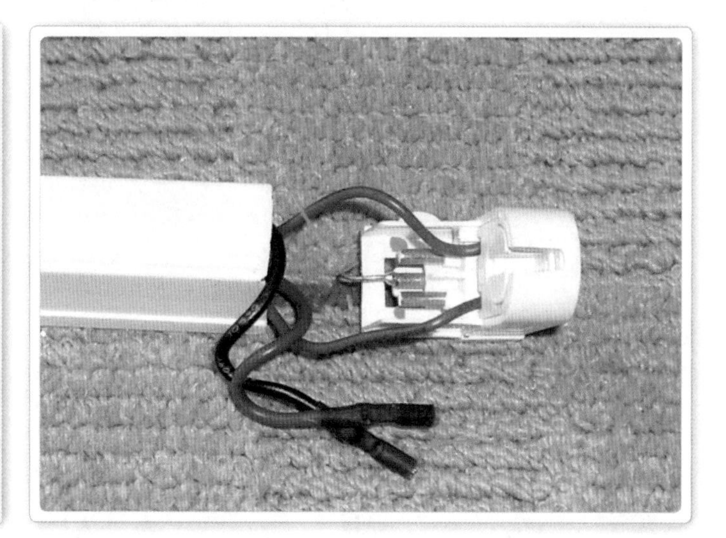

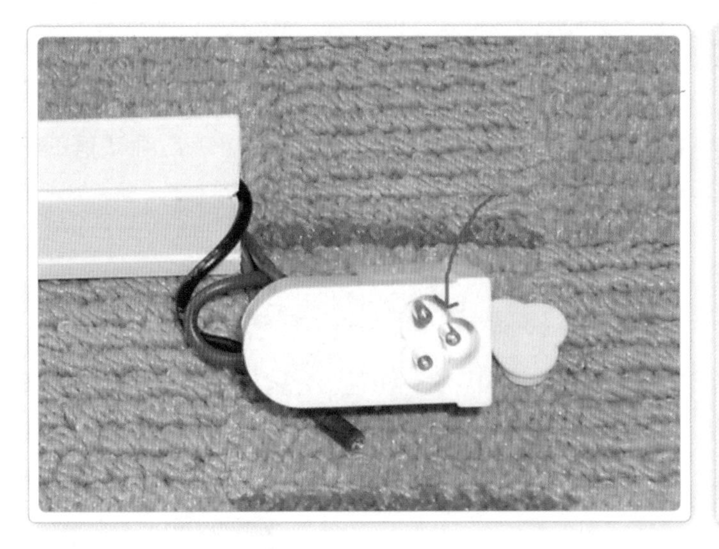

T-5 전원부 Ⅲ

다음 기구와 연결되는 핀이다.
분홍색의 화살표가 접지이다.

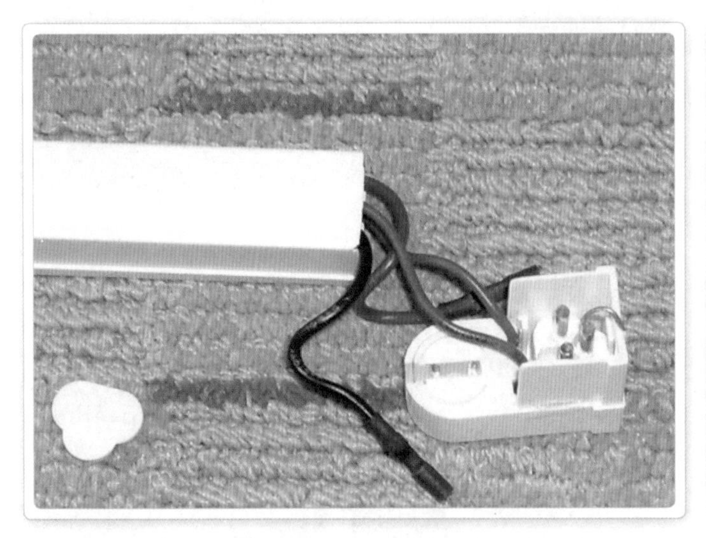

T-5 접지

접지로 사용되는 철사가 접지선과 연결된다.

형광등형 T-5

T-5 램프가 일반 형광등 기구에 사용되는 것이다. 일반 형광등 기구보다는 약간 작지만 위에서 봤던 것보다 부피가 크다. 어떤 장점 때문에 이런 제품이 나왔는지는 모르겠다.

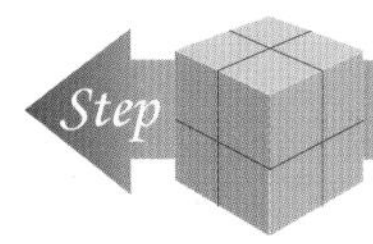

46. 할로겐 불량

실제 현장 경험의 예를 들어 보기로 한다.

할로겐을 취부하고 스위치를 켰는데 불이 안 들어 왔다.

이상해서 살펴보던 중 갑자기 '펑'하는 소리와 함께 안정기가 아래 사진처럼 녹아 흉물스런 꼴이 되었다. 검은 재가 안경에 붙을 정도였다.

불량 할로겐

사진처럼 심한 불량이 아니고, 기판회로의 작은 불량으로 가끔씩만 누전 차단기가 떨어질 때도 있다.

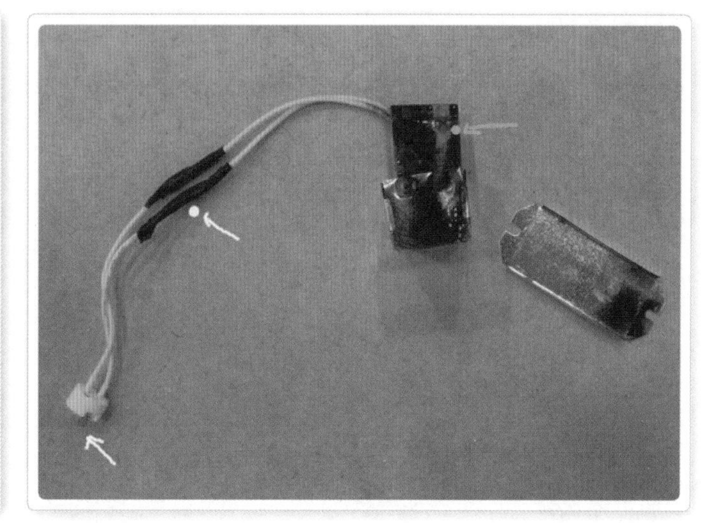

불이 들어오지 않아 다음과 같은 조치를 취했다.

01 램프의 불량 검사

램프가 불량일 수 있어 다른 것으로 교환했으나 불이 들어오지 않았다.

02 적색 포인트

램프와 소켓이 연결되는 2개의 핀구멍에 램프를 잘못 꽂으면 핀에서 불량이 나는 경우가 종종 있다.

03 백색 포인트

그래서 새로운 소켓을 연결했지만 그마저 불량이다.

04 녹색 포인트

결국 '안정기 불량인가' 하면서 천장 속에 있던 안정기를 끄집어내는 순간 단락(합선) 사고가 발생하였다.

05 결론

안정기의 전원과 출력선은 각각 기판에 납땜되어 있는데 전원 2가닥이 납땜 불량이었고 안정기를 끄집어내는 순간 2가닥이 케이스에 닿으면서 사고가 난 것이다.

Step 47. 매입등(옆형)

150mm(6인치) 매입등 기구이다. 램프는 26W 2개용이다. 옆형은 천장 속의 깊이가 낮아 일반 매입형을 취부할 수 없을 때 사용한다. 깊이가 110mm 정도면 가능하다. 만약 그보다 더 낮으면 약 70mm까지 가능하다. 단, 그때는 정상적인 방법이 아니다.

등기구에 달려 있는 안정기를 떼어서 등기구 옆 천장 속에 넣어둔다. 그러니까 안정기 높이를 없애는 것이 된다. 이 방법의 단점은 취부하기가 무척 까다롭다는 것이다. 일반형 2개 취부하는 것보다 시간이 더 걸린다.

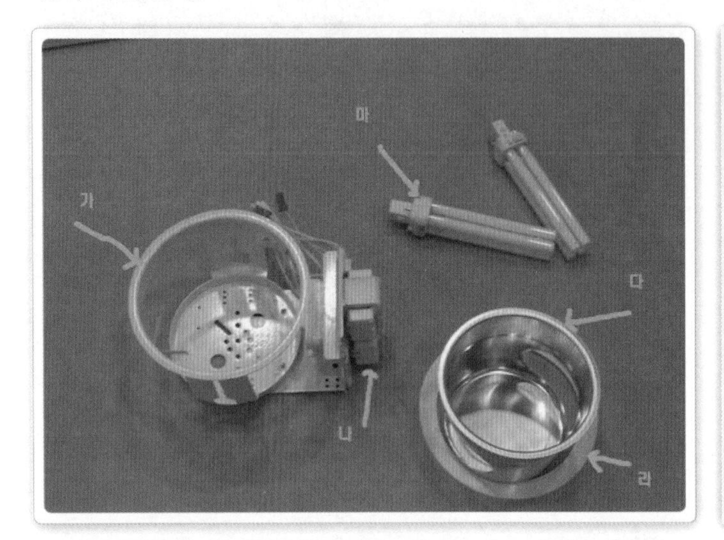

매입옆형 등기구와 램프

- 가 : 등기구 본체
- 나 : 안정기 2개(26W용)가 붙어 있다. 26W 말고 13W도 있다.
- 다 : 반사갓이다. 자세히 보면 양옆이 뚫려 있다. 램프를 옆으로 끼우기 위해서이다.
- 라 : 테두리

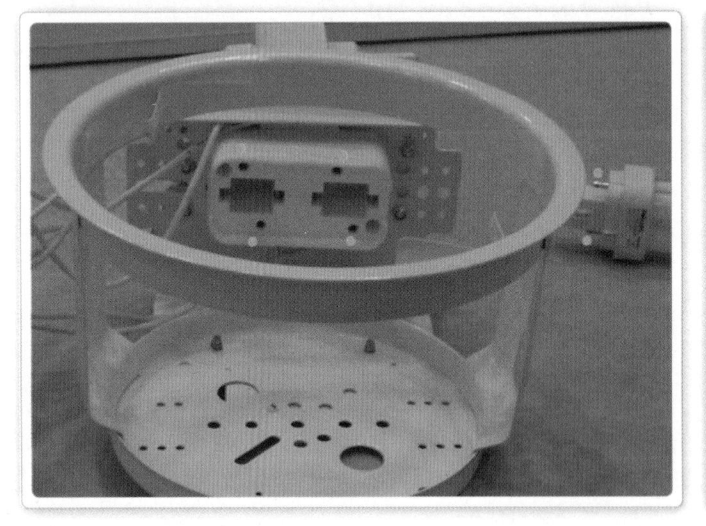

램프를 꽂는 소켓

2개용이라 소켓도 2개고 소켓마다 핀을 꽂는 구멍(녹색 포인트)이 2개씩 있다. 저 구멍에 램프의 핀(녹색 포인트)을 꽂으면 된다.

전원용 소켓과 등기구

가는 전원을 꽂는 소켓이다. 소켓의 반대편에 등기구에 나온 선이 꽂혀 있는데 이것들이 빠져서 불이 안 들어 오는 경우가 자주 발생한다. 좀 무리하게 들어간다 싶으면 꼭 확인해 주어야 한다.

코일식 안정기 모습

전자식이 아닌 코일식 안정기이다.
전자식에 비해 효율은 떨어지나 수명은 더 오래 간다.

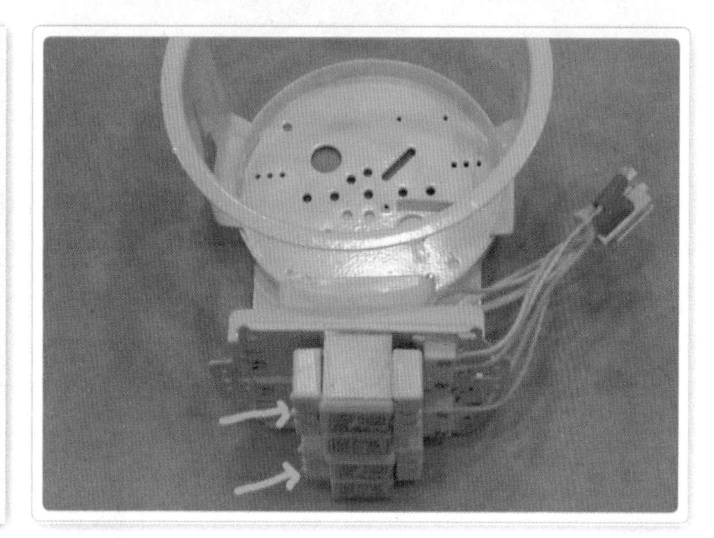

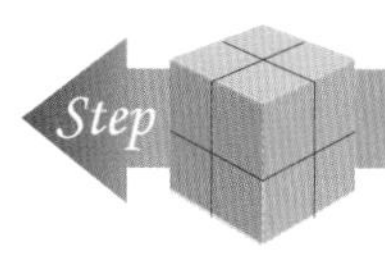

Step 48. 후크메터로 허용전류 측정하기

후크메터는 전력선을 별도의 리드선 없이 한 선을 후크(hook)형식으로 물려서 전류를 측정하는 계기이다.

01 사용법

(1) 손잡이를 눌러 전선이나 케이블의 한 가닥을 안에 넣는다.

(2) 실드(차폐)가 된 케이블이나 1상 이상의 전선이 같이 들어가도 측정할 수가 없다.

02 허용전류 측정하기

공사가 끝나고 전체 용량은 어떤지, 각 상마다 밸런스는 맞는지를 후크메터로 전류를 측정해 본다. 기본은 1가닥씩 측정하는 것이고, 단상일 경우도 마찬가지이다.
한꺼번에 후크 안에 넣으면 안 된다.

(1) N상 체크

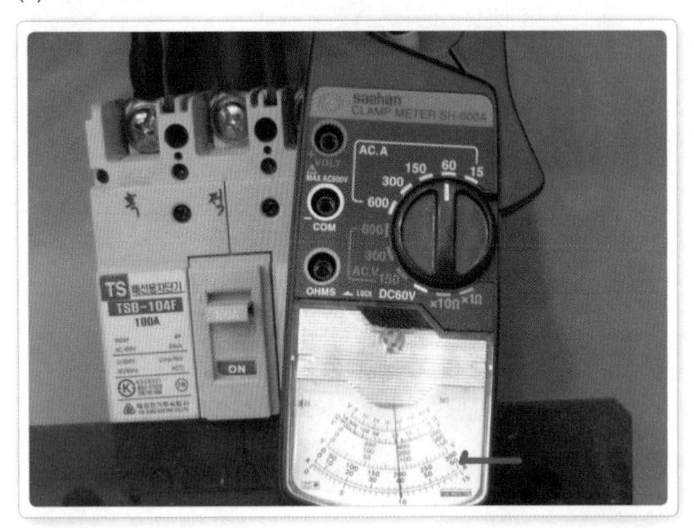

중성선 체크

N상을 측정한다.
먼저 후크메터의 레버를 전류 측정인 (A)단위 중 60A에 놓고 N상의 전선에 후크를 거니까 바늘이 움직였다.

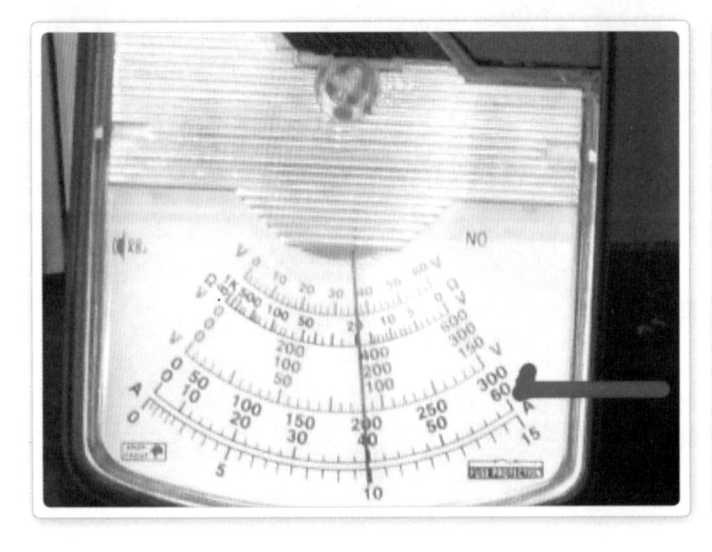

N상 체크 확대 모습

적색 화살표의 60단위를 참고한다. 바늘이 40을 가리키고 있다. 40A가 측정된 것이다. 참고로 가운데의 적색 숫자들이 전압(150V, 300V, 600V)이고, 밑의 흑색 지침이 전류이다.

(2) T상 체크

T상 체크

T상으로 전류가 많이 흘러 레버를 150단위로 조절했다.

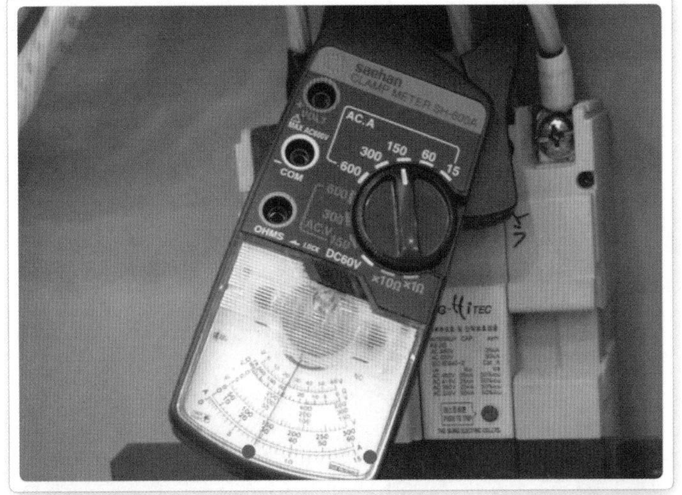

T상 체크 확대 모습

레버를 150단위로맞추었으니 300단위에서 바늘이 가리키는 숫자 150을 반으로 나누어도 되고, 오른쪽 적색 포인트의 15단위에서 읽은 숫자(7.5)에다 10을 곱해 주어도 된다. T상은 75A가 흐르고 있다.

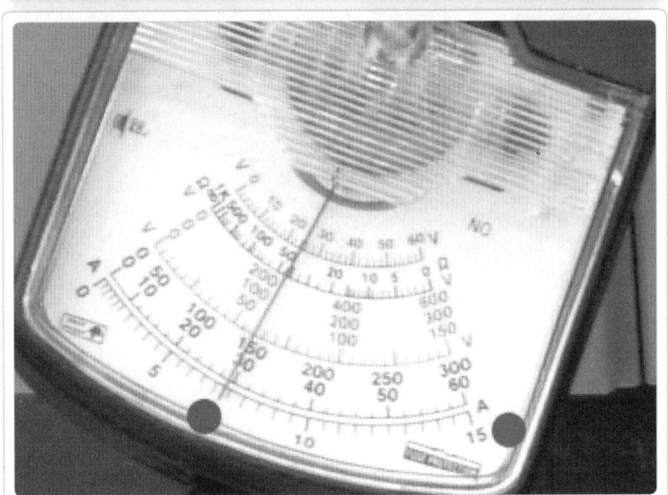

(3) 부하 측 체크

부하 측 체크

부하 측 누전 차단기에 흐르는 전류 측정이다. 견출지를 보니 교무실에 달린 전등의 전류를 측정하는 것이다.

여기서 아쉬운 점은 차단기에 물려 있는 선 색상이 모두 백색이라는 것이다. 다른 선이 없어서 그랬겠지만 될 수 있으면, 특히 전등 라인은 반드시 하트(H)상과 N상을 구분해 주어야 한다.

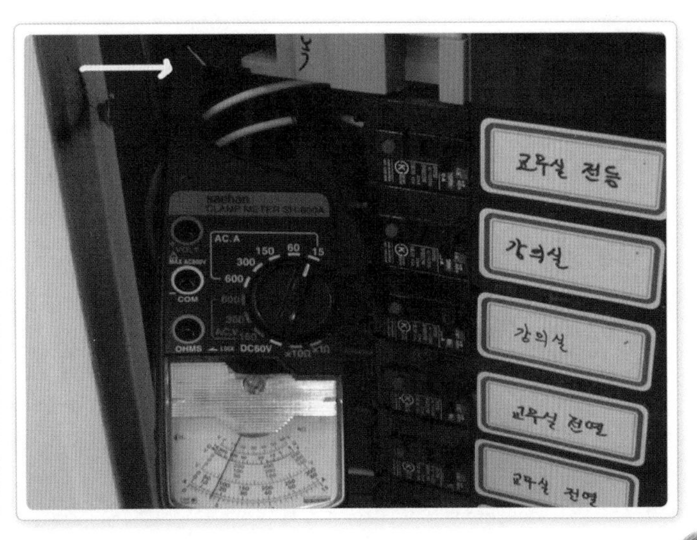

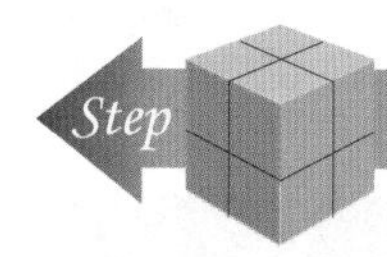

49. 배선기구(콘센트, 스위치)의 서포트 취부하기

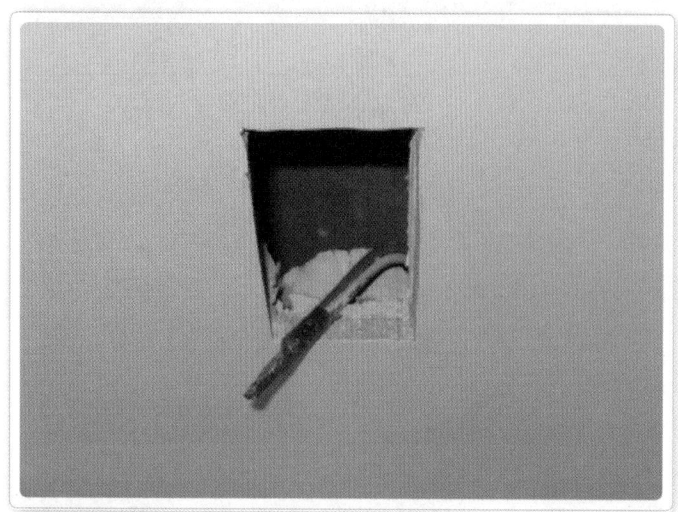

서포트의 사이즈에 맞게 따낸 모습

서포트라는 보조대가 나오기 전에는 목공에서 사용하고 남은 나무 조각(MDF)으로 보강을 해서 취부를 했다.

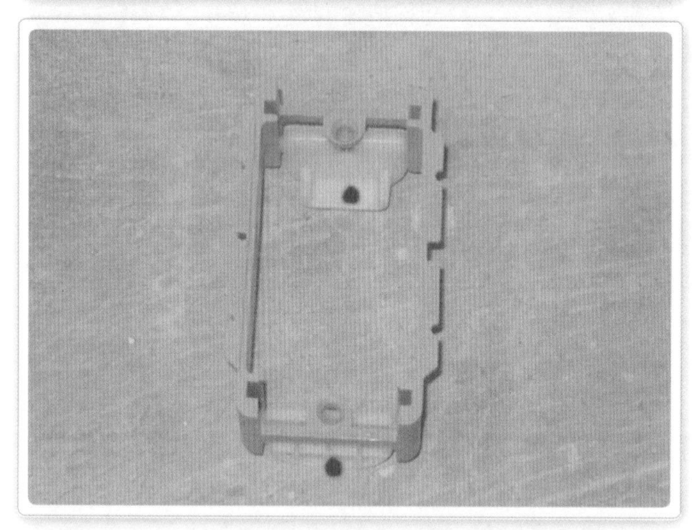

서포트의 모습

사이즈대로 쥐꼬리톱으로 따 낸 다음 서포트를 넣고 청색 포인트로 고정시켜준다.

취부된 모습

적색 포인트 부분에 비스 구멍이 있다.

콘센트 취부

서포트에 기구(콘센트)를 취부하는 모습이다.

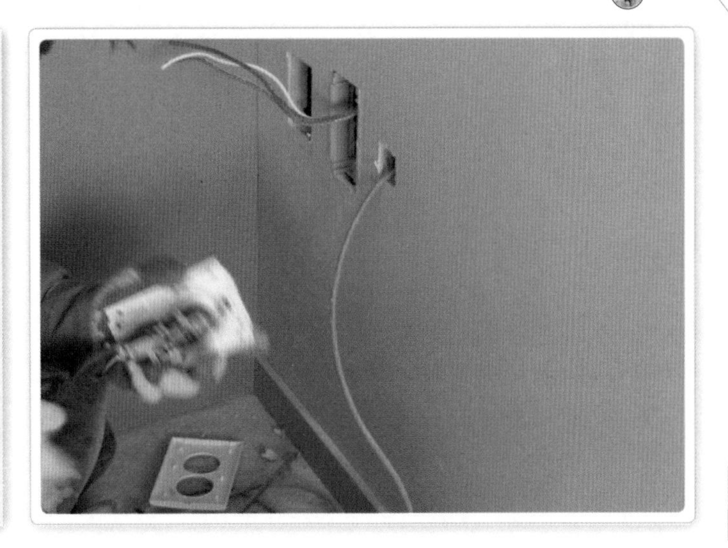

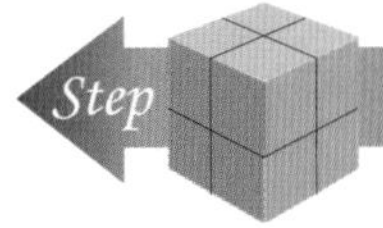

Step 50. 살아 있는 메인 차단기 교체하기

계량기가 살아 있는 상태에서 기존 차단기를 떼어내고 두 단계 위의 메인 차단기를 설치하는 작업이다.

메인 케이블과 차단기 교체

청색 포인트의 케이블은 25sq × 4c를 새로 포설했다.

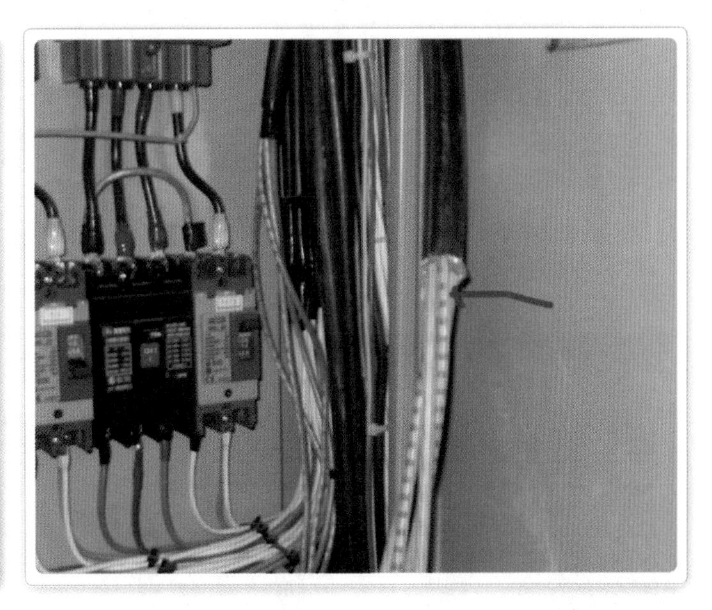

새로 취부된 메인 차단기

계량기는 120A, 차단기는 100A를 취부하였는데 공간이 너무 비좁다.

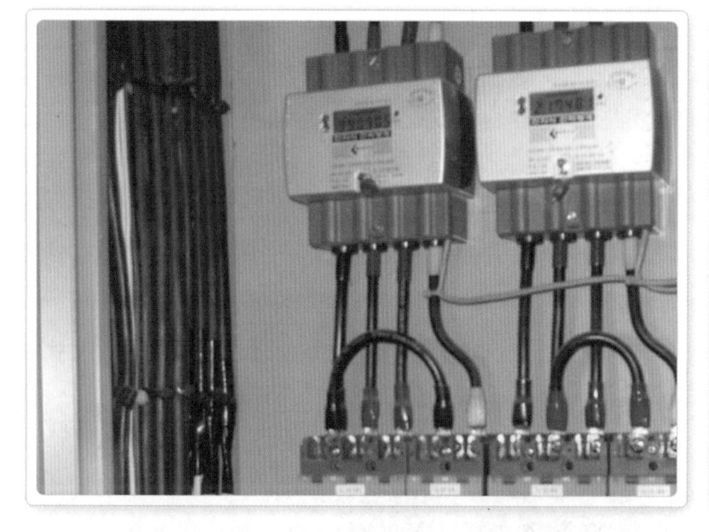

교체 계량기

왼쪽 계량기의 2차측을 교체할 것이다.

계량기 2차측 풀어내기

풀어내는 과정에서 판넬에 닿는 것을 방지하기 위해 종이로 보호를 했다. 그리고 살아 있는 상태에서는 N상(중성선)을 나중에 풀어주어야 한다.

KIV 전선 작업

계량기 2차와 메인 차단기 1차측을 부드러운 KIV 25sq로 교체한다.

계량기 2차측 물리기

물릴 때는 풀 때와 반대로 N상을 먼저 물어주어야 한다.

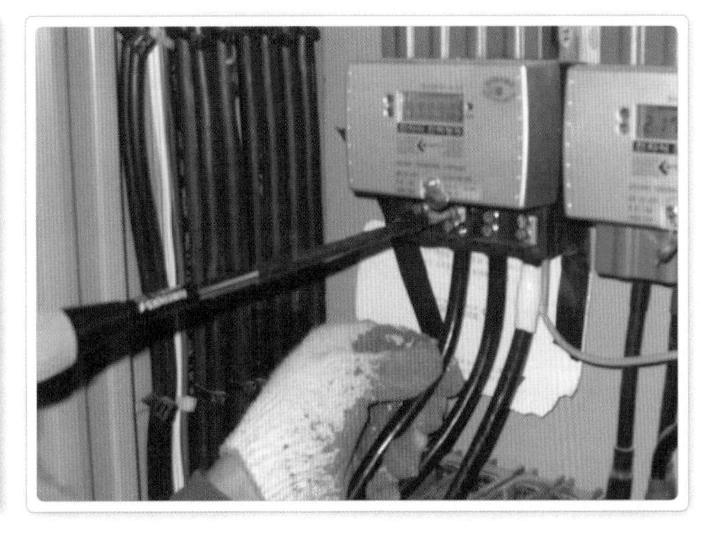

알아두면 편해요

① 스트롱 앙카는 경량에서 사용하는 것이 약간 작습니다.
② 앙카를 박기 위한 펀치가 없을 때는 다음과 같이 합니다.
- 세트 앙카일 때는 다른 세트 앙카의 원통을 빼내 대신 사용합니다.
- 스트롱 앙카일 때는 마루보를 끼워 대신 사용합니다.

③ 할로겐의 경우 요즘에는 안정기의 출력선과 램프를 끼우는 소켓이 연결되어 나오는 것도 있어 작업 시간을 줄일 수 있습니다.
④ 후크메터의 경우 다양한 형태의 전자식 제품이 시판되기 때문에 정밀도를 높일 수 있습니다.

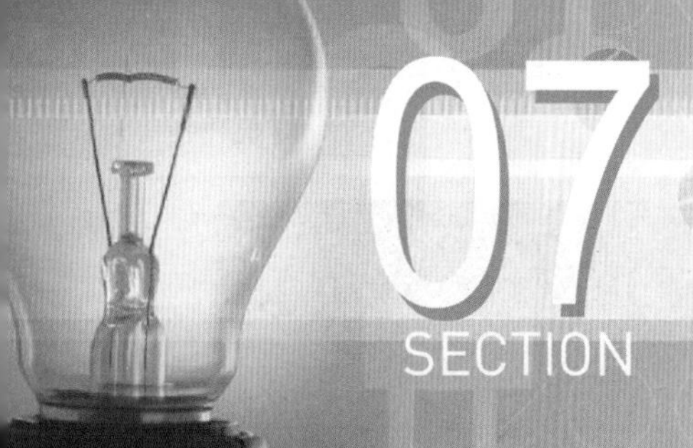

SECTION 07 전기 용역의 이해

Q 일반 회사에 입사하지 않고 자유롭게 현장에서 일하고 싶은데 전기 용역에 대해 알려주세요.

A 전기 용역은 건설 현장의 신축 공사나 이미 지어진 지 오래되어 노후된 건물의 개·보수 때 공사를 함에 있어서 필요로 하는 전기 인력을 공급해 주는 행위라고 할 수 있습니다.

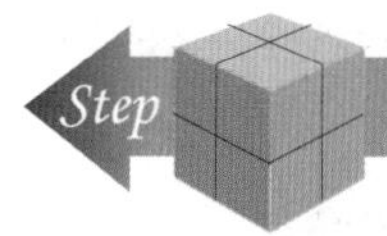

1. 전기 용역 시장의 구조

01 전기 용역의 흐름

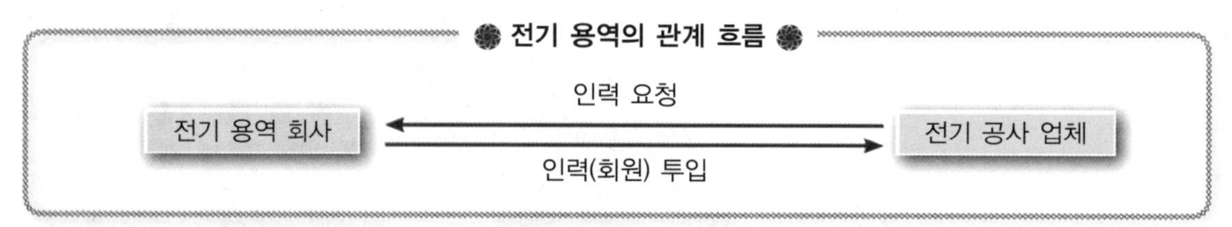

02 서울의 용역 시장 구조

서울의 용역 시장 구조는 대부분 다음과 같다.

(1) 을지로와 청계천을 중심으로 전기 용역 업체가 있다.

(2) 전기 관련 일을 하고 싶은 기술자나 초보자는 용역 업체에 회원으로 등록한 후 월 일정액의 회비를 납부한다.

(3) 용역 업체는 전기 회사로부터 인력 요청이 들어오면 등록된 회원들을 현장에 투입한다.

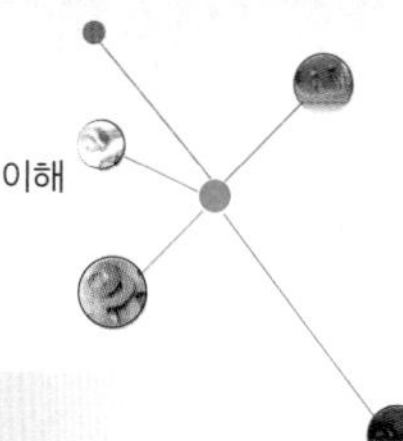

2. 전기 기술자[전공(電工)] 되기

현재 초보자(이하 조공이라 부른다)가 체계적인 이론과 실무를 배울 수 있는 학원 같은 것이 없는 실정이다. 왜냐하면 기존 전기 기술 학원은 모두 국가 기술 자격증을 취득하기 위한 교육을 하고 있기 때문이다. 결국 조공은 수년간 현장에서 직접 몸으로 부딪히며 기술을 하나하나 습득할 수밖에 없다.

이렇게 체계적인 이론과 실무를 배우지 못한 채 전공이 되었을 경우 현장에서 결정적인 문제가 발생했을 때 문제 해결 능력이 떨어질 수밖에 없는 것이다.

이런 모순을 해결하기 위해 부족하나마 본 교재를 만들게 되었고, 모쪼록 능력 있는 전공이 되고 싶은 여러분에게 많은 도움이 되었으면 한다.

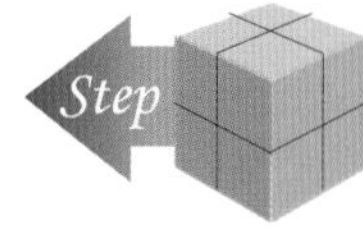

3. 현장에서 인정받는 조공의 자세

01 표정을 밝게 하라.

개인적으로 우울한 일이 있어도 현장에서는 환한 표정을 짓도록 노력해야 한다. 일이 안 풀려서 저기압이던 사장이나 전공이 밝은 표정의 조공을 보고 위로를 받을 수도 있기 때문이다.

02 모르는 것을 두려하지 말라.

조공은 전공이 모르는 것과는 차원이 다르다. 전공은 자신이 한 일에 책임을 져야 하지만 조공은 어디까지나 보조일 뿐이다. 전기에 대해 모르는 것은 당연지사다. 다만, 현장에서 사용하는 공구나 자재의 이름 정도는 미리 공부를 해 두는 것이 보수를 받는 조공의 도리일 것이다.

공구나 자재의 이름을 모르는 것이 있다면 숨기지 말고 즉시 물어보는 게 좋다. 물론 메모를 해두면 더욱 좋을 것이다.

03 생각을 하라.

모른다고 멍하니 있지 말라. 돈을 주는 사람의 입장에서 보면 정말 화가 날 수 있다. 전공이 하는 일을 자세히 살펴보면 다음에 무슨 일을 할 것이며, 어떤 공구나 자재가 필요한지 대충은 알 수가 있다.

04 청소만 잘 해도 남보다 먼저 쫓겨나지 않는다.

출근 시간보다 10분 먼저 와서 작업복을 입고 기다리는 모습을 보여주자.

현장에서는 항상 정리정돈하는 습관을 가져야 한다. 현장에 공구나 자재가 널브러져 있다면 안전 사고 위험도 있을 뿐더러 아무리 일을 열심히 해도 표시가 잘 나지않기 때문이다. 그렇다고 전공이 일하다 말고 청소를 할 수는 없지 않은가.

일이 끝나기 5분이나 10분 전쯤에 미리 주변 정리를 해도 되냐고 물어보는 것도 좋은 태도라고 할 수 있다.

산업 안전

Q 전기실에서 근무하기 때문에 복잡한 현장 일은 하지 않아 위험하지 않습니다.

A 안전은 일의 종류와 시간을 따지지 않습니다. 책상에 있어도 안전을 생각해야 합니다.

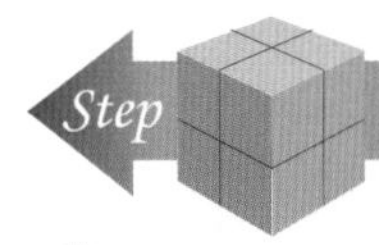

1. 2007년 산업 재해 통계

01 산업 재해 통계

2007년 1~6월까지 산업 재해를 당한 근로자는 총 45,040명(재해 43,819명, 사망 1,221명)이다.

그러나 이것은 어디까지나 통계 가능한 수치일 뿐, 실제 산업재해보상법 적용을 받지 못하고 있는 일용직 근로자까지 합치면 훨씬 심각해질 것이다.

재해 예방은 비단 전기 근로자뿐만 아니라 현장에서 일하는 모든 사람들이 반드시 지켜야 할 의무 사항이다. 안전 사고는 해당 전기 업체와 용역 업체뿐만 아니라 무엇보다 본인과 가족에게 큰 피해를 주기 때문이다.

02 전기 안전이란?

전기는 항상 우리 생활 주변에 있으므로 전기 재해를 방지하기 위해서는 이에 대한 기본적인 특성을 잘 이해하여야 하며, 그에 대한 지식에 의거하여 행동하는 것이 안전한 생활을 위하여 중요하다.

여기서는 전기 안전에 대해서 간략하게 다루기로 한다.

전기는 본래 위험한 것이라며 아예 모른 척하는 것도 곤란하지만 '전기쯤이야' 하고 대수롭지 않게 생각하는 것도 매우 위험한 것이다.

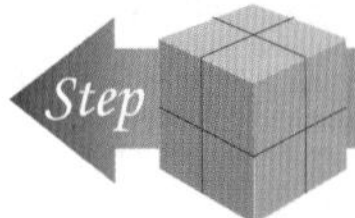

2. 기본적인 안전 보호구

안전모, 안전띠, 안전 고리, 안전화, 각반을 착용해야 한다. 그러나 아쉽게도 현장에서는 거의 지켜지지 않고 있는 실정이다(신축 공사 현장이나 규모가 큰 회사일수록 잘 지켜지고 있다).

벨트와 안전 고리

고소 작업 때는 반드시 착용해야 한다.

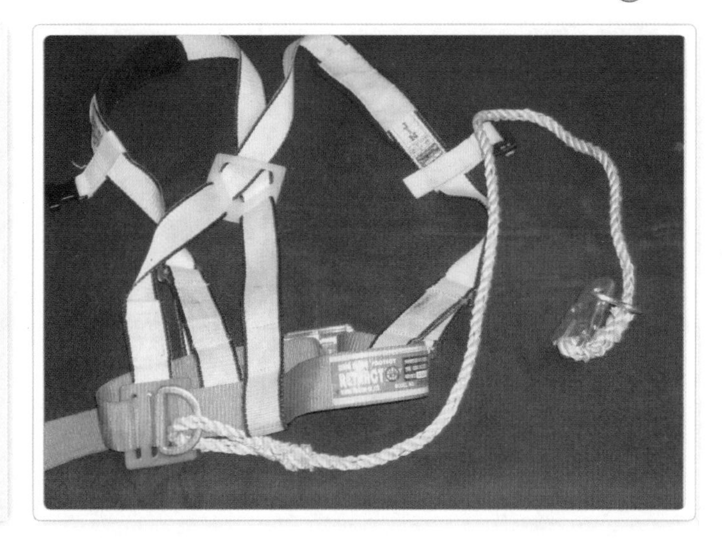

각반, 안전화, 안전모

안전모를 너무 헐렁하게 쓴 경우 자주 밑으로 흘러내리므로 딱 맞게 착용하도록 한다.

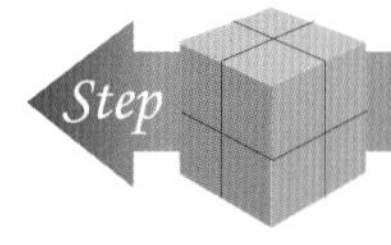

Step 3. 안전사고 유형

사다리에서의 떨어짐

전기실의 판넬 위에 사다리를 올려 놓은 게 너무 위험해 보인다.

안전대가 설치되어 있지 않은 우마에서의 낙상

난간대를 설치했으나 너무 허술해 보인다.

기계 사용 시 사고

고속 절단기(스피드 커터)나 핸드 그라인더 등을 사용할 때 파편이 튀어서 사고가 일어난다.

불꽃에 의한 화재 위험

절단기 밑에 종이 박스 같은 것을 깔면 작업 시 생기는 불꽃에 지속적으로 노출되어 화재의 위험이 있다.

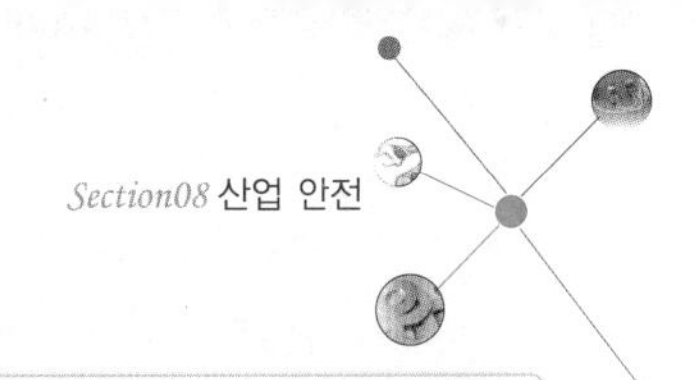

철거 현장
실내 인테리어를 다시하기 위해 철거한 모습이다. 주변에 재단하고 남은 불필요한 자재들이 널려 있는데 자칫 이것들을 밟고 넘어질 위험이 있다.

4. 기타 위험 요소

01 안전화 미착용 시 위험 요소

일반 운동화를 신고 작업하다 못에 찔리는 사고(신축 현장에서 자주 발생)가 발생한다.

비스나 날카로운 금속면이 많고, 위에서 철거물들이 떨어질 위험도 많기 때문에 반드시 안전화와 안전모를 착용해야 한다.

02 기계 시용 시 위험 요소

돌아가는 드릴에 손목이 다치는 사고가 일어난다.

03 감전 사고

사람의 몸에 전기가 흘러 충격을 받는 경우이며, 상해를 입지 않는 경우도 있으나 일단 상해를 입으면 사망률이 아주 높다.

04 누전 화재

전기 기구의 접촉 불량 · 파손, 전선 피복 등의 손상으로 장기간 전류가 누설되어 화재가 발생한다.

전기세상(http://ew-world.com)의 동영상 Guide

현장실무의 새로운 분야를 개척해나가고 있는 전기세상에서는 동영상 전문 사이트인 **엠몰**(M.mall)과 **전기실무닷컴**을 통해 다음과 같이 철저한 현장 위주의 동영상 과목을 제공하고 있습니다.

구 분	강의 과목		과목 설명
기본 실무 동영상	현장실무	현장실무이론	일반전기현장실무에 필요한 실무이론 강의
		현장실무경험	일반전기현장의 실제공사 동영상
		인테리어공사	인테리어 공사현장 동영상
	소방기초	소방(시설)전기	시설관리분야 소방전기실무 동영상
		보충강의	소방전기기초 교재의 보충설명
	자동제어	실기이론	자동제어에 필요한 실기이론 동영상
		자동제어	릴레이 등 계전기를 이용한 실제결선 동영상
		보충강의	자동제어 교재의 보충설명
	시설전기	시설전기	시설분야에 속한 전기실무 동영상
		보충강의	보충강의가 필요한 부분의 필기설명
	시설영선	시설영선	전기가 아닌 영선분야에 속한 실무 동영상
		보충강의	시설영선 교재의 보충설명
	시설수배전	아파트시설	아파트 전기실의 수배전분야 동영상
		빌딩시설	빌딩 전기실의 수배전분야 동영상
		보충강의	보충설명이 필요한 부분의 필기설명
		실제시범촬영	3년마다 받는 정기검사의 실제시범 동영상
		자료실	수배전 관련 무료자료
	PLC 기초 (기능장)	실기이론	PLC를 이해하기 위한 실기이론 동영상
		마스터-K 실습	마스터10S-1를 이용한 결선연습 동영상
		프로그래밍	여러 가지 프로그램들을 직접 프로그래밍
		보충강의	PLC 기초 교재의 보충설명
		관련자료	PLC 관련 무료자료
	기능사실기	실기이론	기능사실기 이해하기 위한 실기이론 동영상
		실습과제	과년도 실기문제를 직접 결선 및 동작테스트
		특강수강	실기시험에 필요한 부분 특강설명

구 분	강의 과목		과목 설명
초보 탈출기	초보 탈출기	시설관리분야	시설관리 첫 시작부터 경험하는 시설분야 동영상
		일반전기현장	일반전기현장 초보의 실제공사 동영상
신축공사 동영상	전기공사	기초공사	동네 빌라신축공사의 전기기초공사 동영상
		바닥(슬래브)	동네 빌라신축공사의 바닥(슬래브) 동영상
		골조(벽체)	동네 빌라신축공사의 골조(벽체) 동영상
		내부공사	동네 빌라신축공사의 내부공사 동영상
		기타공사	동네 빌라신축공사의 기타 공사 동영상
	외장공사	착공	동네 빌라신축공사의 타공정의 착공 동영상
		철근	동네 빌라신축공사의 타공정의 철근 동영상
		목공	동네 빌라신축공사의 타공정의 목공 동영상
		돌(석재)	동네 빌라신축공사의 타공정의 석공 동영상
		기타	동네 빌라신축공사의 타공정의 기타 동영상
	내장공사	목공	동네 빌라신축공사의 타공정의 목공 동영상
		설비	동네 빌라신축공사의 타공정의 설비 동영상
		조적(미장)	동네 빌라신축공사의 타공정의 조적 동영상
		타일(바닥)	동네 빌라신축공사의 타공정의 타일 동영상
		도배(장판)	동네 빌라신축공사의 타공정의 도배 동영상
		기타	동네 빌라신축공사의 타공정의 기타 동영상
	도면보기		전기관련 평면도 보는 법의 필기설명
	보충강의		교재 처음 내용부터 필기 보충설명 동영상
무료 동영상	시설전기		타공정에 해당되는 동영상 무료 제공
	라이비트		
	페인트		
	도배(장판)		
	타일		
	목공		
	조적(벽돌)		
	섀시		
	기타		

▸엠몰(M.mall) 및 전기실무닷컴 방문방법

전기세상(네이버 카페)–카테고리〈현장실무교육〉–소제목(엠몰 바로가기) 혹은 (전기실무닷컴 바로가기) 클릭

2009. 6. 11. 초 판 1쇄 발행
2024. 1. 3. 초 판 14쇄 발행

지은이 | 김대성
펴낸이 | 이종춘
펴낸곳 | BM (주)도서출판 성안당
주소 | 04032 서울시 마포구 양화로 127 첨단빌딩 3층(출판기획 R&D 센터)
10881 경기도 파주시 문발로 112 파주 출판 문화도시(제작 및 물류)
전화 | 02) 3142-0036
031) 950-6300
팩스 | 031) 955-0510
등록 | 1973. 2. 1. 제406-2005-000046호
출판사 홈페이지 | **www.cyber.co.kr**
ISBN | 978-89-315-2586-1 (13560)
정가 | 30,000원

이 책을 만든 사람들
기획 | 최옥현
진행 | 박경희
교정·교열 | 이은화
전산편집 | 비엘
표지 디자인 | 박원석
홍보 | 김계향, 유미나, 정단비, 김주승
국제부 | 이선민, 조혜란
마케팅 | 구본철, 차정욱, 오영일, 나진호, 강호묵
마케팅 지원 | 장상범
제작 | 김유석

■ 도서 A/S 안내

성안당에서 발행하는 모든 도서는 저자와 출판사, 그리고 독자가 함께 만들어 나갑니다.
좋은 책을 펴내기 위해 많은 노력을 기울이고 있습니다. 혹시라도 내용상의 오류나 오탈자 등이 발견되면 **"좋은 책은 나라의 보배"**로서 우리 모두가 함께 만들어 간다는 마음으로 연락주시기 바랍니다. 수정 보완하여 더 나은 책이 되도록 최선을 다하겠습니다.
성안당은 늘 독자 여러분들의 소중한 의견을 기다리고 있습니다. 좋은 의견을 보내주시는 분께는 성안당 쇼핑몰의 포인트(3,000포인트)를 적립해 드립니다.

잘못 만들어진 책이나 부록 등이 파손된 경우에는 교환해 드립니다.